露井联采矿区
煤-水协调发展及水资源高效利用

杨军耀　张永波　陈　攀　郭亮亮　著

中国水利水电出版社
www.waterpub.com.cn
·北京·

内 容 提 要

露井联采矿区的用水水源多元化，用水相关技术体系及环节多样，表征指标复杂多变，因此亟须反馈调整优化。本书以中煤平朔集团有限公司安太堡-安家岭露井联采煤矿作为研究对象，构建了煤-水-生态协调发展的水资源配置模式，运用生命周期理论探索分析了该矿区的水代谢和水足迹，构建了基于 LCSA 的水资源高效利用动态跟踪评价体系，通过博弈论法对层次分析和 CRITIC 法计算的权重进行优化求解获得融合权重，利用 CW - VIKOR 方法对评价结果进行解释，提出持续改进反馈信息；本书还论述基于云服务的露井联采区水资源高效利用动态评价管理信息系统，以及黄土-微生物系统处理煤矿酸性废水的试验研究，研究成果可为露井联采矿区的水资源合理开发及可持续高效利用提供重要科技支撑。

本书主要面向水利类、采矿类和环境类等相关专业的教师和研究生以及相关行业领域的技术人员。

图书在版编目（C I P）数据

露井联采矿区煤-水协调发展及水资源高效利用 / 杨军耀等著. -- 北京：中国水利水电出版社，2021.10
ISBN 978-7-5170-9876-8

Ⅰ．①露… Ⅱ．①杨… Ⅲ．①煤矿开采—研究②水资源利用—研究 Ⅳ．①TD82②TV213.9

中国版本图书馆CIP数据核字(2021)第169938号

书　　名	露井联采矿区煤-水协调发展及水资源高效利用 LUJING LIANCAI KUANGQU MEI - SHUI XIETIAO FAZHAN JI SHUIZIYUAN GAOXIAO LIYONG
作　　者	杨军耀　张永波　陈攀　郭亮亮　著
出版发行	中国水利水电出版社 （北京市海淀区玉渊潭南路 1 号 D 座　100038） 网址：www. waterpub. com. cn E - mail：sales@waterpub. com. cn 电话：(010) 68367658（营销中心）
经　　售	北京科水图书销售中心（零售） 电话：(010) 88383994、63202643、68545874 全国各地新华书店和相关出版物销售网点
排　　版	中国水利水电出版社微机排版中心
印　　刷	清淞永业（天津）印刷有限公司
规　　格	170mm×240mm　16 开本　15 印张　294 千字
版　　次	2021 年 10 月第 1 版　2021 年 10 月第 1 次印刷
定　　价	**75.00 元**

前　言

　　水资源以其独特的多重属性始终成为煤炭开采不可或缺的生产资料。"水"的高效利用是促进区域健康水循环的关键因素。大型露井联采煤矿的用水水源多元化，用排水结构复杂，水资源系统相关技术体系、工艺流程及装备系统链条长、环节多，表征指标复杂多变，亟须反馈调整优化。以科学全面的评价体系指导区域水资源生命周期（取水、配水、利用、排水、水处理和循环利用/废弃）的使用和管理，对于突破企业用水效率不协调和不充分的瓶颈，实现水资源合理开发、优化配置以及可持续高效利用具有重要的现实意义。

　　以国家重点研发计划项目《大型煤矿和有色矿矿井水高效利用技术与示范》（2018YFC0406406）的课题六之专题二《露井联采矿煤-水协调开发及煤矿水高效利用技术集成示范》为依托，进行了大量现场调研与资料收集工作，本书在归纳了该专题中的部分成果基础上，进一步采用模型方法对矿区水资源进行优化配置，开展动态跟踪评价。本书重点构建煤-水协调开发水资源高效利用、疏干地下水与矿区生态环境修复等综合技术示范体系，建设中煤平朔安太堡-安家岭露井联采矿煤矿水资源高效利用示范工程；通过对示范工程实施情况的跟踪—评价—反馈—优化，改善其技术体系/工艺流程、装备系统，建成资源节约、高效低耗与环境友好的绿色矿山工程；同时提供一套可复制可推广、可持续的露井联采煤矿水高效利用模式。

　　本书的编写大纲由编写人员集体讨论确定。本书共分9章，其中第1章、第2章和第3章由太原理工大学杨军耀、陈攀和郭亮亮编写，第4章由陈攀编写，第5章和第7章由郭亮亮编写，第6章由杨军耀和郭亮亮编写，第8章和第9章由杨军耀编写，全书由太原理工大学张永波完成统稿工作。中煤平朔集团公司为本研究提供了大量详实的数据和资料，在三年的多次野外调查采样监测中该公司给予了大量的帮助，在此深表感谢！特别感谢研究生张彬倩、段少洁、陈静、解馨馨和刘洁等同学对书中模型构建、评价计算以及软件开发和试验等做出的巨大贡献。编者对所有为本书审定、修改、出版付出辛勤劳动的同志致以衷心的感谢。

第1章概述相关研究背景和研究进展；第2章介绍煤-水-生态协调发展的水资源配置理念；第3章分析露井联采矿区煤-水资源供需特征；第4章构建露井联采矿区煤-水-生态协调发展的水资源配置模式，采用遗传算子-粒子群算法求得最优的配置方案；第5章分析露井联采矿区水代谢和水足迹；第6章基于生命周期和水足迹理论，建立了露井联采矿区水资源高效利用动态跟踪评价体系；第7章进行露井联采矿区水资源高效利用评价与反馈；第8章基于云服务的露井联采矿区水资源高效利用动态跟踪评价信息管理系统；第9章黄土-微生物系统处理煤矿酸性废水的试验研究。

本书主要面向水利类、采矿类和环境类等相关专业的教师和研究生以及煤-水协调发展及水资源高效利用领域的技术人员。由于作者专业知识、学术水平和实践经验有限，不当之处在所难免，恳请读者给予指正。

作者

2021 年 3 月

目　录

第1章 绪 论

在我国 91 个国有重点煤矿中，有 75% 的矿区缺水，44% 的矿区严重缺水，水资源严重制约着煤炭的消费与开采，并且在煤炭剥离其赋存环境过程中，伴生的无论是正常矿井涌水，还是人为疏干排水和煤系含水层的自然疏干，都是将"水"当成"害"，在治理"水害"，保证开采安全的前提下有限利用水资源，大大降低煤炭开采水资源利用效率。在许多矿区常常出现水环境污染造成的无水可用，但又出现突水造成大量的矿井水排入水环境相互矛盾的局面。在这一背景下，科学合理地利用开发水资源，在先进科学理论和研究方法的指导下，建立合理的水资源优化配置模型，使得一定区域内水资源在社会、经济、环境的效益得以充分发挥，促进水资源的科学合理利用，已成为当前水资源科学研究中的重点和热点问题。

中煤平朔集团有限公司位于山西省朔州市平鲁区，是多项指标位居行业领先水平的露井联采特大型煤炭生产企业，是我国主要动力煤基地和国家确立的晋北亿吨级煤炭生产基地。现有 3 座年生产能力 2000 万 t 以上的特大型露天矿，4 座现代化高产高效井工矿，其中年生产能力千万吨级矿井 2 座，300 万 t 优质配焦煤矿井 1 座，90 万 t 矿井 1 座。年入洗能力为 1.25 亿 t 的配套洗煤厂 6 座，4 条铁路专用线总运输能力达 1 亿 t，控股、参股电厂装机总容量达到 609 万 kW，拥有设计年生产硝铵 40 万 t 的大型煤化工企业。通过对矿区现有供水工程进行优化调整，在节约大量水资源的同时，还能使供水系统在合理的状态下进行统筹分配，对矿区水资源的节约具有重大的意义。

矿区水资源高效利用是一个复杂的实际问题：在矿区范围内，随着煤矿开采深度的深入、含水层地质条件不断变化，煤矿生产与水资源的供需矛盾不断加剧，因此协调好系统内各部门之间的用水矛盾，在满足全系统经济、社会和环境多方面最佳效益前提下保证各部门生产需水量，利用各种工程措施，对矿区内的矿井涌水、生产和生活废水等多种可利用水源在系统内各个用水部门间进行合理配置，使有限的水资源合理的发挥最大效益，具有重要的现实意义。

1.1　煤矿水资源开采利用

露天开采和井工开采是煤炭开采的两种基本方式。露天开采因其开采能力大、建设速度快、劳动效率高、生产成本低、劳动环境优、安全有保证、资源回采率高等特点，已成为美国、印度、印度尼西亚、澳大利亚、俄罗斯等世界主要采煤大国（中国除外）主要的采煤方式，2018 年各产煤国露天煤矿产量占比均超过 50%，部分国家达到 90% 以上[1]。我国煤炭资源露天开采技术起步较晚，主要以井工开采为主，在生产中的大型露天煤矿主要分布在内蒙古、山西、新疆、云南、黑龙江和陕西等 6 大省（自治区），其中以内蒙古为最多，数量有167 处、产能为 42285 万 t/a，采煤主体集中在中央企业及地方国有企业[2]。

目前，国内水资源与煤炭资源呈现逆向分布的特点，即东部缺煤富水，西部富煤缺水，以山西、陕西、内蒙古、宁夏、甘肃等省（自治区）煤炭资源最为丰富，约占全国煤炭产量的 97%[3]，全国储量的 2/3，而这些地区水资源量仅占国家水资源总量的 3.9%。由于含煤地层一般在地下含水层之下，在采煤过程中，为确保煤矿井下安全生产，煤层地下水被当作"水害"，通过排水泵站及其配套设施，大量地下水被疏干，并以"矿井涌水"的形式排出地表。根据国家煤炭安全监察局统计数据，全国煤矿涌水量呈逐步增长趋势[4-6]。近年来全国煤矿实际涌水量平均为 71.7 亿 m^3/a[7]。其中，涌水量超过 $1000 m^3/h$ 的全国有 61座[8]。由于煤矿的开采，地下水的破坏每年约为 80 亿 m^3，但矿井水的利用效率只有 25% 左右[9-10]，矿山水资源的损失量相当于国内工业和生活用水短缺的 60%[11]。

一直以来，矿井水利用停留于污废的处置阶段，利用率较低，大量矿井水作为废水直接排放，不仅白白浪费宝贵矿井水，而且还对矿区周边水环境、生态造成污染和破坏。目前，煤矿生产过程中矿井水利用的主要方向为：一是用于矿区工业生产，如煤矿井下生产、喷雾降尘、地面洗煤厂、电厂、煤化工等，尤以耗水量大的煤炭洗选大量利用矿井水；二是矿区生态建设用水、矿区绿化、降尘等；三是矿井水经深度净化处理后，达到生活用水标准，用于厂区职工以及有供水要求区域的生活用水，缓解矿区及周边水资源短缺的问题。马力强等以神东煤矿为研究对象，在保水开采的基础上，通过平衡水循环利用、扩大单循环、重复利用，实现了荒漠区煤矿污水净化与水循环选煤厂的灌溉利用，为区域环境与经济可持续发展奠定基础[12]。在保护矿井水资源方面，钱鸣高提出了煤矿绿色开采问题[13-14]，将保水采煤作为绿色开采的重要组成部分。由于我国西部地区生态环境脆弱，水资源匮乏，范立民[15] 提出在煤层开采过程中不仅要防地下水位大幅下降，也要防范地下水径流条件变化引起的生态环境演变问题，减少煤矿开采对地下水的影响程度。

在煤-水协调开发利用方面，李恩宽等[16] 从矿井水供需双方相互关系的角度，提出矿井水就地利用、异地利用和回归河湖三种模式及其 7 种组合的利用模式，为矿井水的潜力评价提供新思路；张凯等[17] 从减少矿井排水的角度出发，对现有煤矿的开采技术进行分析，认为综采长壁全部垮落法在技术和经济上较可行。综合考虑覆岩破坏发育高度、隔水层厚度、含水层富水性及岩性结构、煤矿建设和生产需求等因素，对采掘面的位置及控水开采参数进行率定，大幅降低煤炭开采对区域地下水的影响；余学义等[18] 提出上保下疏的开采水害防治模式，从煤矿采掘面规模大小以及巷道分布布置展开研究，降低近地表隔水层的变形破坏程度，减少含水层的进入。

目前，我国的煤炭产业开发利用产业体系中，煤炭洗选、原煤开采、燃煤发电以及煤化工等四个产业对水资源的需求量较大[19]。大型工业煤炭工业园区多以多个产业相互聚集，形成原煤的全链条生产工艺。但在煤炭产业开发利用体系中，不同的单位按照生产计划的需求，对水资源的需求程度也各有差异，出现用水时空不均衡，煤-水发展不协调的问题。区域矿井水利用程度发展不平衡是我国矿井水利用的另一大特点，山西和内蒙古等缺水地区利用率达到 90%，河北、安徽、黑龙江、山东、河南和陕西等地区利用率为 80% 左右，而东南、西南等水资源丰富的地区矿井水利用率只有 65%[20]；此外，社会对矿井涌水资源化的认识不足，使矿井水在资源回收利用工艺、先期设计不够完善，资源再生处理设施运行中出现处理环节效率低下、处理工艺衔接不匹配等问题，最终造成矿井水处理效果不理想。矿井水高效利用牵扯矿山开采以及区域水资源综合利用调控和管理等工作，在管理层面缺少统一的监督检查，无法宏观管理和调控，影响矿井水利用产业化的发展。

1.2 煤-水资源配置研究

水资源优化配置是指在一定流域或选定的研究区范围内，对有限的不同形式的水资源，运用系统工程理论和优化方法进行科学合理的分配，采取工程措施和非工程措施，优化各区域和用水部门间各种可利用水资源的配置和分配，使有限的水资源在社会、经济和生态环境中综合效益最大化。最终实现水资源在各区域、各用水户之间的合理分配，达到水资源的可持续利用的目的[21]。

我国水资源优化分配研究最早开始于 20 世纪 60 年代中国水利水电科学研究院开展的发电水库优化调度模式研究，以及 80 年代初南京水文水资源研究所基于系统工程理论进行对北京地区水资源开发利用分析。但此时的研究多侧重于系统分析理论的实际运用[22]。在"八五"技术攻关的相关研究区中，中国水科院首次系统地给出了水资源配置的目标、方法、数学模型,构建了我国水资源优化配置模型的原型[23-24]。与国际水资源配置研究相比,我国在该方面的研究起步较迟,但发展迅速[25]。以中国万方数据库为例,截至 2019 年 5 月 28 日,检索到以"水资源优化配置"为关键词的期刊共 5458 条结果,学位论文共 2079 条成果,发文机构主要集中在水利水电工程、资源科学、工业经济等领域。

经过多年的发展,在水资源配置的领域有了长足发展,经历了从单目标到多目标,从"以需定供"到"以供定需"以及基于可持续利用的水资源配置的过程[25]。根据空间尺度,水资源配置可以分为以流域、区域和城市为研究对象的水资源配置。

1.2.1 流域水资源合理配置

2002 年,中国工程院院士王浩提出的多目标、多层次的群决策方法,以流域为对象、流域水循环为科学基础、合理的配置为中心的系统观,系统地阐述了在市场经济前提下,水资源总体规划体系建立,流域水资源规划的方法论[26]。2004 年,王浩等针对水资源在干旱区生态环境脆弱的利用特点,基于水资源二元演化的理论和方法,保持了水土、水量和水盐的平衡,建立了水资源合理配置模型。2018 年,张经汀[27] 提出中小流域水资源配置方法,构建降尺度缺乏基础资料的水资源调配模型,为中小流域水资源配置模型的建立做出相应的努力;曹菊萍等[28] 在太湖流域水量分配方案的基础上,采用该流域水量水体环境数学模型,模拟 2019 年重要河湖在不同频率典型年工况条件下的进出水量,为2019 年重要河湖河道内的分配水量提供指导依据;王菲[29] 针对安徽省经济发展与水资源量日趋突出的矛盾,针对安徽地区长江流域现状水资源配置的具体问题,提出相应的优化策略。王白陆等[30] 根据大清河流域水资源的公共属性,从水资源节约和充分利用角度出发,划分不同供水水源优先等级的供水顺序,划分不同优先等级的用水户受水等级,构建用水户受水公平、水源供水效率优先的配置方案。王文辉等[31] 以开都-孔雀河流域为研究区,采用二阶段区间优化算法,构建水资源优化模型,对城市供水、生态用水、服务业用水进行年、月、旬不同时间尺度下的水量优化配置。

1.2.2 区域水资源合理配置

1997 年,卢华友等[32] 以义乌市的水资源系统为研究目标,提出了递阶模拟择优的方法;同年吴泽宁等[33] 以流域间水资源系统最大供水量为目标,建立具有自由化功能的流域水资源系统模拟模型,实现模拟技术和水资源配置理论的融合。2000 年,吴险峰等[34] 以我国北方城市——枣庄市为研究对象,对包括区域内的地表水库、地下水以及外调水源建立供水模型,寻求经济、环境、生态的综合效益最大化。2010 年,陈崇德等[35] 以漳河水库灌区为研究区建立水资源配置模型,并以来水随机模拟的水资源优化风险性评价方法,对区域模型配置效果进行风险分析。同年，贺北方等[36] 将系统分解协调技术应用至区域水资源优化配置模型。2011 年，刘德地等[37] 以北三河流域为研究区将和谐性理念与经济、社会、环境的综合效益结合，提出求解多目标水资源配置问题的混纯和声搜索算法。2012 年，严登华等[38] 在水资源可持续利用和生态环境保护的基础上，遵循安全、高效、低碳、公平的基本原则，建立了基于低碳发展模式的水资源合理配置模型。李维乾等[39] 结合水资源配置过程中的有效性、公平性和可持续性三类原则，针对其中水资源，社会、经济和环境等指标因素的不确定性，构建了基于区间灰数的多目标水资源配置模型。

1.2.3　城市水资源合理配置

2017 年，沈国浩等[40] 以北京市大兴区水资源配置系统为研究对象，重点解决水资源配置系统中的不确定性和层次性问题。黄炜等[41] 通过建立南水北调（东线）受水区城市水资源多对象配置模型，以实际数据为支撑，进而模拟南水北调（东线）受水区城市水资源的配置、调度和管理全过程，使得水资源优化配置的评价更加全面完备。赵得军[42] 研究了开封市水资源在工业、农业、城市生活三个用水部门之间的水资源优化配置策略，实现区域水资源的高效利用。曹文洁[43] 通过分析预测长春市未来一定规划条件下的供水和需水总量，根据不同水源和不同用水行业为长春市制定多种水资源配置方案。

1.3　生命周期评价方法在水资源研究中的应用

1.3.1　生命周期思想

以生命周期思想为基础，进行生命周期评价研究的相对深入且具有权威性的组织有国际标准化组织（International Organization Society for Standardization，ISO）、国际环境毒理学和化学学会（The Society of Environmental Toxicology and Chemistry，SETAC）和欧洲环境署（European Environment Agency，EEA）等。生命周期思想起源于 20 世纪 60 年代末 70 年代初，由于石油危机引起的能源短缺。广泛应用于各大领域，在经济、政治、社会、技术、生态环境等方面迅速发展，特别是在指导生态环境的保护方面做出的贡献巨大。生命周期评价方法作为评估单位产品整个生命循环周期中的资源消耗和环境影响的重要分析工具，包括所需原料的获取、制造过程、产品的存储、输送与流通、销售与使用、回收与再循环以及报废处置回到自然环境的全过程。评价实际、辨识和量化、潜在的资源和能源输入以及排放的环境负荷。它的基本含义可以通俗的理解为"从摇篮到坟墓"（Cradle - to - Grave）的整个过程评估。生命周期概念的出现，为我们提供了一种新的思想指导，即无论是在管理还是评估一些问题的研究时，都能够遵循全生命周期的思想，使研究不仅仅停留在特定空间范围、某一阶段。生命周期以其系统性、全面性、普适性、灵活性的思想内涵，广泛应用于众多研究领域的评估和管理工作中。包括能源和燃料、化学品、建筑、垃圾和固废、包装、服装、钢铁、废水处理等各个领域。这一概念最早出现在全球爆发能源危机的时代过程中，美、英等国家将其应用于能源利用的深入研究。在此之后产品生命周期、数据生命周期、设备生命周期、产业生命周期、行业生命周期、项目生命周期、领导生命周期、组织生命周期、客户生命周期、旅游地生命周期等一系列相关延伸理论及应用相继出现。

1.3.2 生命周期评价方法

众多学者给出的生命周期评价（Lifecycle Assessment，LCA），也称"生命周期分析"定义有很多，来自权威的、世界公认的国际环境毒理学和化学学会（SETAC）和国际标准化组织（ISO）的定义是：一种对产品、过程、工艺或活动的客观评价方法。从原材料获取到产品加工、输送、销售、使用、废弃和最终处置的全生命周期阶段中的所有能源和资源的投入与产出对环境潜在影响程度的评估。通过识别、量化整个生命周期的基本流及污染物排放进行评价，目的是为了减少环境影响提出改进意见。

ISO 14040 标准定义 LCA 技术框架由四个相互关联的部分组成，即目标与范围的确定、生命周期清单分析、生命周期影响评价和结果解释[45]。目前，生命周期评价框架中目标与范围和清单分析两阶段已经被广泛应用于众多研究中，发展比较成熟，而影响评价与结果解释部分的研究仍然需要深入的探讨与挖掘（图 1.1）。

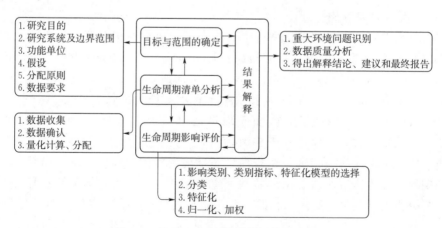

图 1.1 ISO14040 生命周期评价技术框架

1. 目标与范围的确定

目标与范围的确定是进行生命周期评价的首要任务，为评价制定基本的技术框架，是清单分析、影响评价和结果解释等后续工作进行的立足点和出发点。

目标的制定必须以清晰的评价意图、充分的研究理由和明确的研究对象为基础。LCA 的范围根据既定目标来划定，研究范围主要包括定义系统边界、系统功能、功能单元、数据质量要求、LCIA 的方法、环境影响类型、假设条件、局限性等。LCA 随着研究目标的改变而变化，可以根据收集的数据信息，修正预先界定的范围以达到研究的目标。范围的界定是一个反复的过程，没有固定的模式。

2. 生命周期清单分析

生命周期清单分析（LCI）是以确定的研究目的为出发点，针对研究系统范围，将产品、工艺过程或者活动的生命周期涉及的能源、资源和原材料输入输出项数据的收集、整理和客观量化的过程。清单分析是 LCA 评估发展相对成熟、应用最为广泛的一个重要环节。准确的清单分析是以系统边界内的投入与产出为基础，其中投入的资源包括各种物质资料和能源，末端产出除了产品外，还涵盖向环境输出的污染物等。随着方法学的不断扩展和改进，LCA 研究中常见的清单的计算方法有基于过程的清单分析（Process - based LCI，PLCI）、基于投入产出的清单分析（Input - output LCI，IO LCI）和混合清单分析（Hybrid LCI，HLCI）。针对不同尺度的研究目标，这三类清单计算方法在分析和评估过程中具备各自的优势和缺陷。

3. 生命周期影响评价

生命周期影响评价（LCIA）建立在 LCI 的基础上，是 LCA 的核心环节，它涉及数据的归类计算，目的是对 LCI 所辨识的环境影响因子进行定性与定量的表征评价，以确定评价目标的资源消耗程度和各类型环境排放的影响潜力。目前，研究影响分析的方法大致分为定性和定量两大类。定性方法主要通过统计学的相关模型获得，比如依靠专家评分等主观性较强的方法，其结果有一定的随意性和不可比性。定量法比较严谨，需要详尽的清单数据，并且受限于人们对环境问题认识的深度和广度，实际操作难度比较大。目前，LCIA 的方法仍处于研究与探索之中，尚未形成统一的规范。

按照 ISO14042（2000）所指定的 LCIA 技术框架为：影响类型、类型参数及特征化模型的选择；LCI 结果归纳；类型参数结果计算；根据基准计算类型参数结果的标准化值、分组和加权；数据质量分析。

4. 结果解释

LCA 的最终阶段是结果解释，是对清单分析和影响评估的归纳总结、梳理结论、提出优化措施和形成评估报告的最终阶段。通过对生命周期中物质和能源的输入流、输出流的评估和分析，为了减少环境污染负荷，提高资源利用效率，提出产品、项目或活动的生产工艺、废弃物管理方式、产品结构等物质投入和污染排放的优化建议。主要包含：①识别重大的环境影响；②完整性、敏感性和不确定性的核查；③梳理最终结论，提出改建措施，并分析 LCA 评价的局限性。缺点在于 LCA 着眼于生命周期范围内资源的输入和废弃物的输出，未考虑经济条件、技术条件、社会条件、劳动力等其他方面因素。因此，从环境以外的角度运用 LCA 进行评估还有待研究。

LCA 主要具有以下特征：

（1）注重对生命周期的环境影响。LCA 研究应用于充分的、系统的考虑研究主体所在系统从"摇篮到坟墓"全过程中的影响因素。评价重点侧重于环境影响方面，很少涉及产品或项目的经济和社会影响评估。

（2）灵活性与不确定性。对目的和范围的界定决定了评价的时间跨度和深度，评价结果受评价范围、前提假定、数据质量和运用方法的影响。每一个项目的 LCA 都有其自身的特点、针对性和灵活性，需要依据研究目的和项目实际情况进行客观分析与评估，不存在能够直接复制于其他相似系统的统一模式。

（3）系统性与量化全过程。LCA 以全生命周期思维方式评价系统边界范围内所涵盖的各个阶段，同时对全过程特征因子进行量化。受诸多复杂因素和折中因素的影响，并且量化过程中权重的确定并没有统一的规范，因此主观和客观不确定性并存，量化为单一数字的评价结果难以被有效利用。

（4）依赖数据的精确度与完整性。评价所涉及的众多部门和众多因素均依赖众多数据资料，结果的准确性直接取决于数据质量的好坏。生命周期评估通常依赖于对评价模型生命周期的某些条件的假设，而其清单分析需要大数据来支撑模型的建立，例如，众多研究者运用 Umberto、e‐Balance、GaBi 和 Simapro 等软件支持模型的建立，而国际上传统的生命周期评价软件数据库之间的偏差和潜在的不一致性会对评估结果产生影响。

1.3.3　生命周期可持续性评价理论

生命周期可持续性评估（LCSA）是一种从生命周期角度将可持续发展的三大支柱结合起来评估可持续性的工具，近年来成为研究主流。LCSA 这一概念最早可追溯至 1987 年德国 Oeko‐Institut 产品线分析方法的研究中。LCSA 思想包含生命周期环境影响评价（Environmental Life Cycle Assessment，E‐LCA）、生命周期成本评价（Life Cycle Cost，LCC）和生命周期社会评价（Social Life Cycle Assessment，S‐LCA），LCSA 的表达式，即

$$LCSA = LCA + LCC + SLCA \tag{1.1}$$

LCC 是指产品或项目系统中基础投入、运营维护和废弃处理生命周期的全部货币成本。最早由美国国防部提出，并应用于军工产品成本核算。一般而言，LCC 包含内部成本和外部成本。内部成本是指系统的资源、能源、原材料和基础设施的成本费用；外部成本是指系统各阶段产生的与外部环境相关联的费用总和。SLCA 是一种评价产品或系统潜在或实际社会影响的方法。LCSA 方法应

运而生，是一个快速发展的研究领域，许多人正在努力完善可持续性评估的框架和相关方法。如今，LCSA 方法在能源化工、生物质燃料、造纸业、电力生产、产品再制造等众多方面展开研究，但目前仍然没有确定的标准。当今国内外学者对于生命周期评价的研究与应用不断深入，LCA 已成为当前国际产业界和学术界关注的焦点和研究热点。但是生命周期评估（LCA）局限于评估环境影响，而可持续性是一个涵盖环境、经济和社会的整体概念。生命周期理论的内涵与可持续性的核心思想不谋而合，因此越来越多的研究通过生命周期可持续性评估（LCSA）进行更全面的评价，如集成社会生命周期评估和生命周期成本核算等与 LCA 类似的方法。研究水资源生命周期各个阶段的使用和管理，对于提高用水效率，解决当前我国面临的水危机至关重要。LCSA 囊括环境、经济和社会 3 个维度，对水资源利用进行可持续性评估，可以识别资源、环境和经济社会发展之间的痛点问题，是水资源健康社会循环和可持续管理的基础。然而目前水资源生命周期可持续性评估的研究寥寥无几。资源效率与生命周期可持续评价方法的集成，无论是微观还是宏观，仍处于起步阶段。

1.3.4 水资源生命周期理论研究与应用

目前，关于水资源可持续性领域问题的研究主要有水资源量和质的研究[44-47]、水资源安全研究[48-51]、水资源承载力研究[52-53]、水资源脆弱性研究[54-56] 和水资源利用效率[57-59] 等方面的研究。

对于煤炭资源开采与提高水资源利用效率的研究中，可以归纳为两大方面：

一方面着眼于矿井水质处理技术的研究和处理率的提升。例如周如禄等[60] 集成压力式气水相互冲洗滤池与曝气氧化池两种水处理工艺，利用采空区处理矿井水后就地复用，取得了良好的效果。顾大钊等[61] 提出了"导储用"为核心的煤矿地下水库的地下水保护利用理念。充分利用采空区地下空间和自然力进行存储和净化矿井水。毛维东等[62] 针对西部大型煤炭基地高矿化度矿井水的特征，进行零排放处理技术的研究与应用。何绪文等[63] 分别总结了相对成熟的矿井水综合利用体系的新模式和新技术。

另一方面通常进行煤炭资源开采过程中水资源消耗和污染等问题的研究。例如丁宁等[64] 应用全生命周期理论建立了能源生产水足迹评价模型，认为煤炭开采和洗选所需的直接和间接产生的总水足迹为 0.19 m^3/GJ，推算 2013 年全国煤炭水足迹为 157.4 亿 m^3。宋献方等[65] 估算出中国 14 个大型煤炭基地生产需水量为 66.47 亿 m^3/a，在 2020 年将达到 81.51 亿 m^3/a，研究认为 2015 年全国大型煤电基地生产全链条需水量为 99.75 亿 m^3，另外，煤炭开采业占 66.6%。姜珊[66] 依据用水总量控制目标估算了 2020 年中国 14 个大型煤炭基地新增需水量为 19.32 亿 m^3。

生命周期思想作为管理资源消耗和污染的科学方法，最初水资源使用的环境影响评价是从水量的角度进行评价的。如从全生命周期的角度量化一次使用的尿不湿和重复利用的尿布哪个耗水更少，还有对工业及农业用水总量进行量化的相关文献，但未曾考虑耗水带来的环境负面影响。后来研究者 Owens[67] 提出对输入和输出产品系统的不同水进行分类和水资源利用的清单分析。目前，基于生命周期评价方法的能源生产、产品层面和企业层面水足迹核算受到越来越多的关注。基于自然界的水资源生命周期，是指降水—径流—自然水体—蒸发全过程的生命周期。

卢兵友[68] 是国内最早提出水资源生命周期概念的学者。他认为水资源的生命周期全过程应该包括五个阶段：一是降水的自然存储；二是生物作用存储和涵养降水；三是农业措施存储降水；四是利用工程措施存储降水，实现生物、农业和工程措施利用的结合；五是对存储降水的综合利用。姜文来[69] 从水资源的自然属性、社会属性和利用方式出发，将水资源生命周期分为四种：循环生命周期、开发利用的生命周期、利用的生命周期和恢复的生命周期。王瑞波[70] 从水资源生命周期的内涵、特征、实物量与价值量流动等方面对水资源生命周期理论进行了初步探讨，为进一步完善水资源管理体系，优化水资源配置，提高水资源利用率和利用效率提供思路。赵春霞[71] 通过分析水资源利用生命周期中人文系统和水资源系统之间的关系，协调环境与人类社会经济发展之间的关系，研究了基于人水和谐博弈理论的水资源生命周期综合管理模式。

1.3.5 环境影响评价研究

高长波等[72] 基于生命周期框架，通过界定三种不同的系统边界，以更全面系统的角度识别和选择 ESI，并提出了综合评价体系与评价方法。Zhang 等[73] 基于我国省级能源投入产出表，计算了我国八类能源品种的生命周期取水、水消耗和废水排放三类指标，并利用 Pfister 方法计算了其环境影响。Tong 等[74] 基于生命周期评估，采用 GaBi 数据库，比较量化了不同情景下工业园区污水再生回用对环境的影响。顾加春[75] 从生命周期角度出发对煤炭、火电及煤基燃料的水足迹进行了核算。丁宁等[64] 基于生命周期理论对煤炭能源采掘与洗选清单水足迹进行核算，建立了能源水足迹评价模型。严岩等[47] 参考基于生命周期视角的水足迹标准 ISO14046 提出水劣化足迹评价框架，对北京市 2011—2013 年水体生态毒性足迹、水体酸化足迹和水体富营养化足迹进行了评价。关伟等[76] 借助基于生命周期理论进行中国化石能源和电力生产水足迹核算，分析中国能源水足迹与水资源分布的空间匹配程度。Chai 等[77] 采用投入产出模型量化燃煤发电生命周期中的水资源耗竭和污染。

1.3.6 供水系统的生命周期评估

Godskesen[78] 基于多准则决策分析方法的排序分布权重和层次分析法，建立了包含环境、经济和社会三个可持续性维度标准的 ASTA 决策支持系统，通过生命周期评价、淡水提取影响评估和多标准决策分析进行供水技术的可持续性评估。研究表明对全球环境负荷做出重大贡献的三个阶段是：排水、废水处理以及污水系统的建造。Bhakar 等[79] 研究以地下水为灌溉水源的潜在环境影响，以及为实现地下水的可持续管理，对印度严重干旱地区地下水供应系统进行生命周期评估。Xue 等[80] 对大辛辛那地区城市供水和污废水系统的生命周期环境和经济影响进行了评估，阐明了典型的城市集中式供水系统中能源、资源和成本分布的整体情况。Hadjikakou 等[81] 集成混合多区域投入产出生命周期评估（MRIO - LCA）、社会影响分析和多目标决策分析方法（MCDA）建立了供水方案可持续性评估框架。García - Sánchez 等[82] 使用生命周期评价（LCA）方法评估墨西哥城市供水系统的环境和社会影响，识别对环境和社会有重要影响的阶段和过程，并分析可持续供水系统的发展意义。

通过上述煤矿生产活动中水资源利用情况的研究现状，以及国内外基于生命周期理论对水资源的研究与应用，不难发现当前存在的问题主要包含以下几个方面：①尚未建立系统完整的煤矿水资源生命周期可持续性综合评价指标体系；②缺乏具有实用性的企业水资源系统综合评价模型；③缺乏对影响企业水资源系统中敏感指标的有效地识别、判定及敏感指标值的分析方法。

第2章 煤-水-生态协调发展的水资源配置理念

2.1 煤-水-生态协调发展的理念

所谓煤-水-生态协调就是在煤矿开采过程中,将开采过程中出现的地下水当作同等重要的资源进行开采利用;同时尽可能地使用再生水资源,减少新鲜水使用量,从而实现水生态环境的保护,另外在煤炭井工开采过程中形成地面沉降和地裂缝,露天开采中表层剥离和固废堆放,以及采煤对地下水的疏排和煤矸石自燃等都形成对生态环境负面影响与破坏,矿区生态修复必须同步开展。这一理念有如下特点。

2.1.1 煤、水、生态资源的同等性考量

煤炭资源与水资源本身就是密不可分的,而良好生态是离不开水资源供给。首先,由于煤炭资源的赋存条件,使得其开采过程必然改变地下水所在的空间结构;其次,在开采煤炭过程中,要排水、取水、用水和退水,在这些过程中会消耗原来的绿水资源和蓝水资源,使蓝水变为灰水,从而对水环境和生态环境造成影响。一直以来,煤炭主管部门将煤炭开采过程中伴生的出水当做"水害"来处理,并且在煤炭资源的开发中水资源不作为硬约束,一定程度上造成水资源的浪费。煤炭开采过程中对生态的影响修复延迟和滞后,甚至历史上的不修复,使得矿区生态环境不同恶化,生物多样性得不到及时有效恢复,水土流失得不到及时控制,地表水黑水化时有发生。因此,煤矿区在煤-水-生态协调开发理念下,煤炭资源、水资源和生态资源被看作同等的自然资源,不过分强调哪一资源的重要性,在观念上提升水资源和生态资源的重要性。

2.1.2 采煤-排土-复垦一体化和排水-收集-处理-利用一体化协同开展

露井联采矿的生产模式为采煤-排土-复垦一体化模式,即在采煤的同时将排放的固体废弃物按规范堆放并覆土、平整、造地、土壤培肥、植物养护,最后形成农林田地完成复垦。所谓排水-收集-处理-利用一体化,是指矿区要实施雨污分离,矿井排水、生活污水和初期雨水要高效收集,并送污水处理站进行按

用水户水质水量需求分级处理，分质供水，最大限度优先利用再生水实现零排放或达标排放。两个一体化的协同，将为露井联采区的煤-水-生态协调发展奠定基础。

2.2 采用水足迹理论制定企业可持续用水战略，深层次服务社会

水足迹理论从生产和消费角度衡量煤矿企业水资源的真实需求和占用情况，不仅包括煤矿生产所消耗的实体水，还包括隐藏在生产链之外的虚拟水，在一定程度上水足迹比传统用水更能全面真实地表征煤矿企业运行实际的水资源的消耗，这一理论有如下特点。

2.2.1 识别影响煤矿水循环系统中的重要因素

大型露井联采煤矿的用水水源多元化，用、排水结构复杂，水资源系统相关技术体系、工艺流程及装备系统链条长、环节多，表征指标复杂多变。采用水足迹理论可识别影响煤矿水循环系统中的重要因素，设置定量的减少关键因素水足迹的目标、标杆学习、产品标签、认证和水足迹报告，可以提升与优化煤矿用水系统。

2.2.2 提高煤矿企业竞争力

随着水资源短缺和用水成本的增加，以及越来越严格的污废水排放标准，提高煤矿企业用水的循环利用率势在必行。减少水足迹是企业环境战略的一部分，就像减少碳足迹一样。制定完善的水足迹管理模式可以增强企业竞争力。使企业通过节约其生产用水或者实现零污染来减少他们的生产水足迹。建立水足迹定期监控和预警机制，为煤矿企业水资源预警和用水调节策略的制定提供数据支持。

2.2.3 实现煤矿生产用水与经济社会环境协调发展

我国的经济社会面临着水质和水量的双重约束。如何实现水与经济社会环境的协调发展，成为当前必须要关注的紧迫性问题。水足迹理论将水资源社会化，从以往单纯的资源科学研究角度拓展到经济社会管理领域，为探索区域水资源可持续发展提供了一个新思路。采用水足迹理论可揭示煤矿企业经济系统与水资源消耗之间的联系与矛盾，挖掘影响煤企水资源可持续利用的制约因素，为企业制定切实可行的水资源管理策略提供一定的科学依据。

水足迹关注水资源的质和量，也关注了水资源的不同形式，也就是绿水、蓝水和灰水，还关注水资源的可持续性，为综合评价煤矿高效利用水资源提供了理想的理论框架和方法支持。

2.3　水资源最严格三条红线控制的理念

2011 年，我国要实行最严格的水资源管理制度在中央一号文件中被明确提了出来，并且深入阐述了"确立三条红线，建立四项制度"的重要要求。三条红线控制是最严格水资源管理制度的核心内容，其主要包括以下三个方面：通过用水总量控制制度来确立水资源开发利用控制红线；通过用水效率控制制度来确立用水效率控制红线；通过水功能区限制纳污制度来确立水功能区限制纳污红线。

通过分析"三条红线"之间的关系可以知道，其具体内容分别与水资源管理中供、用、排三个方面相对应，并且这三者是相互联系并不是孤立存在的。例如在制定水资源利用效率控制红线时，可以对用水定额进行直接控制，但同时也涉及了水质，因为提高用水效率的同时，也就意味着提高了水资源的重复利用率，同时废污水的排放量也会相应减小，对水质改善起到积极的作用。

露井联采区实行水资源三条红线控制的水资源配置理念，旨在通过设置新鲜水总量控制指标，最大限度提高矿区水资源重复利用率，力争实现污水零排放，最大限度减少纳污量，实现单位产品用水量的逐步下降，赶超世界先进用水效率，从而保障实现水资源高效利用和可持续发展。三条红线控制的水资源配置理念在实践中可从其基本内容出发。

2.3.1　水资源开发利用总量控制红线

用水总量控制指标是对取用水总量进行宏观、量化管理的控制指标。从区域供水结构特点出发，选取相应的用水总量控制指标，主要包括地下水用水总量控制指标、地表水用水总量控制指标和公共水源用水总量控制指标。在划定用水总量控制指标时：首先，充分考虑区域的地下水、地表水资源条件和供水结构，以地下水可开采量和地表水可利用量作为用水量控制指标划定的上限值；其次，考虑当前的水资源开发利用水平和替代水源工程的供水潜力，并遵照"优先使用再生水、充分利用地表水、加大利用外调水、合理开采地下水"的水源建设理念，给出地下水、地表水和外调水等不同水源在考虑水源置换前提下的最大供水能力；最后，结合当地社会经济发展水平及需水情况，并充分考虑未来各指标的可实现性，对各水源的用水量指标进行合理调整，制定满足不同发展水平要求的用水总量控制指标。

示范区水资源利用包括矿井排出的地下水资源以及外源补充水，通过矿井吨煤排水系数大小可间接反映区域地下水的开发利用程度，相应地从煤-水协调开发角度出发，可在建立的水资源配置模型中将矿井吨煤排水系数大小作为模型的约束条件，进而控制因过度开采造成的地下水资源破坏，最终实现矿井涌水、外源水资源与煤炭生产的相适应。

2.3.2 水资源用水效率控制红线

用水效率控制指标是对区域用水行为进行精细化管理的控制指标。在选取用水效率控制指标时，可从居民生活、工业、农业等不同用水行业来选取相应的指标，如人均综合生活用水量、万元生产总值用水量、万元工业增加值取水量、工业用水重复利用率、亩均灌溉用水量、农业灌溉水有效利用系数及农业节水灌溉率等。用水效率控制指标的确定方法：首先，分析研究区当前各行业的用水定额大小，并将其与全国节水先进地区相同或相近行业的用水定额进行对比；其次，综合考虑研究区水资源条件、节水水平、替代水源建设情况、城镇居民收入等多方面因素，分析当地各行业的用水效率和节水潜力，确定在最大节水水平下的农业节水灌溉率、灌溉水有效利用系数、工业用水重复利用率和城市污水回用率等效率指标；最后，结合当地社会经济发展水平和水资源管理工作水平，并充分考虑未来各指标的可实现性，对指标进行适当调整。

示范区是一个包含原煤生产、煤炭洗选、煤化工、原煤发电以及各单位配套单位组成的大型工业园区，对水资源的利用消耗，各单位、各环节差别巨大，通过对各单位取水水量资料、退水水量资料的统计，严格控制水资源在各个环节的用水效率，提高水资源的利用效率。

2.3.3 水功能区限制纳污红线

水功能区限制纳污控制指标是对区域排污总量进行定量化管理的控制指标。从水功能区管理的角度，可选取水功能区达标率、主要污染物入河总量、工业废水达标排放率、城市生活污水处理率等指标作为限制纳污指标。相应的确定方法：首先，科学核定水功能区的水体纳污能力，针对划定的水功能区，在满足水域功能要求的前提下，明确水功能区的水质管理目标，选取合适的数学方法，并综合考虑水功能区的水文特性、自然净化能力、排污状况科学计算水体纳污能力；其次，结合水功能区达标现状、水体纳污能力、污废水处理水平、污染源布局等多方面因素，确定污染负荷削减目标；最后，分析未来的排污水平和水质管理目标，分析水功能区限制纳污指标的可实现性，对指标进行适当调整，设定比较适合的控制指标值。

水功能区限制纳污红线旨在降低示范区排放的污染物对水环境的影响，通过对示范区外排口水量水质的严格监测，建立水功能区水环境现状与外排物的动态关系，进而控制外排物的排放浓度、外排流量，减少水功能区污染物的输入强度，保证水功能区的自净能力不失调，最终降低示范区生产对水环境的破坏。

2.4　水资源高效利用时空协调的理念

我国是世界主要经济体中受水资源胁迫程度最高的国家。人多水少，水资源时空不均且与耕地、能源、矿藏分布不适配，是我国的基本国情、水情。经济的快速增长导致用水量急剧增加，全国供用水总量从中华人民共和国成立初期的 1031 亿 m^3 增加到 2017 年的 6000 亿 m^3 左右，增加了近 5 倍。供给有限而需求扩张导致供需不匹配，正常年份全国供需缺口超过 500 亿 m^3。同时，现有的供水很大比例依赖于生态用水，进而导致湖泊湿地萎缩、地下水超采，危及生态安全。只有通过提高水资源利用效率，协调水资源的时空分布，才能实现生态系统的根本好转，助力经济社会高质量发展。露井联采区水资源时空分布不协调主要表现在以下几点：

（1）露井联采条件下生产单位空间分布不协调：①露天开采采坑面积大、采矸排放占地多，与井工开采相比，矿区面积大、供用水单元空间布局松散，输水距离远；同时露天开采对地表生态与地形地貌的破坏程度要远远大于井工开采。因此，露天矿区生态修复与养护范围和程度要远大于井工开采，与此同时，用于原煤生产的洗选工业及其配套的地面设施往往根据区域地形地貌的特点集中建设在地势平坦的区域，因此，对于露天矿井地面设施的位置布局较井工开采有很大的局限；②井工开采过程中排水量大于用水量，而露天开采过程中排水量小于用水量，这就造成了排水与用水的空间分布不协调；煤炭产业链中的煤炭洗选企业、发电供暖企业、煤化工企业矿山生态修复与养护等需水单元与供水单元空间布局的空间不协调性，空间的不协调导致对供水管网与供水设施要求提高，增加了供水难度与供水成本。

（2）冬季降尘洒水和生态需水量少，而夏季需水量大，尤其是露天矿，而主要供水水源井工矿的排水强度各季基本保持恒定，这样就造成了冬季供水量相对过剩，而夏季供水量相对不足的季节（或时间）不协调。

因此露井联采区水资源利用应将水资源的时空性考虑在内，本书提出露井联采区水资源时空协调的理念，优化水资源配置的时空协调。

2.5　优水优用、分质供水、以水定需的理念

在西方国家，自来水供给分为两条管道：一条是饮用水，用来日常做饭、洗菜、烧开水；另一条是生活用水，用来洗衣服和冲厕所，这就是最早的分质供水，可以实现"优水优用"。工业生产活动中，分质供水水资源优化配置问题就是不同水质的水资源在各部门之间合理分配的过程。示范区污水处理站处理

来自不同区域的废水,各处理站采用不同的生产工艺,出水水质执行不同的水质标准。同时,示范区各生产用水单位为保证生产的安全进行,对水质有一定的要求。因此,在建立示范区水资源优化配置模型时,应构建供水单位与生产用水单位的供需关系,保证供水单位供出的水被充分利用,生产用水单位需水有保障,最大限度利用再生水,提高利用率,减少对万家寨引黄工程的引黄水和刘家口水源地新鲜水的依赖。

以水定需是我国治水理念的重大变革,坚持稳中求进、综合施策,坚持政府和市场两手发力,坚持节水优先,加快推动用水方式由粗放低效向节约集约转变,为中华民族永续发展提供坚实支撑。要健全水资源配置体系,加快建设重大调水工程,加大工业废水、生活污水、雨洪等利用,缓解供需矛盾。要发挥市场机制在水资源配置中的作用,实行差别化水价政策,深化水资源税改革,培育水权市场。此外,要建立健全水资源论证制度和水资源承载能力评价体系,明确各地区生态保护基准、水资源可利用量和需求量,完善覆盖省、市和县三级行政区域和各江河湖泊的用水指标体系,真正做到量水而行。要把万元国内生产总值用水量纳入"十四五"时期经济社会发展主要约束性指标,大力推动农业节水增效、工业节水减污、城镇节水降损,全面建设节水型社会。要强化水资源监管,建立全天候、动态化监测体系,加大执法力度,坚决纠正无序取水、超量取用水、超采地下水、无计量用水、浪费水等行为。要健全水资源配置体系,加快建设重大调水工程,加大生活污水、工业废水、雨洪、海水等利用,缓解供需矛盾。要完善相关法律体系,明确部门管理职能,压实各级政府责任,加强部门之间、流域内各行政区域之间的统筹协调,解决政出多门、相互掣肘等问题。本书中考虑差别化水价政策,设定经济最优目标实现以水定需的理念。

2.6 大数据时代云技术、云计算和物联网技术支持的理念

云技术基于云计算商业模式应用的网络技术、信息技术、整合技术、管理平台技术、应用技术等的总称,可以组成资源池,按需所用,灵活便利。技术网络系统的后台服务需要大量的计算、存储资源,如视频网站、图片类网站和更多的门户网站。伴随着互联网行业的高度发展和应用,将来每个物品都有可能存在自己的识别标志,都需要传输到后台系统进行逻辑处理,不同程度级别的数据将会分开处理,各类行业数据皆需要强大的系统后盾支撑,只能通过云计算来实现。

云计算是分布式计算的一种,指的是通过网络"云"将巨大的数据计算处理程序分解成无数个小程序,然后,通过多部服务器组成的系统进行处理和分析这些小程序得到结果并返回给用户。云计算早期,简单地说,就是简单的分

布式计算，解决任务分发，并进行计算结果的合并。因而，云计算又称为网格计算。通过这项技术，可以在很短的时间内完成对数以万计的数据的处理，从而达到强大的网络服务。现阶段所说的云服务已经不单是一种分布式计算，而是分布式计算、效用计算、负载均衡、并行计算、网络存储、热备份冗杂和虚拟化等计算机技术混合演进并跃升的结果。

物联网指的是将无处不在的末端设备和设施，包括具备"内在智能"的传感器、移动终端、工业系统、数控系统、家庭智能设施、视频监控系统等和"外在使能"的，如贴上的各种资产、携带无线终端的个人与车辆等"智能化物件或动物"或"智能尘埃"，通过各种无线和/或有线的长距离和/或短距离通信网络实现互联互通、应用大集成以及基于云计算的 SaaS 营运等模式，在内网、专网和/或互联网环境下，采用适当的信息安全保障机制，提供安全可控乃至个性化的实时在线监测、定位追溯、报警联动、调度指挥、预案管理、远程控制、安全防范、远程维保、在线升级、统计报表、决策支持、领导桌面等管理和服务功能，实现对"万物"的"高效、节能、安全、环保"的"管、控、营"一体化。

工矿企业对水资源管理的目的都是要追求水资源的合理开发、综合治理、优化配置、全面节约，这些工作的前提都需要对示范区基础地理信息、各类供水、排水水量和水质信息，各单位废污水收集、处理与监测设备运行状态信息，产品生产过程的用水与排水信息，产品产量、产值和经济效益信息，以及区域水资源、水环境管控与监测信息等实时数据的及时精确掌握。以大型煤矿及其配套循环经济企业组成的工业园区，其各类信息监测信息系统、数据库管理系统、计算操作系统、信息格式类别等各有差异，很难统一。因此，必须采用大数据时代基于服务的互联网、物联网云技术、云计算支持理念，从而实现水资源配置信息动态共享，并对外提供基于云技术的水资源动态配置信息服务，提高水资源配置管理效率。

建立云技术支持下的水资源配置信息共享系统，与传统水资源优化配置相比有如下特点：

（1）不同目标下高效水资源配置方案。传统的水资源配置为满足示范区发展规划出发，在对历史水资源统计分析的基础上为未来一段时间的发展做出预测，在实践操作上具有一次性，不可更改性。而在云技术支持的架构平台下，一定区域的水资源配置可实现按人为划定区域、按照水资源分区、按不同部门不同发展规划以及处理应急突发事件等不同目标按用户需要水资源配置方案的拟定，避免因区域实际发展变化造成的原配置、系统失效的问题。

（2）大数据云计算处理技术的应用。基于大数据的水资源系统优化配置，将系统中的来水情况、用水情况等基础数据传送至数据处理平台，通过云计算的方式将这些数据进行分析，改变了原来的抽样和典型数据的研究方式，最终提高用水预测决策准确度和效率。示范区的私有云平台与公有云平台的混合衔接，高效实现生产取用水情况与取水许可、用水标准等信息的共享同步。

（3）面向不同对象的高效水资源配置。云数据平台通过将供水、用水、耗水、排水的信息进行整合，进而将供水单位、用水单位、管理单位集中在同一框架，可实现不同用户按照不同的目的需求进行用水配置规划时将社会、环境、资源的因素考虑在内，避免传统片面追求经济以及因决策者知识面限制带来的不合理决策，最终实现水资源管理各个部门进行水资源调配时有具体的依据。

（4）处置突发性事件的水资源配置能力。煤-水协调开采模式下，矿井涌水作为区域供水水源，其水量大小在实际应用中具有极大的不确定性，云技术支持下的配置模式将区域水资源信息进行整合，在面对突水、污染等突发事件时，依据强大的处理能力，按照事件的规模与类型，迅速做出调节，调整水源配置方案。

2.7　人工智能时代基于 AI 的水资源动态配置理念

示范区水资源动态配置中的"动态"即由于外界刺激而引起非定向的随机活动，是事务的发展变化和活动中的状态、状况，煤矿及其产业园区其水资源动态特征主要体现在以下几个方面：

（1）供水水源资源量动态变化。示范区矿井涌水作为供水水源用于区域水资源配置，其水量具有较大的不稳定性，与赋存地质环境及水文地质环境关系密切，且随矿产采掘面的推进揭露不同的地质构造，造成水量差异较大。

（2）用水部门数量与部门发展规划动态变化。区域用水部门的类型主要为生活、生产以及生态用水，以煤炭采掘及其配套产业为主的工业示范区，每一种用水类型的部门随着煤炭资源量、产业政策、经济作用的影响而不断发生变化，并且各个部门同时还受集团公司规划约束，一定程度上造成区域用水类型以及用水方式的不断改变。

（3）产业节水新技术、新工艺、新理念的动态变化。随着节水技术的不断应用，用水效率的不断提升，非传统水资源的进一步发展同样影响着水资源的配置。

（4）资源、环境和生态方面的法律法规、政策制度的动态变化与调整，最终影响水资源配置方式。

（5）采用人工智能理论，优化配置算法，提高计算精度与速度。

2.8　实施用水效率动态跟踪评价与信息反馈，不断优化调控配置方案的理念

煤矿水资源供用体系中水资源分配、节水减污技术、相关工艺流程及装备

系统链条长、环节多，表征指标复杂多变，亟须反馈调整优化。建立科学全面的用水效率动态跟踪评价体系，分析评价结果进行持续改进信息反馈，可指导研究区水资源生命周期的使用和管理，对于突破煤矿企业用水效率不协调和不充分的瓶颈，实现水资源合理开发、优化配置以及可持续高效利用具有重要的现实意义。

（1）建立用水效率动态跟踪评价体系。以大型露井联采矿水资源生命周期可持续性为研究目标，基于生命周期可持续性评估理论，综合水资源"取水、配水、利用、排水、水处理和循环利用/废弃"的生命周期的各阶段。定义其所处复杂系统的边界及范围，考虑时间信息的不确定性，综合资源消耗、经济性、技术性能、社会影响和环境影响五个维度的动态清单因子，建立合理、普遍适用于煤矿企业的用水效率动态跟踪评价体系。

（2）水资源高效利用持续改进信息反馈。采用上述建立的用水效率动态跟踪评价体系，通过博弈论法及 CW-VIKOR 方法进行评价结果的解释，并进行持续改进信息反馈。

（3）持续优化调控配置方案。根据示范区水资源高效利用可持续性动态评价结果及反馈信息，改进矿区水资源使用和系统管理过程中存在的问题，促进区域水资源生命周期可持续性。调控配置方案主要包括持续改善水资源管理模式，持续提升废水分质处理和分质供给，持续提高污水处理工艺的稳定性，持续变革工艺及提质增效以及持续节能降耗降低成本。

基于上述研究，将露井联采矿区水资源高效利用模式概况为：①要树立煤-水-生态协调发展的理念，为实现经济效益高、环境效益好、生态效益美、社会效益满意奠定一个良好的思维方式，这也是水资源高效利用的目标；②在此理念下，从更深层面关注水资源的高效利用，为此要采用水足迹理论体系开展企业水足迹分析与评价，从而制定企业可持续用水的发展战略；③水资源的高效利用必须在最严格的三条红线约束下，制定水资源时空协调、优水优用、分质供水的水资源配置方案；④在云技术、云计算和物联网技术的支持下，实现水信息的跨系统、跨平台、跨区域共享，打破信息孤岛，为实现水资源动态配置奠定基础；⑤构建基于智能理论算法的水资源动态配置模型，既可以提高模型运行速度，还可以提高模型求解精度，可实现优化方案的快速求取；⑥构建与开发基于生命周期可持续性评价理论的水资源高效利用动态跟踪评价体系与系统，可为不断调控和优化水资源配置方案提供信息反馈，从而实现水资源持续高效利用。

第3章 露井联采区煤−水资源供需特征研究

3.1 研究区自然环境概况

3.1.1 地理位置

中煤平朔集团有限公司（简称"平朔公司"）是中国中煤能源集团有限公司的核心企业，创建于 1982 年，井田位于宁武煤田的北端山西省朔州市，是国家规划的大型动力煤基地和晋北亿吨级煤炭生产和能源出口基地，是露井联采的特大型煤炭生产企业。平朔矿区资源储量为 61.4 亿 t，拥有安太堡露天煤矿、安家岭露天煤矿、东露天煤矿 3 座露天矿和井工一矿、井工二矿和木瓜界 3 座井工矿共 6 座生产煤矿，6 座选煤厂，3 条铁路专用线。其中，安太堡、安家岭区域包含安太堡露天矿、安家岭露天矿、井工一矿和井工二矿 4 座煤矿，生产能力分别为 2200 万 t/a、2000 万 t/a、1000 万 t/a 和 1000 万 t/a，是典型的大型露井联采煤矿。平朔公司总平面图如图 3.1 所示。

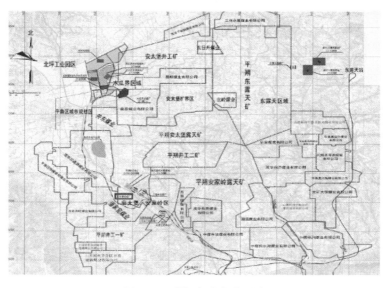

图 3.1 平朔公司总平面图

平朔公司分为煤炭产业、化工产业、电力产业和生态产业四个产业板块。煤炭产业，走"规模集约、综合利用"的转型之路。通过煤炭产品结构调整，实现煤炭主业由规模速度型向质量效益型转变，目前自产原煤 8000 万 t，就地转化 2000 万 t，高灰高硫煤转化比例显著提高，成为了新的利润增长点。积极探索智慧矿山，在全国率先建设露天煤矿智能卡车调度系统、无人机测绘，率先进行卡车无人驾驶、钻机无人值守等工业试验，智慧矿山建设成为煤炭工业转型升级的核心驱动力。电力产业，走"坑口发电、清洁高效"的升级之路。抓住国家重点推进晋北大型煤电基地及两条特高压外送电通道建设的机遇，创新发展模式，加快构建煤电一体化体系。以参控股方式发展坑口低热值煤电厂，利用先进的循环流化床锅炉燃烧技术和超低排放环保治理技术，将矿区低热值煤就地转化发电并兼顾供热，提高资源利用效率，改善周边环境。化工产业，走"技术先进、产品高端"的发展之路。以高硫煤转化为前提，坚持效益优先、竞争力优先，结合工艺、技术、市场情况，适度发展、有序发展，确保项目当前及长远的竞争力及盈利能力。生态产业，走"绿色承载、生态和谐"的创新之路。打造集生态重建、工业旅游、现代农业、新能源于一体的生态产业，增强生态产业改善环境、提升环境承载力，促进煤电化产业可持续发展，构建生态建设与产业发展共荣互济、良性互动的生态文明建设新模式。

平朔公司积极探索露天煤矿智能化建设方向和技术，在全国率先建设智能卡车调度系统，并在三个露天矿投入使用；率先使用无人机对露天矿山进行测绘验收；率先进行卡车无人驾驶、钻机无人值守等工业试验。煤矿智能化已成为煤炭工业转型升级的核心驱动力，对于提升煤矿安全生产水平，保障煤炭稳定供应具有重要意义。

平朔公司是由安太堡、安家岭和东露天三座特大型露天矿，井工一矿、井工二矿（已闭井）、井工三矿三座大型现代化井工矿，五座配套洗煤厂和两条铁路专用线组成的国内规模最大、现代化程度最高的露井联采煤炭企业，全区规划井田面积为 2314km²，主采太原组 4～11 号煤层。此次研究选取由安太堡，安家岭露天矿、井工一矿及其与煤炭生产的配套地面设施组成的露井联采区作为研究对象。

3.1.2　地形地貌

研究区所在的朔州市平鲁区地域辽阔，但山多沟深，平地很少，境内地势西北高、东南低，呈西北向东南倾斜的地形。中间顺南北走向突起一个背形的山脉，是黄河、海河两大水系的分水岭。全区平均海拔 1200m，森林覆盖率较低，水土流失、地面割切严重，形成较大河流 7 条，沟谷 13685 条。全区地貌形态主要由基岩山石区、黄土丘陵区和山间盆地组成，其中以基岩山石区和黄土丘陵区为主，两种地貌面积约占区域总面积的 96%，造成全区地形西北高，东南低。

安太堡、安家岭露天联采区所在区域多为黄土覆盖，区内黄土台地受强烈的侵蚀切割作用，沟谷发育，切割深度为 50～70m。区内地势多变，从高地到河谷，高低起伏变化较大，区内海拔标高一般为 1300～1400m，最高点为 1505.72m，最低点为 1270m，相对高差 235.72m。

3.1.3 水文气象

研究区属北温带大陆性季风气候，全年四季分明，气温年较差和日较差大，多年平均气温 5.38℃，年均日照 2805.8h。风向以西北风为主，平均风速 4.5m/s。多年平均年降水量 411mm，全年雨少，无霜期短，地域差异明显，受季节风的影响，在一年之内各月降水极不均匀，一般 6—8 月降水量占全年降水总量的 65.2%。多年平均气温 5.5℃，1 月最低，平均气温−10～7℃，7 月最热，平均气温 20～21.5℃，全年无霜期为 115d，土壤最大冻土深度为 1.25～1.5m，年平均日照时数 2808.2h，多年平均年蒸发量 2229.5mm。

3.1.4 河流水系

研究区地表水系属海河流域永定河水系，主要为七里河、马关河以及下游的太平窑水库。

（1）七里河。七里河发源于平鲁区白堂乡，流经研究区南部，全长为 37km，汇水面积为 181km^2。河流水源主要是洪水，洪水持续时间最长为 134h，洪峰持续时间最长为 4.2h，最大洪峰流量 361.3m^3/s（1954 年 8 月 16 日）。由于矿区生产建设的需要，1984 年在河上游筑坝截流，故此七里河改道向北东注入马营河，改道后矿区废水调节池以下河道常年干涸，仅在雨季作为行洪通道，每年约出现 4～6 次洪水，洪水流量一般 50～100m^3/s。

（2）马关河。马关河发源于平朔矿区北部的石井沟、张马营、木瓜界、上梨园一带，从矿区东部井田内 80m 处由北向南流过，贯穿平朔矿区南北，最终汇入桑干河，全长为 27km，汇水面积为 151km^2，一般水流量为 0.01～0.15m^3/s，马关河属季节性河流，平时干涸无水，仅在雨季作为地表洪水径流通道。

（3）太平窑水库。太平窑水库位于矿区外东南方向约 17km 处。始建于 1957 年，设计库容为 935 万 m^3，属小型水库，主要为满足下游 18.5 万亩农业灌溉需要，目前水库正常运行，汛期蓄积上游流域来水，旱期向下游放水灌溉，保障当地农业灌溉。

3.1.5 区域地质与水文地质条件

3.1.5.1 区域地质条件

1. 地层

本区地处宁武盆地，亦称宁武煤田。太古界变质岩系、上元古界震旦系构成了本区古老基底，且在盆地东西边缘呈条带状出露。盆地内古老基地之上依次沉积有寒武系、奥陶系、石炭系、二叠系、三叠系、侏罗系、新近系地层。盆地的中心位于中南部宁武—静乐一带，其上部发育有侏罗系含煤地层。新近系和新近系地层覆盖于盆地内的广大地区（表3.1）。

表 3.1　　　　　　　　　　　区 域 地 层 简 表

界	系	统	组	简　　　　述
新生界 K_z	新近系 Q	全新统 Q_4		自下更新统（Q_1）到全新统（Q_4）均有沉积，厚 0~210m
		更新统 Q_{1-3}		
	新近系 N	上新统 N_2	静乐组 N_2^j	上新统 N_2，俗称静乐红土，厚 0~120m
中生界 M_z	侏罗系 J	中统 J_2	天池河组 J_2^t	下统大同组，永定庄组，中统云冈组和天池河组，厚 500m 以上
			云冈组 J_2^y	
		下统 J_1	大同组 J_1^d	
			永定庄组 J_1^y	
	三叠系 T	中统 T_2	铜川组 T_2^t	下统刘家沟组和和尚沟组，中统二马营组和铜川组，厚 500m 以上
			二马营组 T_2^r	
		下统 T_1	和尚沟组 T_1^h	
			刘家沟组 T_1^l	
古生界 P_z	二叠系 P	上统 P_2	石千峰组 P_2^{sh}	以紫红色、砖红色富含钙质、铁质的砂、泥岩为主，厚 133~184m
			上石盒子组 P_2^s	以杏黄、黄绿色砂岩、砂质泥岩、紫红色泥岩为主，厚 0~274m
		下统 P_1	下石盒子组 P_1^x	灰黄、黄绿色砂岩、砂质泥岩、紫红色泥岩，厚 0~226m
			山西组 P_1^s	灰白色石英砂岩、灰色砂质泥岩夹煤层煤线，厚 11~80m
	石炭系 C	上统 C_3	太原组 C_3^t	灰白色砂岩、灰黑色砂质泥岩含泥质灰岩及主要可采煤层，厚 79~124m
		中统 C_2	本溪组 C_2^b	杂色铝土泥岩、砂质泥岩夹石灰岩及煤线，底部为山西式铁矿，厚 21~66m
	奥陶系 O	中统 O_2	峰峰组 O_2^f	中统马家沟组、峰峰组灰岩和下统亮甲山组、冶里组灰岩，厚 600m 左右
			上马家沟组 O_2^s	
			下马家沟组 O_2^x	
		下统 O_1	亮甲山组 O_1^l	
			冶里组 O_1^y	
	寒武系 ∈	上统 $∈_3$	凤山组 $∈_3^f$	沉积上统凤山组、长山组、崮山组、中统张夏组、徐庄组和下统毛庄组，厚 300m 以上
			长山组 $∈_3^c$	
			崮山组 $∈_3^g$	
		中统 $∈_2$	张夏组 $∈_2^z$	
			徐庄组 $∈_2^x$	
		下统 $∈_1$	毛庄组 $∈_2^m$	

界	系	统	组	简　　　述
元古界 P_t				一套浅变质灰岩，出露于煤田东部边缘，厚24～46m
太古界 A_r				一套中—深变质岩系，出露于煤田东部边缘，厚3000m以上

2. 构造

宁武煤田位于山西台背斜北中部，新华夏第三隆起带的中段，为山西新华夏多字形构造盆地的组成部分，展布于吕梁地块、五台古陆、内蒙古地轴之间。

区域构造整体上呈北北东向展布，宁武向斜构成本区主体构造骨架，断裂构造多发育于东南部和东部边山地带，西北部断裂构造发育较弱，宁武向斜贯穿煤田的南北（图3.2）。其走向：娄烦—静乐—宁武为N30°E，阳方口-朔城区-北坪为近南北方向。在朔州平原区，该向斜被南部王万庄断层及北部担水沟断层切割，向斜轴向西偏移。此向斜为一不对称向斜，东翼倾角较西翼大，一般为30°～50°，个别地段直立或倒转，西翼倾角一般在10°以下。东翼构造也较西翼复杂，在煤田南端下静游村东部边缘地段及轩岗地区，落差100m的断层较多。在煤田北部同样东翼比西翼复杂。

平朔矿区位于宁武煤田的北端，东（洪涛山）、北（骆驼山）、西（黑驼山）三面环山。南部为担水沟断层与朔南矿区毗邻。矿区以宁武向斜为主干构造，伴生次一级褶曲：有马营背斜、芦子沟背斜、白家辛窑向斜、二铺背斜以及下窑子向斜，除马营背斜外，其余褶曲均依次排列在宁武向斜的西翼。

区域断裂构造多发育在南部边缘一带，担水沟断层、耿庄断层及黄土坡断层等近东西向分布，形成一组断裂带。远离断层带向矿区内部，不仅断层密度小，而且断距也较小。

3.1.5.2 区域水文地质条件

1. 岩溶水系统及边界条件

平朔矿区位于神头泉域岩溶水系统内，其边界条件受区域地层、构造及地貌特征等条件的制约，南部边界为王万庄大断裂以南宁武向斜轴部，属隔水边界，西部以管涔山脉地表分水岭为界，北界与三层洞泉域相隔，东北以洪涛山山脊为地表、地下水分水岭。

神头泉域岩溶水系统共分为四级富水区，即神头极强富水区（Ⅰ）；平鲁盆地、耿庄富水区和马邑断层带富水区（Ⅱ）；朔县盆地中等富水区、平鲁盆地中等富水区及马邑断层南部中等富水区（Ⅲ）；平鲁盆地弱富水区、朔县盆地南部弱富水区（Ⅳ）。

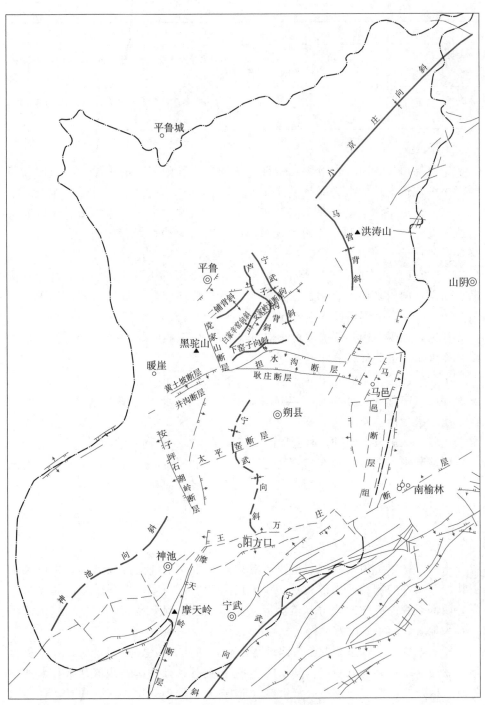

图 3.2　区域地质构造纲要图

系统内岩溶地下水补给源为北、西、南灰岩裸露区及东部半裸露区大气降水入渗补给，补给面积约为 $3839km^2$，接受补给后地下水均向盆地径流，形成三个自成体系的径流子系统，即由东北部马营背斜水交替积极径流带和北部宁武向斜水交替缓慢径流带组成的神头泉组子系统；由源于西北部的七里河水交替积极径流带和西南部耿庄—太平窑水交替积极径流带组成的司马泊泉组子系统；由源于东南部深埋区水交替缓慢径流带组成的小泊泉组子系统。最终，岩溶水由北、西、南向盆地径流，最后向神头方向运移，以集中泉群形式排泄。

2. 含水介质特征

根据地下水赋存空间的空隙性质，结合岩性组合特征，本区可划分为奥陶系碳酸盐岩岩溶裂隙含水岩系、石炭—二叠系碎屑岩裂隙含水岩系和新近系松散岩类孔隙含水岩系（图 3.3）。

（1）碳酸盐岩岩溶裂隙含水岩系。该含水岩系在区内分布广泛，盆地四周南、西、北及东北部均有大面积出露，盆地内隐伏于古生界或新生界地层之下。岩性为石灰岩、白云质灰岩、白云岩等，岩溶裂隙十分发育，其形态主要有溶蚀裂隙、溶洞、孔洞和溶孔，地下水从山区到盆地由潜水过渡为承压水。据区域资料，宁武向斜内含水层埋深为 $84.65\sim309.98m$，水位埋深为 $70.48\sim297.19m$，接近补给区水位埋深大于 $200m$；朔州盆地内含水层埋深为 $241.17\sim891.76m$，接近排泄区小于 $100m$，水位埋深为 $4.90\sim232.84m$。该含水岩组含水丰富，但垂向及水平方向富水性不均一。白堂、下面高（矿区东部）以北山区，揭露灰岩 $200m$ 以上，岩溶裂隙不发育，钻孔单位涌水量小于 $0.049L/(s\cdot m)$，$200m$ 以下为发育段（标高 $950m$ 以下），单位涌水量为 $0.40\sim4.03L/(s\cdot m)$；向南至担水沟断层，揭露 $10\sim50m$（标高 $850\sim900m$），即为岩溶发育段；担水沟断层与耿庄断层之间，岩溶裂隙极为发育，钻孔单位涌水量为 $5.49\sim21.65L/(s\cdot m)$；担水沟断层以南平原区，富水性由南向北增大，在贾庄一带单位涌水量为 $0.40 L/(s\cdot m)$，至小平易排泄区最大可达 $44.72L/(s\cdot m)$［一般为 $3\sim8L/(s\cdot m)$］，由于断层切割使寒武奥陶系成为统一的含水岩体，但水位、富水性略有不同［寒武系水位高于奥陶系水位 $0.26\sim1.64m$，奥陶系单位涌水量为 $0.00649\sim47.37L/(s\cdot m)$，寒武系为 $0.196\sim0.27L/(s\cdot m)$］。该含水岩系的水质类型为 $HCO_3-Ca\cdot Mg$ 型水，矿化度小于 $450mg/L$。

（2）石炭—二叠系碎屑岩裂隙含水岩系。区内大面积被新近系地层覆盖，较大沟谷有石盒子组地层出露，在朔州盆地隐伏于新近系之下，埋深 $100m$ 左右。一般砂岩含水，页岩、泥岩和煤层隔水，具有多层次含水结构之特点，形成含、隔水层相间的水文地质结构，彼此水力联系甚微，各具水头。含水层主要为中、粗砂岩，埋深与所处地形地貌有关，水位埋深为 $65\sim95m$，歇马关、

地层单位			标志层	柱状 1:2000	地层厚度 最小～最大 平均/m	水文地质特征	富水程度
界	系	统	组				
新生界	新近系		Q_4			3～11	冲洪积层,含孔隙潜水	中等
			Q_3	Q_3^m		12	黄土,含钙质结核,弱透水层	弱
			Q_{1+2}	Q_1^w、Q_2^l		13	黏土,含钙质结核,隔水层	
			N_2	N_2^b		10.00～25.00 / 15	黏土,含钙质结核,隔水层	
古生界	二叠系 P	上统 P_2	上石盒子组 P_2^s	K_5		42		弱～中等、局部极强、强
		下统 P_1	下石盒子组 P_1^x	K_4		65.00～95.00 / 76	岩性主要为砂质泥岩、泥岩、细-粗粒砂岩,粉砂岩,K_5、K_4为粗粒砂岩,含砾。于沟谷中出露。含水层为砂岩,裂隙发育,透水性好,区内除向斜轴部有水外,大部分地段无水位,不含水	
			山西组 P_1^s	K_3 1 2 3		41.00～88.90 / 56	岩性为砂质泥岩、泥岩夹砂岩,含水层为砂岩,向斜轴部803号孔涌水,单位用水量为0.34L/(s·m),其余大部分地段富水性弱,单位涌水量为0.041～0.0051L/(s·m)	
	石炭系 C	上统 C_3	太原组 C_3^t	4 4₂ 4₃ 5 7 8 9 10 11 12 K_2		68.00～109.00 / 80	岩性主要为砂质泥岩、泥岩、煤层,夹砂岩,含水层为砂岩,富水性弱,单位涌水量为0.0034～0.0056L/(s·m)	
		中统 C_2	本溪统 C_2^b	K_1		31.00～54.69 / 39	岩性主要为砂质泥岩、泥岩、粉砂岩等,夹石灰岩,单位涌水量为0.000042L/(s·m)隔水层	
	奥陶系 O	中统 O_2	马家沟组 O_2^s、O_2^x			360	岩性为石灰岩,区内富水性弱,单位涌水量为0.007～47.368L/(s·m),水位标高1052.14～1073.62L/(s·m)	弱～中等

引自《山西省宁武煤田平朔矿区安家岭露天煤矿安太堡二号勘探区勘探(精查)地质报告》。

图 3.3 水文地质综合柱状简图

阳方口一带为承压水自流区（现由于煤矿排水，已不见自流现象），该含水岩系大部分地段含水微弱，单位涌水量为 0.001～1.76L/(s·m)，水质类型为 HCO_3 - Ca·Mg 型水，矿化度为 300～1200mg/L。局部地段富水性较强，在 3 号井工矿大沙沟一带，埋藏浅，风化裂隙发育，补给充沛且储水空间丰富，单位涌水量达 5.27L/(s·m)。碎屑岩裂隙水由北、南、西三面向盆地中心汇集，然后沿担水沟断层向东径流，在沟谷处以泉的形式排泄。

（3）新近系松散岩类孔隙含水岩系。松散岩类孔隙含水岩系包括山间河谷冲洪积孔隙含水层和山前倾斜平原冲洪积孔隙含水层两种。前者主要分布在大沙沟、七里河、马营河河谷中，含水层主要为全新统砂、砂砾石，厚度为 0～29m，主要接受大气降水、地表水补给，局部可接受岩溶水的顶托补给，富水性不均一，其地下水流向与地表水流向一致，顺河谷由北向南径流，向山前倾斜平原排泄。山前倾斜平原孔隙含水层主要分布于担水沟断层以南，朔县平原区，含水介质为砂、砂砾石层，中间夹粉土、粉质黏土，分中下更新统含水层段和上更新统含水层段，含水层厚度由西向东增厚，埋深 35～230m，水位埋深 27.40m～自流，水质类型为 HCO_3 - Ca·Mg 型水或 HCO_3 - Na·Ca·Mg 型水，局部为 HCO_3·SO_4 - Ca·Mg·Na 型水，矿化度为 240～1040mg/L。

新近系孔隙裂隙含水层在丘陵山区沟谷两侧有所出露，浅部红土含砂，为孔隙裂隙水，富水性弱，水质类型一般为 HCO_3·SO_4 - Ca·Mg·Na 型水，矿化度为 255mg/L。

（4）隔水层。区内各含水层之间均有隔水层相间，主要隔水层有本溪组泥岩隔水层，石炭、二叠泥岩隔水层和新近系红土隔水层。本溪组隔水层，岩性为泥岩、铝土泥岩、砂质泥岩、石灰岩等，层位稳定，为区内主要隔水层；石炭、二叠隔水层为砂岩之间的泥质岩类，厚度大，沉积稳定。新近系隔水层除浅部类有细砂外以棕红色黏土为主，全区分布广泛，隔水性能良好。

3. 地下水动力特征

区域地下水的补给来源主要为大气降水，其次为地表水。盆地外西、北、东奥陶系灰岩裸露区为岩溶裂隙含水岩组的补给区，地表裂隙、溶隙为降雨入渗提供了良好通道。盆地中碎屑岩裂隙含水岩组大多被新近系红土覆盖，仅沟谷地带露头部位可获得大气降水入渗补给，但补给量有限。马营河局部地段切割煤系地层，可获得地表水补给。松散岩类孔隙含水岩组主要接受大气降水和地表水补给。

区域内岩溶裂隙水和碎屑岩裂隙水在北部丘陵区（担水沟断层以北）由东西两侧向宁武向斜汇集，后由北向南向山前平原径流；在南部平原区（担水沟断层以南），地下水由西向东经宁武向斜轴部向朔县平原汇集，自南向北径流，在担水沟断层作用向东排泄。

区域地下水排泄有点状、线状排泄、矿坑排泄、越流排泄及地表蒸发等。神头泉是岩溶裂隙水的集中排泄点，据 2005 年观测资料，年均排泄量为 $4.52 \mathrm{m}^3/\mathrm{s}$。另外，人工开采也是岩溶裂隙水的一种主要排泄方式，如供煤矿工业用水和生活用水的刘家口水源地、供平朔市居民生活用水的耿庄水源地；碎屑岩裂隙水以点状排泄和矿坑排泄为主，一般于沟谷处以泉的形式排泄，但泉流量一般较小。与宁武向斜一致的马关河，其河床切割石盒子组地层，东西两侧碎屑岩裂隙水向河床排泄。担水沟断层以北丘陵山区地方煤矿众多，矿坑排水是碎屑岩裂隙水的主要排泄方式。松散岩类孔隙水以地表蒸发和人工开采排泄为主。

3.1.6　示范区地质与水文地质条件

3.1.6.1　示范区地质条件

1. 地层

示范区位于平朔矿区中南部，地表大部分被新生界地层覆盖，属典型的黄土丘陵地貌，仅沟谷中零星出露上下石盒子组和山西组地层，石炭系和奥陶系地层为钻孔揭露，缺失中生界地层。根据钻孔揭露，自下而上为奥陶系下统亮甲山组（O_1^l），奥陶系上统上、下马家沟组（O_2^s）；石炭系中统本溪组（C_2^b）、上统太原组（C_3^t）；二叠系下统山西组（P_1^s）和下石盒子组（P_1^x）、上统上石盒子组（P_2^s）；新生界新近系（Q+N），现叙述如下：

（1）奥陶系。奥陶系下统（揭露最大厚度 187.6m，未揭穿）岩性为灰黄色、灰白色白云质灰岩及白云岩，间夹薄层状灰岩及结晶灰岩。据区域资料，奥陶系下统总厚为 104.11～292.58m。

奥陶系中统上部的峰峰组在本区缺失。

下马家沟组：上部为灰色、深灰色厚层状石灰岩夹浅灰、浅黄色白云质灰岩、白云岩，中下部为灰褐色具黄色斑状灰岩夹灰色灰岩、白云质灰岩及砾屑灰岩，底部为灰褐色角砾状灰岩，为奥陶系中、下统之分界灰岩，厚度为 80.57～108.90m。

上马家沟组：顶部为浅灰色角砾状灰岩，中部为斑状灰岩间夹石灰岩，底部为泥质条带灰岩和角砾状灰岩，厚度为 84.46～104.30m。

奥陶系中统总厚度为 165.03～213.20m。

（2）石炭系。中统本溪组（C_2^b）：岩性主要由灰色—深灰色—灰黑色泥岩、砂质泥岩及粉细砂岩组成，具水平或缓波状层理。上部夹薄煤 1～2 层，含 1～3 层薄层灰岩；中下部见一层深灰色石灰岩，厚 2.23～6.40m，平均厚 4.08m。K1 灰岩之上为深灰色、灰绿色泥岩、砂质泥岩、灰褐色中砂岩，其下为青灰色、红褐色铝土泥岩、灰黑色泥岩，厚 5～10m；底部为山西式铁矿，一般呈鸡窝状分布。本组地层厚度变化较大，厚度 27.71～42.00m，平均厚 36.60m。与下伏奥陶系地层呈不整合接触。

上统太原组（C_3^t）：主要含煤地层，顶界为 K_3 砂岩之底，底界为 K_2 砂岩之底，含煤十余层，主要有 4^{-1}、4^{-2}、5、7^{-1}、7^{-2}、$8^{\#}$、$9^{\#}$、$10^{\#}$、$11^{\#}$ 煤，煤层总厚 29.70m，含煤系数 37.2%。主要可采煤层为 $4^{\#}$、$9^{\#}$、$11^{\#}$ 煤。本组地层中部发育一段灰白色中粗砂岩，厚度一般为 10～20m，将本组地层分为上下两个煤岩组。上煤岩组由深灰—灰黑色泥岩、砂质泥岩及 $4^{\#}$、$5^{\#}$ 煤层组成，含黄铁矿及菱铁矿结核；下煤岩组为深灰色砂质泥岩、泥岩、灰褐色中粒砂岩及 $7^{\#}$、$8^{\#}$、$9^{\#}$、$10^{\#}$、$11^{\#}$ 煤层，黄铁矿结核含量增高，$11^{\#}$ 煤层顶部常为深灰色泥灰岩，$11^{\#}$ 煤层下约 5～7m 为灰白、灰褐色中粒石英砂岩，为太原组底界。井工一矿全组厚 57.33～105.34m，平均 79.76m，与下伏本溪组整合接触。

（3）二叠系。下统山西组（P_1^s）：上部为灰白色、灰黄色中粗粒石英砂岩与深灰色砂质泥岩、粉砂岩互层，中夹深灰色泥岩及硬质耐火黏土矿层，砂岩厚度变化较大；下部为深灰、灰色泥岩、粉砂岩及软质耐火黏土矿层；底部为灰白色中粒粗砂岩（K3 砂岩），粒度向下变粗，与下伏地层整合接触。本组地层厚 56.00～97.99m，平均 69.61m。

下统下石盒子组（P_1^x）：主要岩性上部为灰色、灰绿色、黑灰色细砂岩，粉砂岩互层，夹黄绿、紫、灰等杂色黏土岩；中下部以黄褐色、黄绿色粗粒砂岩为主，具斜层理。中部常夹有 1～3 层耐火黏土。底界为 K4 砂岩。本组地层厚 71.00～97.3m，平均 82.57m。

上统上石盒子组（P_2^s）：主要出露于太西村一带，马蹄沟南侧零星可见。岩性为黑灰、黄绿、紫红色砂质泥岩，中夹灰绿色粗粒砂岩，分选差，常含有砾石及泥质团块；上部疏松，易风化；底界标志层 K_6 砂岩为灰白、灰绿色含砾粗砂岩，含绿色矿物及红色长石，交错层理极其发育。与下伏下石盒子组地层连续沉积，顶界出露不全，厚度 0～190.56m，平均 25.00m。

（4）新近系。上新统保德组（N_2^b）：主要出露于中部和西部，除大的沟谷底部外，均有分布。主要岩性为棕红色粉砂质亚黏土，内含黑色铁锰斑点，中下部常夹 3～5 层钙质结核，局部夹砂砾石层，厚 0～65.6m，平均 23.00m。

中上更新统（Q_{2+3}）：多分布于梁峁，上部为黄色砂质黏土、亚砂土，亦称马兰黄土，垂直节理发育；下部为浅红色砂质黏土；底部有 2～6 层砾石层。厚度极不均一，一般为 0～68.00m，最大厚度可达 80 余米，平均为 20.96m。与下伏地层不整合接触。

全新统（Q_4）：为现代河床沉积物，河漫滩堆积物，以砾石为主，间夹少量砂土、淤泥等，厚度 0～20.00m，最大可达 20 余米，平均为 3.5m。

2. 构造

地质构造主要受宁武向斜、芦子沟背斜、白家辛窑向斜及二铺背斜控制，地层产状比较平缓，除芦子沟背斜东翼较陡（15～25°）外，一般在 10° 以下。井田内主要褶曲宁武向斜位于东部，轴向 NW30°，次一级褶曲均发育在西部，近似平行，走向 NE45°，其规模由东南向西北依次减弱。井田内断层和陷落柱较为发育，除个别断层（如安家岭逆断层、马蹄沟断层）断距较大外，一般都在 15m 以下，断层走向分为三组，即 NE 向、NNE 向和 NNW 向，以 NE 向为主；岩溶陷落柱分布不均，且大小不一。根据钻探和三维地震成果，本区未见岩浆活动，本区构造属中等偏复杂区。

（1）褶曲。白家辛窑向斜：从井工二矿井田中部开始，经过本井田向西南方向延伸，向斜轴部走向在北部近南北，至本井田为 NE40°，延伸 6750m，两翼地层倾角 5°左右。根据三维地震勘探，与白家辛窑向斜伴生的 NE-NEE 向和与之对称的 NW-NWW 向次级褶曲，例如白堂背斜和白堂向斜。

芦子沟背斜：位于井田东南侧，轴向北 50°西，至芦子沟转为 NNE 向，向南延伸至安家岭后急转为南西向。两翼不对称，西翼平缓，倾角 5°以下；东翼陡，倾角 15°～25°。

下窑子向斜：位于井田南侧，其轴向西端 NE30°，东端近有 EW 向，延展 5750m。南翼地层倾角 5°～20°，北翼地层倾角 5°左右。

（2）断层。井田内断层有 53 条，其中钻孔揭露 3 条，三维地震控制 13 条，开采掘进揭露 37 条。断距在 5m 以上的 13 条。

F_{30} 断层：位于示范区南部，走向 N45°W，倾向 NE，倾角 70°，落差 20m。断层延伸长 1100m，该断层只有尾部延伸入本区。

F_{19}（安家岭逆断层）：为示范内主要断层，切割芦子沟背斜，伸向马关河东，逆断层，走向 NE，倾向 SE，倾角 40°，落差 40～60m，向东与马关向斜相交，全长 12000m。

F_{25}（马蹄沟断层）：位于马蹄沟村东，正断层，走向 NE，倾向 NW，落差 40～60m，全长约 1500m，地表未见出露。

$F_{采5}$ 断层：位于 4# 煤层东翼辅运大巷、S4102 工作面辅运巷口及 S4103 回风联巷口、4103 回风顺槽、A111 钻孔附近。正断层，走向 NE，倾向 SE，倾角 85°，断距 2.3～19.5m，延伸长度 1985m。

$F_{采21}$ 断层：位于 533 钻孔北部，4# 煤层 4106 主运巷揭露，正断层，走向 SE，倾向 NE，倾角 68°，最大断距 9.0m，延伸长度 885m。

3.1.6.2　井田水文地质条件

1. 主要含水层及其特征

（1）新近系孔隙含水层。井田范围内新近系全新统松散层分布于较大的沟谷中，如七里河、马蹄沟等，属山间河谷冲、洪积含水层，含水层岩性为砂、沙砾石层，为全新统冲洪积物，厚度一般为 1～3m。七里河含水层厚 3m 左右，富水性不均一。七里河河谷内新近系含水层单位涌水量 0.978L/(s・m)，渗透系数 7.15m/d，富水中等。在马蹄沟村一带，砾石层最厚为 15～20m，一般水

井出水量小于 $10m^3/d$，含水性弱。新近系孔隙水受煤矿开采影响，含水量大为减少。根据区域水文地质调查，区内新近系上新统保德组红土浅部含砂量较高，含有孔隙和裂隙，泉水流量一般小于 $0.014L/s$，含水性较弱。

新近系地下水水质类型 $HCO_3 - Ca \cdot Mg$、$HCO_3 \cdot SO_4 - Ca \cdot Na$ 型水，矿化度为 $255 \sim 721.83mg/L$，总硬度为 $170.91 \sim 336.7mg/L$，pH 值 $6.9 \sim 8.0$。

新近系冲洪积孔隙含水层埋藏浅，属孔隙潜水。主要补给源为大气降水直接入渗补给，其次为地表水渗漏补给。其径流方向大多与沟谷方向一致。排泄方式以人工开采为主，其次向下伏基岩含水层垂向渗漏。

（2）石炭-二叠系砂岩裂隙含水层。石炭-二叠系含水层，主要发育有 K_6、K_4、K_3、S_2、S_1 五层砂岩，岩性为浅灰色-灰白色厚层砂岩，以粗粒砂岩和中粒砂岩为主，局部含砾石，各砂岩含水层赋存于各煤层之间，属层间裂隙承压水。

K_6 砂岩位于二叠系上统上石盒子组底部，为 $4^\#$ 煤层的间接充水含水层，厚度为 $0 \sim 25.60m$，平均厚度为 $3.85m$，厚度变化大。一般位于侵蚀基准面之上，富水性较弱。

K_4 砂岩位于二叠系下统下石盒子组底部，为 $4^\#$ 煤层的间接充水含水层，厚度为 $0 \sim 22.96m$，平均厚度为 $7.48m$，厚度变化大，浅部风化裂隙发育，富水性不均一，一般较弱。

K_3 砂岩位于二叠系下统山西组底部，是 $4^\#$ 煤层的直接充水含水层，为砂岩裂隙承压水，岩性以中粗砂岩为主，厚度为 $1.54 \sim 26.44m$，平均厚度为 $10m$。

S_2 砂岩比较发育，位于 $4^\# \sim 7^\#$ 煤，是影响煤层开采的主要含水层，该层砂岩发育较厚且分布较稳定，厚度 $0.55 \sim 19.35m$，平均 $9.01m$，为浅灰色中粗砂岩，有时底部含砾，为 $9^\#$ 煤层直接充水含水层。

S_1 砂岩在 $7^\# \sim 9^\#$ 煤，厚度为 $0 \sim 17.05m$，一般小于 $5m$，为 $9^\#$ 煤直接充水含水层。

由上可知，砂岩分布较为稳定，但厚度变化较大，一般与沉积环境及所处的构造位置相关。石炭-二叠系中粗砂岩含水层总厚度为 $11.20 \sim 61.60m$，平均厚度为 $33.84m$。从砂层厚度（粗、中、细砂岩）上看，井田砂层总厚度呈向斜轴部较厚，翼部较薄的规律。

钻孔简易水文资料分析表明：在构造附近构造裂隙发育，煤层埋藏较浅处风化裂隙发育，往往形成相对富水区；向斜轴部尽管煤层埋藏深，裂隙发育相对较差，但由于汇水条件好，也可形成砂岩裂隙含水层的富水区。这些相对富水区，钻孔单位涌水量达 $0.1389 \sim 1.069L/(s \cdot m)$，渗透系数可达 $1.99m/d$。向斜两翼，地应力作用相对较小，主要表现为岩石本身的原生裂隙，富水性不强。尽管西部靠近灰岩山区的单斜构造，风化裂隙发育，但由于地面坡度及地层倾角大，不利于汇水，富水性一般也较差（该地段裂隙砂岩一般表现为透水层），单位涌水量 $0.01\sim0.041L/(s\cdot m)$，渗透系数为 $0.001m/d$。富水性弱。

综上所述，构造控水作用影响下，本组含水层富水性表现为汇水条件较好的向斜轴部，裂隙发育较强的构造复合部位，含水层富水性强；裂隙发育但汇水条件差的背斜轴部，两翼正常地段，煤层煤层浅、风化裂隙发育但汇水条件差的单斜构造，含水层富水性弱。

根据已有的钻孔水质资料，本组含水层地下水化学类型以 $HCO_3—Ca\cdot Na$ 或 $HCO_3\cdot SO_4—Na\cdot Ca$ 型水为主，局部由于径流条件的影响水质变差为 $Cl\cdot HCO_3\cdot SO_4—Ca\cdot Mg$ 或 $SO_4—Na$ 型水，矿化度 $606.8\sim4038mg/L$，总硬度 $257.47\sim618mg/L$。井田的西部、西北部矿化度较低，各离子含量由西北向东南逐渐增高。

本组含水层的补给来源主要为西部山区地表径流入渗补给，局部在沟谷地段基岩裸露区可直接接受大气降水补给；在较大沟谷新近系砂砾石层（透水层）地段，浅部风化壳可获得大气降水的间接补给。除上述情况外，井田范围内由于大面积受新近系红土隔水层阻隔，接受大气降水补给有限，且自上而下补给条件越来越差。排泄途径以矿井排水为主，泉点的点状排泄、河流的线状排泄和地下水的侧向径流排泄次之。上部含水层在个别沟谷以侵蚀下降泉形式排泄，如井田南部黑水沟即有泉点出露。碎屑岩裂隙水总体上自北西向南东方向径流，水力坡度较大，为 $1.5‰\sim18‰$。

（3）奥陶系岩溶裂隙含水岩系。勘查结果表明，区内地下岩溶主要形态有溶蚀裂隙、溶孔、孔洞和溶洞。溶蚀裂隙是地下水运移的主要通道和含水空间，其宽度为 $0.5\sim3cm$，以垂直为主，斜交次之；溶洞发育较少，多发育于白云质灰岩、白云岩中，而且集中在构造影响部位及强迳流区，构成岩溶储水空间。如白家辛窑向斜轴部附近 K_{10} 号孔，$653.43\sim655.93m$ 发生掉钻，表明溶洞的存在；孔洞直径一般为 $2\sim8cm$，多为方解石或泥质半充填；溶孔为多见的岩溶形态，直径小于 $2cm$，呈蜂窝状带状或零星分布。

本区主体构造为宁武向斜，灰岩埋深由向斜两翼向轴部逐渐加大，岩溶发育有随标高的降低而减弱的趋势。奥陶系灰岩岩溶裂隙发育标高为 $350\sim1150m$，其中裂隙标高为 $450\sim700m$、$900\sim1050m$ 为相对强带，$700\sim900$ 为相对中等带，$1050\sim1150m$ 相对弱带。溶洞发育为 $500\sim600m$、$800\sim900m$ 为相对强带，$900\sim1150m$ 为相对中等，$600\sim800m$ 为相对弱带。井工一矿奥陶系灰岩顶板标高为 $910\sim1320m$，上下马家沟组灰岩处于岩溶裂隙中等—强发育范围之内，岩溶裂隙率为 $1.3\%\sim4.9\%$，该区岩溶裂隙随深度增加有所减弱，钻孔单位涌水量 $0.494\sim4.919L/(s\cdot m)$。

井田处在神头区域中等-强迳流区，矿化度 518.97～1148.0mg/L，水质类型为 HCO_3—$Ca \cdot Mg$ 型水。

岩溶地下水的补给来源主要来自井田北、西、南灰岩裸露区的大气降水面状入渗补给和局部河段的线状入渗补给。灰岩裸露区受构造变动及风化溶蚀影响，岩溶裂隙发育，成为降水渗入的良好通道，且为岩溶水的汇集、运移提供了有利条件。岩溶水径流方向与构造发育方向基本一致，由北西向南东方向径流，最后排向神头泉。水力坡度 0.06%。岩溶裂隙地下水的排泄以人工开采和天然排泄为主。

2. 主要隔水层及特征

区内隔水层主要有 $11^{\#}$ 煤底板隔水层、石炭-二叠系层间隔水层和新近系上统隔水层。

(1) $11^{\#}$ 煤层底板隔水层。$11^{\#}$ 煤底板隔水岩层为一套本溪组及太原组底部海陆交互相的建造，以砂岩、泥岩、泥灰岩、石灰岩相间出现为特征，整个岩层软硬相间，为柔性、硬脆性岩相组合。根据勘查钻孔资料统计，$11^{\#}$ 煤底板隔水层的厚度为 13.21～51.89m，平均 42.41m。

本溪组岩性组合特征：本溪组以泥岩、粉砂岩、铝质泥岩、石灰岩为主，厚度 27.71～42.00m，平均厚 36.60m。泥岩类在本溪组地层中占主导地位，累计厚度 14.71～33.88m，占本溪组岩层总厚 53%～86%。泥岩类属柔性岩层，具隔水消压性能。

$11^{\#}$ 煤层底板至 K_2 砂岩段的岩性组合特征：井田 $11^{\#}$ 煤底板至 K_2 砂岩厚度为 5～13.6m，由西向东厚度逐渐增大。K_2 砂岩与 $11^{\#}$ 煤层之间为 1～2 层砂质泥岩、泥岩，局部渐变为细砂岩，组成压盖隔水层，对阻止奥灰水与上伏各含水层间水力联系起到较大作用。K_2 砂岩以中粗砂岩为主，钙质胶结，夹粗砂岩、砂质泥岩条带，局部相变为角砾岩、细砂岩、厚度 1～6.8m，平均厚 3.62m，是整个隔水岩柱的中间夹层，对岩柱的抗水压强度有重要的作用。

煤层底板岩性软硬相间，K2 砂岩力学强度高，抗水压能力强；而泥岩类隔水性能强，其组合视为良好的底板保护层。

(2) 石炭-二叠系层间隔水层。主要分布于碎屑岩含水层之间，岩性以页岩、泥岩为主，包括煤层本身，形成含、隔水层相间的水文地质结构，使得各含水层彼此联系甚微，各具水头。据钻孔地层资料分析，该隔水层厚度大，沉积稳定，为较好隔水层。

(3) 新近系红土隔水层。新近系上新统隔水层岩性以棕红色黏土、亚黏土为主，全区分布较广，隔水性能良好。

3. 各含水层间水力联系

(1) 新近系与煤系地层之间水力联系。煤系地层与新近系地层之间，由于上新统保德组下部和中上更新统下部均发育有较厚的棕红色粉砂质黏土，构成了较稳定的隔水层，使二者不发生水力联系。

（2）煤系砂岩含水层之间水力联系。影响 $4^{\#}$、$9^{\#}$、$11^{\#}$ 各主采煤层开采的石炭-二叠系含水层，主要发育有 K_6、K_4、K_3、S_2、S_1 五层砂岩，岩性为浅灰色-灰白色厚层砂岩，以粗粒砂岩和中粒砂岩为主，局部含砾石，各砂岩含水层赋存于各煤层之间，K_6、K_4、K_3 砂岩分别位于上下石盒子组底部和山西组底部（太原组 $4^{\#}$ 煤顶板），S_2、S_1 砂岩位于太原组 $4^{\#}$、$9^{\#}$ 煤之间，属层间裂隙承压含水层。

由于下石盒子组上部夹隔水性较好的杂色黏土岩，山西组中下部夹深灰色泥岩和耐火黏土矿层，太原组上下煤组之间发育有稳定的泥岩和砂质泥岩，天然状态下正常地段，上述砂岩无水力联系。但在陷落柱附近，由于地层垮塌、岩石破碎、裂隙发育，或断裂构造错动，使含水层间距离缩短或对接，煤系地层各砂岩含水层往往发生水力联系。如落差 $40\sim60m$ 马蹄沟正断层，由于地层错动，断层带附近 K_3、S_2、S_1 砂岩距离缩短或局部对接（K_3、S_2 砂岩平均距离 $38.36m$，S_2、S_1 砂岩平均距离 $11.39m$），极易发生水力联系。例如，$4^{\#}$ 煤井巷掘进时揭露马蹄沟断层，发生大的涌水现象，最大涌水量高达 $155m^3/h$，恰恰说明断层带富水，主要砂岩含水层相互沟通，存在水力联系。

煤层开采后，导水裂隙带沟通了主采煤层以上所有含水层，充水含水层通过裂隙、断层和陷落柱将发生不同形式的水力联系。

（3）煤系砂岩裂隙含水层与奥灰岩溶裂隙含水层之间水力联系。勘查表明，井田内石炭-二叠砂岩裂隙水水位标高 $1151.392\sim1360.869m$，奥灰岩溶水水位标高 $1059.601\sim1062.601m$，二者存在明显的水位差。由于砂岩裂隙含水层之间存在砂质泥岩、泥岩隔水层，$11^{\#}$ 煤层底板至奥灰岩溶含水层存在本溪组铝土泥岩隔水层及古风化壳相对隔水层，正常块段砂岩裂隙含水层与奥灰岩溶含水层无水力联系。但在大的断层、陷落柱附近，由于岩石破碎、裂隙发育，二者往往发生水力联系。

3.2　区域综改转型工程

1. 平朔煤矸石发电项目

平朔煤矸石发电有限责任公司位于安太堡露天煤矿工业广场，成立于 2002 年 12 月，由格盟国际能源有限公司和中煤平朔集团有限公司按 0.67：0.33 的比例，合资组建，装机规模为 700MW。一期 $2\times50MW$ 直接空冷凝汽式煤矸石发电机组，2005 年 1 月投入运营。二期 $2\times300MW$ 循环流化床直接空冷发电机组，2009 年 8 月投入运营。目前由木瓜界区域平鲁区污水处理厂再生水跨区域供给。夏季耗水量为 $334m^3/h$，冬季耗水量为 $208m^3/h$，年用水量为 239.5 万 m^3/a。

2. 安太堡 2×350MW 低热值煤电厂

该项目位于安太堡露天煤矿工业广场，建设规模为 2×350MW 超临界直接空冷机组，配置 2×1190t/h 循环流化床锅炉。该项目将由安家岭终端污水站处理达标的再生水供给，引黄水为备用水源。该项目夏季耗水量为 278m³/h，冬季耗水量为 229m³/h，年用水量为 177 万 m³/a。

3. 北坪工业园区

北坪工业园区是平朔公司"十三五"期间重点建设发展的煤电化一体化工业园区，重点布局电厂及煤化工项目，已经落户园区项目有：木瓜界 2×660MW 低热值煤电厂、平朔劣质煤综合利用示范项目、平安化肥四期技改项目、胶管胶带项目、轮胎翻新和胶粉项目。平朔劣质煤综合利用示范项目于 2012 年 9 月 15 日正式开工建设，2016 年 9 月 29 日试车成功，木瓜界 2×660MW 低热值煤电厂于 2015 年 9 月正式开工建设，2018 年年底实现双投。平安化肥四期预计在能化公司平稳运行、开拓市场后适时投产。北坪工业园区规划如图 3.4 所示，工业园区电力产业与化工产业如图 3.5 所示。

图 3.4 北坪工业园区规划

图 3.5　工业园区电力产业与化工产业

北坪工业园区生活用水现由工业园区统一供给，不在平朔公司的供水体系内。近期北坪工业园区平朔项目规划用水量为 1244.54 万 m³/a。目前，园区内可以使用的水资源约为 1175 万 m³/a，基本可满足北坪工业园区近期生产用水要求，远期不足部分可由平朔公司已获得的安太堡或者东露天区域引黄水指标调配供给。

3.3　公司供水水源及其结构特征

自矿区 20 世纪 80 年代开始建矿起，清水资源与矿井排水两类水源皆同步出现，随着开采规模的不断加大，污水处理设施处理规模逐步增大和处理工艺不断提高，以及公司多元产业的发展，水源供水结构在不同的发展阶段呈现出其不同的特点：在生产初期，各类生产规模较小，矿区的生活和生产用水均由地下水水源提供的单元结构；中期，随着产能不断提高，地下水资源已无法满足矿区生产，污水处理设施逐步建成，再生水开始部分替代地下水用于生产，形成地下水与再生水共用二元供水结构；2013 年后，随着国家对于地下水资源及环境保护的重视，以及引黄入晋工程北干线建设完成和安太堡净化水厂的投入运行，引黄供水水源开始替代地下水水源在安太堡矿区开始使用，于是形成了地下水、地表水和再生水共用的三元供水结构。

与此同时，随着污水处理规模的扩大、深度处理工艺的增加，以及再生水利用管网建设和泵站的扩容，安家岭再生水调蓄水库的投入使用，三元供水比例也在不断发生变化，再生水利用比例不断提高，2015—2020 年再生水占比由 45.5% 增大到 65.6%，提升了 20.1%；而地下水比例不断下降，2015—2020 年地下水占比由 23.04% 降低到 14.29%，降低了近 9%。

3.3.1　清洁水供水水源与用水单元分析

1. 刘家口水源地（地下水供水水源）

（1）供水能力分析。刘家口水源地位于朔州城区北部刘家口村西七里河西岸的一级阶地上，含水层主要为奥陶系碳酸盐岩，为完整的水文地质单元，岩溶裂隙发育，岩溶水位埋藏浅，蓄存量大，调节能力强，富水性好，导水能力强。该水源地有两个水源区，即一区和二区，共有水源井 10 眼。

刘家口水源地始建于 20 世纪 80 年代，安太堡露天矿项目建设配套水源工程。水源地给水工程规模为 27000m³/d，为地下水大型供水水源。地下水经提升后，注入转输贮水池，经二级泵站及输水管路，送入矿区配水厂。为满足矿区煤矿以及洗煤厂生产工作制度要求，水源地日工作 20h，输水距离为 7km，输水高差为 120m。

根据《取水许可证制度实施办法》（国务院令〔1993〕119 号）规定，山西省水资源管理委员会于 1995 年给平朔露天煤矿发放的取水许可证，核定的年取水许可量为 876 万 m³/a（折合 24000m³/d）。随着万家寨引黄北干线及其配套供水设施的建成与完善，按照山西省水资源配置的基本要求，安太堡区域开始使用引黄水置换地下水，山西省水利厅将该水源地的许可取水量核减为 401.5 万 m³/a（折合 11000m³/d）。目前，该水源地已独立运营，分配给示范区可用量为 200 万 m³/a。

（2）实际供水量及其变化趋势分析。据企业供水量统计（表 3.2），2015—2020 年刘家口水源地的供水量总体趋势为逐年减少的趋势。2015 年供水量为 278.16 万 m³，2020 年为 156.76 万 m³，消减 43.6%。

表 3.2　　　　　　　　刘家口水源地各年度供水量统计

年份	2015	2016	2017	2018	2019	2020
供水量/万 m³	278.16	218.48	201.07	214.35	164.00	156.76

如果将 2017 年设为现状年（201.07 万 m³），那么 2020 年刘家口水源地实际供水量（156.76 万 m³）为现状年的 77.96%，地下水供水量消减 22.04%。

（3）用水单元及其用水量。安家岭-安太堡区域地下水用水量可以归纳为表 3.3 所列的 9 个单元，其主要用途为职工的日常生活用水，其次为生产和绿化用水。

表 3.3　　　　　　　　安家岭-安太堡区域地下水用水量统计

用水单元	各年度用水量/万 m³					
	2015 年	2016 年	2017 年	2018 年	2019 年	2020 年
井工一矿	78.93	52.37	62.88	61.23	20.32	14.13
安家岭露天矿	12.45	10.06	11.38	14.72	11.08	9.58
安家岭选煤厂	48.77	26.57	7.88	9.69	11.12	12.36

续表

用水单元	各年度用水量/万 m³					
	2015 年	2016 年	2017 年	2018 年	2019 年	2020 年
一号井选煤厂	15.16	9.62	9.18	8.6	7.5	8.55
安家岭露天维修中心	33.75	28.95	29.62	29.27	34.29	35.48
安家岭动力中心	14.53	13.53	11.88	16.4	14.98	28.92
安家岭矿区生产辅助单位	58.55	53.21	44.08	37.35	34.68	32.62
安家岭矿区绿化			16.35	26.13	17.95	11.96
其他单位	16.02	24.17	7.82	10.96	12.08	3.16
合计	278.16	218.48	201.07	214.35	164	156.76

2. 引黄水供水水源（地表水供水水源）

（1）供水能力分析。引黄水是指山西省万家寨引黄工程提引的黄河水，水源类型为地表水。山西省万家寨引黄工程由总干线、南干线、联接段和北干线四部分组成，线路全长为 449.9km，北干线长为 164km。大梁水库是引黄工程北干线的调节水库（图 3.6），也是供水北干线供水的控制性工程。本区域引黄供水从大梁水库取水后，通过输水管线进入安太堡引黄净化水厂进行水质处理，然后再输送到安太堡区域的各用水单元。平鲁区引黄供水工程总体布置如图 3.7 所示。

图 3.6　引黄工程北干线大梁水库

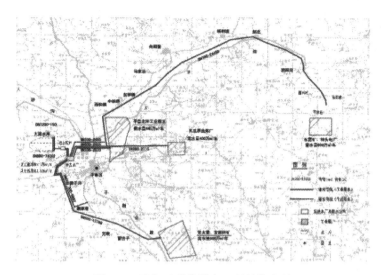

图 3.7　平鲁区引黄供水工程总体布置

万家寨引黄北干线于 2008 年春开工建设，2011 年引水到朔州，引水量为 9 万 m³/d（其中 6 万 m³/d 给平朔矿区，3 万 m³/d 地方自用），折合 3285 万 m³/d，其中供给平朔矿区工业用水水量为 1795 万 m³/a。安太堡引黄净化水厂于 2013 年建成投运，工业用水水质达到《地表水环境质量标准》（GB 3838—2002）中Ⅲ类的水质要求；生活用水水质达到《生活饮用水卫生标准》（GB 5749—2006）。矿区已到位的引黄水配额水量分配见表 3.4。

目前已到位的引黄水配额为 500 万 m³/a。

表 3.4　　　　　　　　　　平朔矿区引黄水分配量

序号	供水区域	水量/（万 m³/a）	备 注
1	安太堡、安家岭区域	500	
2	木瓜界选煤厂	400	
3	东露天区域	450	
4	北坪工业园区	445	
5	合　计	1795	

（2）供水量及其变化趋势分析。经净化水厂处理后引黄水用于代替地下水供水水源，用于安太堡区域的生产生活，其用水单元主要有 11 个（表 3.5）。

由表 3.5 和图 3.8 可知，2015—2020 年引黄水供水量总体为逐年减少的趋势。2015 年供水量 474.09 万 m³，2020 年为 206.06 万 m³，消减 56.5%，仅为配额供水量的 43.5%。

表 3.5　　　　　　　　　　　安太堡-安家岭区域引黄水用量统计

用水单元	各年度用水量/(万 m³/a)					
	2015 年	2016 年	2017 年	2018 年	2019 年	2020 年
矸石电厂	19.78	22.2	18.17	2.11	0.97	0
安太堡露天矿	14.73	11.15	16.99	18.54	25.59	23.25
安太堡选煤厂	37.08	27.95	28.68	31.49	31.44	25.67
安太堡露天维修中心	57.83	53.15	60.89	43.37	36.43	37.05
井工二矿	65.23	43.29	63.72	22.93	1.76	0
二号井选煤厂	28.96	27.66	18.24	5.79	7.98	7.15
安太堡动力中心	41	66.74	67.9	61.1	45.68	51.71
安太堡矿区其他生产辅助单位	19.93	17.49	17.86	20.39	13.71	17.39
安太堡矿区其他单位	54.78	50.06	0.67	16.85	16.64	19.25
安太堡矿区绿化及景观水库补水			42.92	55.68	27.11	24.59
井东煤业	134.77	27.59				
合　　计	474.09	347.28	292.45	278.25	207.31	206.06

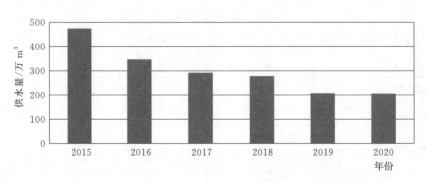

图 3.8　引黄水供给量变化趋势

如果将 2017 年设为现状年（292.45 万 m³），那么 2020 年引黄水源实际供水量（206.06 万 m³）为现状年的 70.5%，地表水供水量消减 29.5%。

3.3.2　再生水供水水源与用水单元分析

1. 废水处理规模与工艺

该区共有污水处理站 13 座，复用泵房 15 座。其中生活污水处理站 4 座、井下水处理站 2 座、生产废水处理站 3 座、油水分离间 4 座。污水处理总规模达

53000m³/d，如果按生产 330 天计，年处理规模为 1749 万 m³。

（1）安太堡深度处理车间。该车间主要处理安太堡区域部分生活污水和太西区矿井水，设计处理规模为 5000m³/d，主体工艺采用超滤系统处理工艺（图 3.9）。

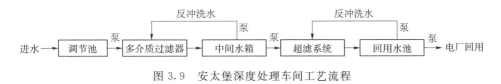

图 3.9 安太堡深度处理车间工艺流程

（2）安太堡终端污水处理站。该处理站主要处理安太堡区域所有的生活污水及机修废水，设计处理规模为 2000m³/d，主体工艺采用"气浮＋水解酸化＋曝气生物滤池"相结合的处理工艺（图 3.10）。

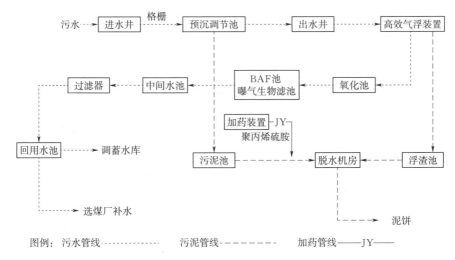

图 3.10 安太堡终端污水处理站工艺流程

（3）井工维修中心污水处理站。该处理站主要处理井工维修区域的生活污水及生产废水，设计处理规模为 240m³/d，生活污水处理系统主体工艺采用"隔油＋SBR"生化工艺与"混凝沉淀＋过滤"相结合的处理工艺（图 3.11）。

（4）安家岭生活污水处理站。该处理站主要处理安家岭区域生活污水、机修废水，设计处理规模为 4800m³/d，主体工艺采用"接触氧化＋混凝沉淀"相结合的处理工艺（图 3.12）。

（5）井工一矿上窑区井下水污水处理站。该处理站主要处理井工一矿上窑区疏干水，设计处理规模为 7200m³/d，主体工艺采用"混凝沉淀＋过滤"的处理工艺（图 3.13）。

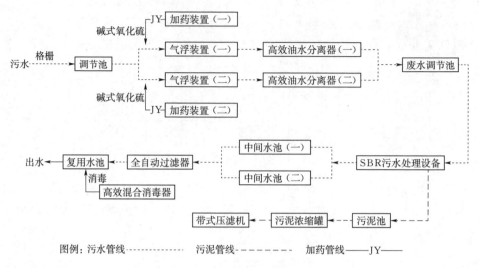

图例：污水管线 ············　　污泥管线 ------　　加药管线 ——JY——

图 3.11　井工维修中心污水处理站工艺流程

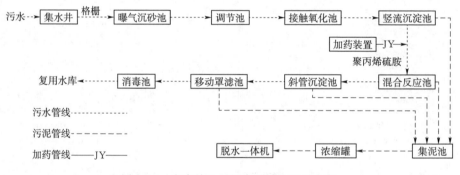

图 3.12　安家岭生活污水处理站工艺流程

（6）井工一矿太西区井下水污水处理站。该处理站主要处理井工一矿太西采区疏干水，设计处理规模为 24000m³/d，主体工艺采用"高效混凝沉淀（澄清）+多介质过滤"的处理工艺（图 3.14）。

（7）井工二矿深度净化车间。该车间主要处理调蓄水库再生水，处理后用于井工二矿井下生产消防用水，设计处理规模为 4400m³/d，主体工艺采用"纤维束过滤+超滤"的净化工艺处理（图 3.15）。

（8）安家岭终端污水处理站。该处理站主要处理调蓄水库上游生产排水及少量生活污废水，设计处理规模为 15000m³/d，主体工艺采用"预处理、混凝、高效澄清、多介质无阀过滤、消毒"相结合的处理工艺（图3.16）。

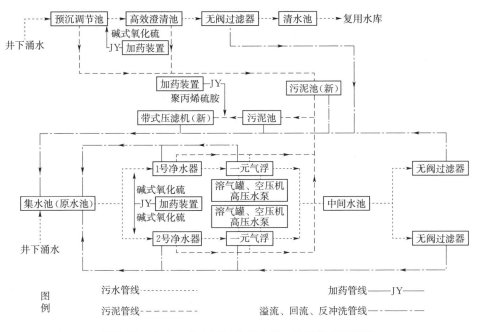

图 3.13 井工一矿上窑区井下水污水处理站工艺流程

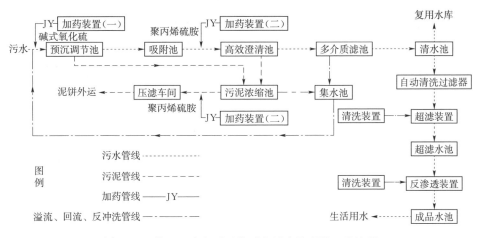

图 3.14 井工一矿太西区井下水污水处理站工艺流程

（9）大西沟污废水处理站。该处理站主要作为安家岭终端污水处理站的预处理设施，处理安家岭大西沟上游选煤厂污废水，设计处理规模为 $3600 \mathrm{m}^3/\mathrm{d}$，主体工艺采用"预处理、混凝、沉淀"相结合的处理工艺（图 3.17）。

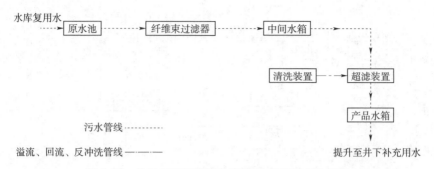

图 3.15　井工二矿深度净化车间污水处理工艺流程

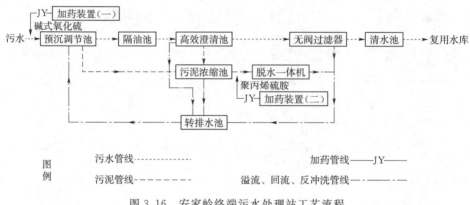

图 3.16　安家岭终端污水处理站工艺流程

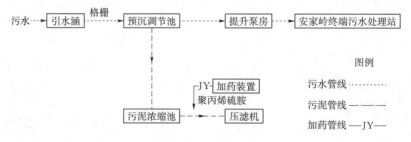

图 3.17　大西沟污废水处理站工艺流程

2. 再生水产量及其利用情况

（1）再生水产量及其变化趋势。由于受新能源工程的不断建设、节能工程与节能新技术的广泛应用，以及国家碳减排、碳中和等政策的出台与实施，为积极响应山西省转型发展的需求，集团对煤炭开采量自我消减，关停了井工二矿，矿井水随之排量减少，进而导致再生水产量有逐年下降的趋势。据企业对再生水产量统计（表 3.6），2015 年再生水产量最大为 1090.3 万 m³，2020 年再生水产量最小为 830.97 万 m³，多年平均 943.71 万 m³。

表 3.6　　　　　　　　　示范区再生水产量统计

再生水生产单元	各年度再生水产量/(万 m³/a)						
	2015 年	2016 年	2017 年	2018 年	2019 年	2020 年	平均值
井工一矿上尧区井下水处理站	179.55	72.87	98.32	23.74	49.99	74.47	83.16
井工一矿太西区井下水处理站	197.18	214.72	253.94	339.15	342.14	333.41	280.09
安太堡深度处理车间与终端污水处理站	39.11	46.52	38.12	45.41	26.47	15.58	35.20
安家岭生活污水站	90.64	63.4	94.51	33.9	40.58	46.93	61.66
安家岭终端污水处理站	583.82	538.37	504.29	489.5	425.02	360.58	483.60
合　计	1090.3	935.88	989.18	931.7	884.2	830.97	943.71

（2）再生水利用情况及其变化趋势。由表 3.7 可知，示范区再生水利用率有逐年增大的趋势，由 2015 年的 41.73%，增大到 2020 年的 83.20%，增幅为 41.47%，平均年增大 8.3%。

表 3.7　　　　　　　　　示范区再生水利用情况统计

再生水用水单元	各年度再生水利用情况/万 m³					
	2015 年	2016 年	2017 年	2018 年	2019 年	2020 年
井工一矿	107.48	117.37	112.07	165.17	151.28	131.95
安家岭风选厂	0	0	0	0	2.36	6.15
安家岭矿坑洒水	134.3	146.68	215.89	191.93	228.96	204.45
安家岭选煤厂	2.31	0	50.05	56.56	65.01	42.32
一号井煤厂	5.24	5.67	9.65	26.57	7.01	11.93
生态用水	0	0	0	11.92	0	0.43
安太堡风选厂	0	0	0	0	4.63	12.09
安太堡矿坑洒水	146.46	72.71	118.51	150.58	213.55	181.83
安太堡选煤厂	2.4	74.28	69.76	96.3	103.82	100.25
井工二矿	31.13	30.87	10.87	0	0	0
二号井选煤厂	25.62	25.18	28.98	0	0	0
合　计	454.94	472.76	615.78	699.03	776.62	691.4
再生水利用率/%	41.73	50.52	62.25	75.03	87.83	83.20

3.3.3　用水水源结构分析

由表 3.8 和图 3.18 可知，2015—2020 年安太堡-安家岭区域地下水用量占比为 14.29%～23.04%，地表水用量占比为 18.06 %～39.27%，再生水用量占比为 37.69％～67.65 ％。用水结构基本合理，但再生水还有利用潜力可挖，用水结构还有很大的改善空间。

表 3.8 　　　　　　　　　　安太堡−安家岭区域供用水结构统计

项　目	水源类型	2015 年	2016 年	2017 年	2018 年	2019 年	2020 年
用水量 /万 m³	地下水	278.16	218.48	201.07	214.35	164	156.76
	地表水	474.09	347.28	336.04	278.25	207.31	206.06
	再生水	454.94	472.76	615.78	699.03	776.62	691.4
	合计	1207.19	1038.52	1152.89	1191.63	1147.93	1054.22
用水量占比 /％	地下水	23.04	21.04	17.44	17.99	14.29	14.87
	地表水	39.27	33.44	29.15	23.35	18.06	19.55
	再生水	37.69	45.52	53.41	58.66	67.65	65.58

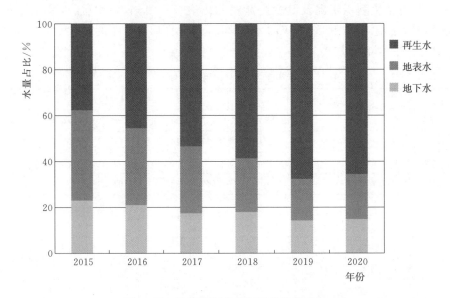

图 3.18　示范区用水水源结构变化趋势

示范区再生水用量比例逐步增大，由 2015 年的 37.69％增大到 2020 年的 65.58％，增加了 27.89％；地表水（引黄水）占比由 2015 年的 39.27％逐步降低到了 2020 年的 19.55％，降幅为 18.72％；地下水占比由 2015 年的 23.04％逐步降低到了 2020 年的 14.87％，下降了 8.17％。

3.3.4　供、用水水质特征分析

1. 供水水质分析

根据供水水源类型、水处理工艺和用途不同，其供水水质标准不同（表 3.9）。

表 3.9 安太堡-安家岭区域供水水源水质标准统计

序号	供水水源	执 行 标 准
1	井工一矿太西区井下污水处理站	《城市污水再生利用　城市杂用水水质》（GB/T 18920—2002）
2	井工一矿上窑区井下污水处理站	《煤炭工业污染物排放标准》（GB 20426—2006）
3	安家岭终端污水处理站	《城市污水再生利用　城市杂用水水质》（GB/T 18920—2002）中"道路清扫、消防"类别
4	安家岭生活污水处理站	《城镇污水处理污染物排放标准》（GB 18918—2002）的一级 A 类
5	安太堡深度处理车间	《地表水环境质量标准》（GB 3838—2002）-Ⅲ类
6	安太堡终端污水处理站	《城镇污水处理污染物排放标准》（GB 18918—2002）的一级 A 类
7	引黄水	《地表水环境质量标准》（GB 3838—2002）-Ⅲ类
8	刘家口水源地	《地下水质量标准》（GB/T 14848—2017）-Ⅲ类

2. 用水水质分析

不同行业、不同生产工艺对水质的要求各不相同，通过查阅各生产生产用水单位相应的规程规范，本区用水单元所执行水质标准见表 3.10。

表 3.10 各用水单元需水水质标准统计

序号	用水单元	水质执行标准
1	安太堡低热值电厂	《城市污水再生利用　工业用水水质》（GB/T 19923—2005）
2	矸石电厂	《城市污水再生利用　工业用水水质》（GB/T 19923—2005）
3	安家岭露天矿	《煤炭工业露天矿设计规范》（GB 50197—2015）
4	安太堡露天矿	《煤炭工业露天矿设计规范》（GB 50197—2015）
5	安太堡洗煤厂	《选煤厂洗水闭路循环等级》（GB/T 35051—2018）
6	安家岭洗煤厂	《选煤厂洗水闭路循环等级》（GB/T 35051—2018）
7	井工一矿洗煤厂	《选煤厂洗水闭路循环等级》（GB/T 35051—2018）
8	安太堡露天设备维修中心	《煤炭工业给水排水设计规范》（GB 50810—2012）洗车及机修厂冲洗设备用水
9	安家岭露天设备维修中心外包单位	《煤炭工业给水排水设计规范》（GB 50810—2012）洗车及机修厂冲洗设备用水
10	西易矿	《煤矿井下消防、洒水设计规范》（GB 50383—2016）
11	井工一矿	《煤矿井下消防、洒水设计规范》（GB 50383—2016）
12	安太堡厂区绿化复垦	《城市污水再生利用　城市杂用水水质》（GB/T 18920—2002）
13	安家岭厂区绿化复垦	《城市污水再生利用　城市杂用水水质》（GB/T 18920—2002）

3.3.5　生态修复工程及其用水特点

1. 矿山生态修复模式

矿山生态修复模式概括起来可分为四种模式，即生态复绿模式、景观再造模式、建筑用地模式和综合利用模式。

（1）生态复绿模式。生态复绿模式又可分为：单一复绿模式和农林渔牧复垦模式。

单一复绿模式主要适用于重要交通干线两侧可视范围内的、场地面积较小的且边坡稳定的矿山废弃地。运用生态复绿和修复山体疮疤等方法，利用现行植被恢复手段，对破损的山体进行修复，愈合采矿遗留的伤疤，使矿区的生态环境逐步恢复。

农林渔牧复垦模式是指依据宜农则农、宜林则林、宜渔则渔、宜牧则牧的原则，对矿山生态破坏区域进行复垦，复垦后进行农业、林业、渔业、牧业等综合利用。例如，将深层塌陷区域进行复垦用于水产养殖，将浅层塌陷区域进行复垦用于种植，使有限的土地资源得以可持续利用。

（2）景观再造模式。景观再造模式主要适用于临近城区或者风景区，人流量较大，有造景需求的矿山废弃地。根据矿山废弃地改造后场地主体功能的不同可以大致分为城市开放空间、矿业遗迹旅游地、博物馆等类型。

城市开放空间主要指供市民休闲的城市户外公共空闲，包括各类主题公园、矿山公园、自然山水园林、绿地等。

（3）建筑用地模式。在城镇周围露天开采的、比较平整的且坡度较平缓的废弃矿山，能够与土地的开发利用相结合，可以将其开发成商业住房用地、工业园区用地等建设用地。

（4）综合利用模式。此种模式适用于那些位于重要城镇周边，且对周边生态环境有重大影响的，矿区面积较大、具有开发利用价值的矿山。利用矿山废弃地周边地区的生态优势和用地优势，通过延伸城市功能，进行综合整治，打造新兴的城市功能板块，带动周边地区发展。

平朔公司针对其地处山西省北部生态环境脆弱区的特点，以及矿区占地巨大，濒临平鲁区城区和北坪工业园区的特点。生态修复模式选择了以农林复垦模式为主，以景观再造模式和综合利用模式为辅的生态修复模式。

2. 农林复垦模式阶段与分区

矿山生态修复区主要包括露天矿采矿区、井工矿的沉陷区、固废排放区以及复垦取土区。农林复垦模式生态修复大致分为四个阶段：一是填坑、覆土、平整造地阶段；二是土壤培育、科学选种复垦阶段；三是精心养护植物发育阶段；四是形成水土保持良好、生物多样、景观美丽的自然演替阶段（图 3.19）。

图 3.19 矿山生态修复阶段施工

依据生态修复阶段不同，可将矿山生态修复区划分为四个区，即覆土造地区、土壤养育区、植被养护发育区和林草自然生长与农田耕作区（图3.20）。

图 3.20 安家岭露天矿生态修复阶段区

3. 生态修复进展与规模

平朔公司在2012前就投入50多亿元资金开展了安太堡露天早期矿山的绿化复垦工作，形成了国家矿山生态修复示范基地，复垦区植被覆盖率达到95%以上，建成了安太堡生态公园和景观湖泊（图3.21和图3.22）。根据安太堡露天

51

煤矿复垦区调查，早期复垦区已形成了较为稳定的人工森林群落与草本植物群落，安太堡露天矿复垦区植物种共有 250 种（含种下等级），隶属于 42 科 149属。其中禾本科、菊科与蝶形花科为优势科。复垦区人工林正由发育盛期逐渐进入发育末期，并开始进入自然演替阶段。

图 3.21　矿山生态修复生态公园景观

图 3.22　生态修复景观湖

根据 2015—2020 年 Google 历史影像，确定了各年度安太堡-安家岭区矿区生态修复范围和圈定面积（图 3.23～图 3.28），统计结果表明（表 3.11），2015—2020 年采区生态修复范围和圈定面积分别为 5.09km²、6.04km²、6.88km²、7.54km²、9.16km² 和 10.68km²，与上个拍摄日期生态修复面积相比分别增加 0.95km²、0.84km²、0.66km²、1.62km² 和 1.52km²，生态修复力度有增大趋势。这也是示范区煤-水协调发展的最好佐证。

表 3.11　　　　　　　　2015—2020 年影像圈定的生态修复区面积统计

影像拍摄时间	安太堡矿区		安家岭矿区		合　计	
	圈定面积/km²	比上时段新增面积/km²	圈定面积/km²	比上时段新增面积/km²	圈定面积/km²	比上时段新增面积/km²
2015.10.30	0.81		4.28		5.09	
2016.05.05	1.31	0.5	4.73	0.45	6.04	0.95
2017.06.07	1.65	0.34	5.23	0.5	6.88	0.84
2018.03.25	1.86	0.21	5.68	0.45	7.54	0.66
2019.03.07	2.29	0.43	6.87	1.19	9.16	1.62
2020.05.02	3.15	0.86	7.53	0.66	10.68	1.52

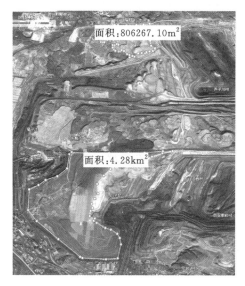

图 3.23　2015 年 10 月 30 日生态修复区影像

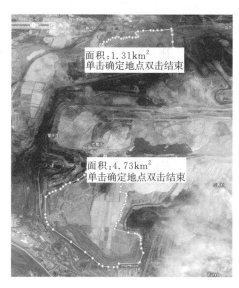

图 3.24　2016 年 5 月 5 日生态修复区影像

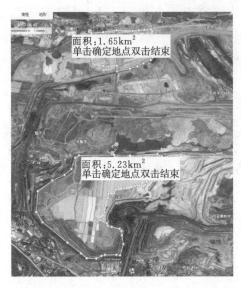

图 3.25　2017 年 6 月 7 日生态修复区影像

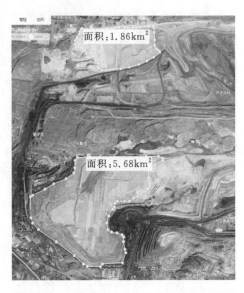

图 3.26　2018 年 3 月 25 日生态修复区影像

图 3.27　2019 年 3 月 7 日生态修复区影像

图 3.28　2020 年 5 月 2 日生态修复区影像

4. 生态修复工程用水特点

生态修复工程四个阶段其用水方式与特点各不相同。填坑覆土造地阶段主要为降尘用水，用水量相对较小，以降尘洒水车喷洒水方式为主；土壤养育阶段用水量主要为苜蓿种植期的浇灌用水，用水量较小；植物种植发育期，主要为林木种植浇灌用水或农作物灌溉用水；复垦交付后林木自然生长阶段用水一般为以自然降水为主，或对于景观区可能需要人工浇灌。

3.4 水资源和水环境问题

（1）污水处理厂（站）深度处理规模不足，严重影响再生水的利用，造成再生水量富余，资源浪费。例如安家岭终端污水处理站设计处理规模为15000m^3/d，设计出水水质符合《城市污水再生利用 城市杂用水水质》（GB/T 18920—2002）的要求，但也只能回用于水质要求较低的矿区道路和露天矿坑洒水、选煤厂生产用水、绿化用水。

（2）煤泥、泥沙和杂物预沉和煤泥转排设备工艺落后或动力不足，导致污水预处理效果差，影响再生水出水水质。例如，安家岭终端污水处理站在运行过程中暴露出的核心问题是：水库上游南、北排洪沟和大西沟汇入安家岭终端污水处理站的污废水和初期雨水冲刷携带大量煤泥、泥沙和杂物，导致安家岭终端污水处理站预沉池和煤泥转排等环节运行不畅，严重时甚至瘫痪，泥处理环节的可靠性差，影响出水水质的效果。

（3）再生水复用管线缺乏或布局不合理，导致跨区域供水，既不经济，供水结构也不合理，违背水资源就近配置的原则。例如安太堡-安家岭区域再生水富余，北坪工业园区又水资源短缺，而位于安太堡区域的平朔煤矸石电厂生产用水却由位于北坪工业园区的平鲁污水处理厂再生水跨区域供给，十分不经济、不合理。

（4）一方面再生水得不到有效利用而需外排，另一方面却在大量使用清洁水，违背用尽再生水、少用地表水，力争不用地下水的配置原则。例如北坪工业园区在使用引黄水承担较高用水成本的同时，距其较近的井工三矿井下水处理站再生水却富余外排，这既不经济，也存在环保隐患。

综上所述，示范区污水处理设施运行状况差、深度处理规模不足、煤泥水处理效率低，缺乏再生水复用管线，以及供水布局不合理等问题，严重影响示范区水资源高效利用。

3.5 污水处理系统提标及减排工程

为了解决安家岭终端污水处理站运行中出现的问题和提升再生水水质标准，提高再生水利用率，安太堡-安家岭区域污水处理系统提标及减排工程主要开展四项工程（图3.29）。

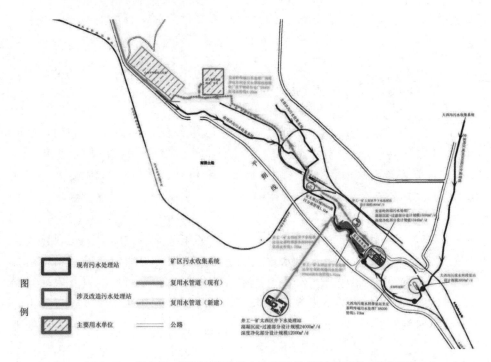

图 3.29　安太堡-安家岭区域污水处理系统提标及减排工程平面

（1）井工一矿上窑区井下水处理站技改工程，主要是对现有污泥转排系统及压滤系统进行升级改造，提升处理效率，规模不变。

（2）大西沟污水转排泵站扩能改造工程：①污水渠起端增设粗细机械格栅各一台；②在调节沉淀池 2 格调节池泥斗各设一台进口高性能鼓德温排泥泵，并库存备用一台，增设人行钢制栈桥和起吊设备，2 格调节池中间增设钢制支架，安装 4 台功率为 4.0kW 的 LBG4.0*33 不锈钢链板式刮泥机；③新建压滤车间，在污泥脱水间北侧新建压滤车间，增加一台板框压滤机，配套设计搅拌桶和入料泵。

（3）井工一矿太西区井下水处理站超滤水回用工程：①提升矿井水净化处理工艺，主体工艺采用"高效混凝沉淀（澄清）＋多介质过滤"组合工艺，处理水部分用于井下生产，部分进调蓄水库；②矿井水深度处理部分主体工艺采用"超滤＋反渗透"组合工艺，处理规模为 12000m³/d。

（4）安家岭终端污水处理站技改工程：在安家岭终端污水站前端增加机械格栅、幅流式沉沙池、压滤系统；现污水处理厂更换五台进口高性能排泥泵，对现有沉淀池刮泥机进行维修改造；终端增加深度净化超滤系统。

估算总投资为 6041.00 万元，其中直接投资为 4984.42 万元，其他费用为 714.64 万元，预备费为 341.94 万元。

第4章 露井联采矿区煤-水-生态协调发展的水资源配置模式

4.1 水资源配置模型概述

水资源开发利用、节约保护的过程，也是有限资源组合配置的过程，是实现水资源可持续利用、有效管理的必要途径。其中，水资源的优化配置是关键的一环，水资源的节约、保护是合理配置的手段，科学地利用和有效地管理是配置要达到的目的。水资源优化配置的过程是人类针对水资源在空间和时间上分布不均匀的特点，对其重新分配的过程。水资源配置结果的优劣影响到生态环境的可持续开发利用和社会经济健康快速发展。对于水资源优化配置的概念，不同的学者有不同的提法。针对不同研究区和不同出发点的研究也比较全面。水资源优化配置指在一定的区域范围内，遵循公平、高效和可持续的原则，借助水资源系统理论和计算机技术，统一分配地区地表水、地下水、外调水、中水和海水等多种可用水源在多个用水部门、多地区之间进行科学合理配置，实现有限的水资源在多个子目标下的综合效益最大。对水资源进行科学合理的调配是兼顾人类社会发展与保护水环境行之有效的综合管理措施。

目前，用于求解区域水资源优化配置的模型方法有很多，在实际生产中，优化目标往往是相互制约且彼此冲突的，这在一定程度上增大了优化问题的复杂性，在对所建立的目标模型进行求解往往需要很强的先验知识，相较而言，通过程序来模拟自然界中已知的进化方法的智能算法在求解中具有较强的优越性。粒子群算法是一种在寻优求解过程中具有全局随机性的优化算法，该算法不要求其所优化对象具有可解析函数，并且对难解的不可微非线性问题粒子群算法表现卓越。但粒子群算法在单独使用过程中，有可能因为其全局搜索能力的不足容易陷入局部最优可行解而无法跳出继续搜索，从而出现早熟现象，国内外相关学者在算法的参数优化、多种算法相融合方向开展大量的研究，以期获得高效稳定精准的算法。

本章首先对用于建模的基础资料进行整合处理为模型计算数据，其次对粒子群算法的改进进行详细介绍，针对研究区水资源用水户多而杂，供水水源类型多样，供水点数量众多的实际情况，优化标准粒子群算法关于惯性权重，加速因子的改进策略，且将遗传算子融入粒子群的改进优化算法（GAPSO），用于求解露井联采区煤－水协调水资源优化配置模型。此次配置模型的建立与求解，未将区域各单位的生活需水包括在内，只对各单位的生产需水进行合理配置。

水资源优化配置从分配范围的角度来看有宏观和微观之分。水资源配置从宏观角度出发，要依据可持续发展的需要，通过工程、非工程的措施，调节水资源的时间、空间的分配格局。开发利用与治理保护兼顾，开源与节流、当前利益和长远利益并重，利用计算机、遥感技术和系统方法，统一分配地区地表水、地下水以及外调水等。从微观角度出发，利用系统分析理论与优化技术，将有限的水资源在不同时间，不同水源和不同用水部门之间进行优化调配，实现社会、经济与生态环境协调发展的最大综合效益。水资源优化配置从配置对象的角度来看包括取水水资源优化配置，用水水资源优化配置和取水用水综合水资源优化配置。取水水资源配置指地表水、地下水和外调水等的合理科学的调配。用水水资源配置指生活用水、生态环境用水、工业用水和农业用水等的合理科学调配。取水用水水资源配置指对各类用水部门和公众水源在不同时空的合理科学调配。

4.2　配置原则

1. 公平性原则

水资源优化配置的公平性原则指水资源在不同时间和空间、不同部门之间公平分配。空间上，要进行全局统筹，合理配置地表水、地下水和外调水；时间上，近期、远期有机结合，在对近期水资源进行配置的同时，兼顾远期的开发。在用水部门之间的分配要满足基本的生活用水，找出生态、生活和生产用水的平衡点，促进在分配过程中的区域公平。

2. 高效性原则

水资源是具有稀缺性特点的自然资源，高效性原则正是体现了这一特点。该原则要求通过各种工程以及非工程措施来提高生态、生活和生产用水的有效利用程度。根据边际成本最小的原则以及节水的方法，协调开源节流和水环境保护之间的关系。

3. 可持续原则

水资源合理配置的可持续原则是水资源开发利用在新时期所必须遵守的最基本原则。可持续原则强调不仅保证当代人对水资源开发利用的权力，更要保证后代同样的权力。在时间上，近期与远期间对水资源的开发利用要遵循公平、协调的原则，杜绝掠夺式的开采利用。实现水资源优化配置的可持续原则，地区的发展要依据当地的水资源条件，保证水资源循环过程中的可再生能力。

4．可承载原则

水资源虽是可再生资源，但时空分布不均，对人类社会的影响利害并存。可持续发展的目标在于使地球上资源的开发在可承载的范围之内，以维持自然生态环境的自我更新和水资源的可持续开发利用。

5．综合效益最大原则

可持续发展建立在保护自然生态环境的基础上，保证生活质量，并与环境的承载能力相协调，实现社会、经济和自然生态环境效益的综合效益最大化目标。在配置过程中，要协调好各个子目标之间的关系，满足真正意义上的多目标综合效益最大化。

4.3 用水户和水源的组成

安太堡-安家岭区域供水水源分为清水水源、再生水水源 2 种形式。清水水源主要为引黄水、刘家口水源地；再生水水源主要为厂区建成运行的 6 座污水处理站处理后的再生水以及经处理后的矿井排水。通过对各单位实际出水资料的统计分析，各处理站出水量符合设计标准，均能稳定运行，进行水资源配置模型时，供水点最大水量采用设计值，但同时井工一矿太西区处理站设计能力与井工一矿实际矿井涌水量偏差巨大，因此在进行模型建立时，井工一矿的太西区供水量最大值为 300 万 m³/a，另外由于安太堡深度处理站部分水量来自井工一矿太西区，因此结合安太堡深度处理站处理能力确定井工一矿太西区最大供水能力为 156.9 万 m³/a。研究区供水单位最大供水能力见表 4.1。

表 4.1   研究区供水单位最大供水能力   单位：万 m³

供水单位	安太堡深度处理车间	安太堡终端污水处理站	安家岭生活污水处理站	安家岭终端污水处理站	井工一矿上窑区	井工一矿太西区	引黄水	刘家口水源地
设计值	165	73	175.2	547.5	172.5	876	500	401.5
模型采用值	165	73	175.2	547.5	172.5	156.9	500	200

通过实际调查，安太堡-安家岭区域的生产用水单位共计有 38 处。为避免进行优化配置时出现维数灾难，根据各生产用水单位的生产性质以及在区域上的分布结构，将 38 处用水单元进行整合降维处理，井工二矿已于 2019 年 4 月闭井，此次配置未将井工二矿列入其中。"降维"处理后，安太堡-安家岭区域用水子区用水单元共有 13 个，其中两个厂区矿坑洒水和生态修复用水被合并为矿

区降尘绿化用水。依据示范区各生产用水单位 2015—2020 年实测水量值，得出各生产用水单元建模限值（表 4.2 和表 4.3）。

表 4.2　　　　　　　　　　　2015—2020 年用水单元用水量统计

生产用水单元		各年度用水量/万 m³						
		2015 年	2016 年	2017 年	2018 年	2019 年	2020 年	平均
安太堡区域								
安太堡低热值电厂		162.40	162.40	162.40	162.40	162.40	162.40	162.40
安太堡露天矿		14.73	11.15	16.99	18.54	25.59	23.25	18.38
安太堡洗煤厂		39.48	102.23	98.44	127.79	139.89	138.01	107.64
安太堡露天设备维修中心及生产辅助单位	动力中心	308.31	215.03	147.32	141.71	112.46	125.4	175.04
	保卫中心							
	物资供应中心							
	煤质管理部							
	监装							
	安太堡车站							
煤矸石电厂		19.78	22.2	18.17	2.11	0.97	0	10.54
安太堡露天矿区生态用水		146.46	72.71	161.43	206.26	240.66	206.42	172.32
安家岭区域								
安家岭露天矿		12.45	10.06	11.38	14.72	11.08	9.58	11.55
安家岭选煤厂		51.08	26.57	57.93	66.25	78.49	60.83	56.86
井工一矿		186.41	169.74	174.95	226.4	171.6	146.08	179.20
井工一矿选煤厂		20.4	15.29	18.83	35.17	14.51	20.48	20.78
西易矿		0	0	0	0	10.33	1.18	1.92
安家岭区域露天设备维修中心及生产辅助单位	物资供应中心	122.85	119.86	93.4	93.98	85.7	99	102.47
	设备管理租赁中心							
	煤质地测部							
	洗选中心办公楼							
	安家岭车站							
	保卫中心							
	救护消防应急救援中心							
安家岭露天矿区生态用水		134.3	146.68	232.24	229.98	246.91	216.84	201.16
总　　计		1218.65	1073.92	1193.48	1325.31	1300.59	1209.47	1220.26

表 4.3 安太堡–安家岭用水子区生产用水单位水量限值 单位：万 m^3/a

序号	生产用水单位	用水量	序号	生产用水单位	用水量
1	安太堡低热值电厂	162.40	8	安家岭洗煤厂	56.86
2	安太堡露天矿	18.38	9	井工一矿	179.20
3	安太堡洗煤厂	107.64	10	井工一矿洗煤厂	20.78
4	安太堡露天设备维修中心	175.04	11	西易矿	1.92
5	矸石电厂	10.54	12	安家岭露天设备维修中心外包单位	102.47
6	安太堡矿区降尘绿化	172.32			
7	安家岭露天矿	11.55	13	安家岭矿区降尘绿化	201.16

4.4 目标函数及约束条件

4.4.1 目标函数

合理地选取模型目标函数是得到准确水资源优化配置结果的前提。通过前文第 3 章的论述，研究区的水资源量要大于生产用水单位的需水量，即供大于需，水资源优化配置应在满足生产用水单位需水的要求下，减少经济的投入，降低对新鲜水的依赖。选取经济效益为目标函数，具体表示如下。

（1）经济效益目标。

$$\min f_1(X) = \sum_{k=1}^{K} \sum_{j=1}^{J(k)} \sum_{i=1}^{I(k)} c_{ij}^k x_{ij}^k \beta_j^k \tag{4.1}$$

式中 x_{ij}^k ——求解决策变量，表示为供水点 i 向 k 子区 j 用水单位的供水量，万 m^3；

        c_{ij}^k ——供水点 i 向 k 子区 j 用水单位的供水费用系数；

        β_j^k —— k 子区 j 用水单位的用水公平系数；

   K、I、J ——区域内子区个数、供水点个数和用水单位个数。

（2）社会效益目标。模型社会效益目标由各用水单位的需水工况之和体现。

$$\max f_2(X) = \sum_{k=1}^{J} \frac{x_{ij}^k}{X_{\min}} \times 100\% \tag{4.2}$$

式中 x_{ij}^k ——决策变量，代表水源 i 向用户 j 的供水量，万 m^3；

        $X_{\min}$ —— j 用户为最小保证需水量，万 m^3。

（3）环境效益目标。理论上，造成环境污染的主要是污染物排放对水环境的污染，研究区在降低污染物排放上，做出巨大努力，所有的生产弃水均经处理站处理后优先使用，富余的未使用水量进行安全排放。模型的环境效益目标由各污水处理站的供水效率体现。

$$\max f_3(X) = \sum_{i=1}^{I} \frac{x_i^k}{X_{\max}} \times 100\% \qquad (4.3)$$

式中 x_i^k ——决策变量，代表水源的总供水量，万 m^3；

       $X_{\max}$——水源的最大供水能力，万 m^3。

4.4.2 约束条件

模型的约束条件有两个作用：数学角度上约束条件是对模型变量搜索集合的边界；实际意义就是凸显煤-水协调的本质。研究区煤矿开采是用水单位，但是用水量的大小与原煤产量呈正比关系，一般情况下，煤矿产能多年保持稳定，所以用水量基本不变，同时煤矿开采又会带来大量的水资源，又是供水单位，煤矿生产供需水就是一个水资源协调的过程。因此，通过对用水单位用水量，供水单位供水量进行约束限制，通过模型进行寻优求解，实现煤-水协调的水资源优化配置。

（1）水源可供水量约束：

$$\sum_{j=1}^{J} x_{ij}^k \leqslant Q_i^k \qquad (4.4)$$

式中 Q_i^k —— i 水源向 k 子区的可供水量，万 m^3，依据各处理站设计规模以及

       水源地核定使用量的数值取值。

（2）各用户需水能力约束。一般情况下，各用户用水量应不大于该用户的最大需水量，且不小于该用户的最小需水量，即

$$W_{J.\min}^k \leqslant \sum_{j=1}^{J} x_{ij}^k \qquad (4.5)$$

式中 $W_{J.\min}^k$ —— k 子区 j 用户最小需水量，万 m^3。

（3）水质约束。研究区水资源总量中，经处理后的再生水占到很大比例，但各处理站处理工艺，入站污水的本体水质差别很大，各污水处理采用不同的水质标准；且研究区各生产用水单位需水水质差别较大，致使在研究水资源配置的过程中应将水质作为约束条件。

$$X_i \leqslant X_{ij} \qquad (4.6)$$

式中 X_i ——供水单位 i 出水水质 X 的监测指标；

       X_{ij} ——供水单位 i 向需水单位 j 的需水水质 X 的标准要求。

（4）变量非负约束。

$$x_{ij}^k \geqslant 0 \qquad (4.7)$$

对模型变量进行初始化操作时，优化结果往往不能满足约束条件的要求，需要对约束条件进行修正，在求解有约束优化的问题时，通常是将模型的约束条件转换为无约束或简单约束这样的问题，吴泽宁[83] 在其结合水质水量统一优化配置模型的特点，提出模型的约束条件处理的可行解修正函数法，该方法的基本原理是将等式或不等式约束函数按照一定的法则改变加权因子转化后，与

原目标函数组合成序列无约束的新的目标函数即罚函数，求得这一序列罚函数的无约束最优解，最终求得结果不断接近原带有约束条件优化问题的最终解，本书采用了这种约束条件的处理方法。

对于"≤"型约束的处理方法，如水源可利用量、供水能力的约束，当算法在迭代过程中，无法满足约束限制条件时，相关的粒子采用如下纠正方法进行不断修正。

$$x'_i = x_i \frac{Q_{\max}}{Q} \tag{4.8}$$

式中　　x'_i——修正后粒子取值；

$\quad\quad Q_{\max}$——约束条件的限值；

$\quad\quad Q$——模型算法迭代过程中，粒子实际取值。

对于"≥"型约束方法，对最低保证供水量的这类约束的粒子修正过程需要考虑的问题较多，修正的函数也更加复杂，在对粒子值增大过程中的修正需要受到"≤"型的双重限值，以需水下限约束为例，当向某一部门的配水量达不到其下限要求时，应检验存在供需关系的水源在供水能力与水资源可利用量仍有为该用水部门供水的能力。如果这些水源具有向该部门进一步增加供水的能力，就可以根据缺水情况 $q_缺$，对相关粒子单元进行修正。

$$x'_i = x_i + q_缺 \frac{c_{增i}}{C_增 + 1} \tag{4.9}$$

式中　　x'_i——修正后粒子 i 的取值；

$\quad\quad x_i$——修正前粒子 i 的取值；

$\quad\quad c_{增i}$——需进一步增加供水的水源集合；

$C_增 + 1$——防止粒子在修正过程中出现为 0 使得算式无意义。

4.5　分质供水供求关系矩阵构建

一定区域内的水资源优化配置同时受供水水源供水能力以及用水部分需水量的影响，二者相互制约、相互联系，当用水部门有需水要求时，供水水源也应有满足需水要求的供水能力，即二者能够彼此满足时，此水源才能向此用户供水，建立起供求关系。

水质、水量是构成水资源的要素，传统的水资源优化配置多以水量分配为主，按不同水质供给不同用途的供水方式成为分质供水。分质供水水资源优化配置问题就是不同水质的水资源在各部门之间合理分配的过程研究。通过对研究区的实际调研，从供水角度，供水处理站处理后的出水极少一部分被用于与之毗邻的生产用水单位，剩余的绝大部分水量被统一排入研究区的蓄水水库，经区域泵站调配至需水水质较低的煤炭洗选工厂、工业冷却水；从需水角度，不同用水部门对水质要求的差别较大，研究区对引黄水等新鲜水源的依赖性很大，不利于水资源利用效率的提高。进行供需关系配置的模型建立时，供水单位与生产用水单位都是二元关系，描述这种基本结构可以用关系矩阵来描述：

$$A = \begin{bmatrix} a_{11} & a_{12} & \cdots & a_{1j} \\ a_{21} & a_{22} & \cdots & a_{2j} \\ \vdots & \vdots & \ddots & \vdots \\ a_{i1} & a_{i2} & \cdots & a_{ij} \end{bmatrix} \tag{4.10}$$

式中　$a_{ij} = \begin{cases} 1 & 供水单位与生产用水单位有供需关系； \\ 0 & 供水单位与生产用水单位无供需关系。 \end{cases}$

供水单位与生产用水单位供需关系为 1 时，代表供水单位与生产用水单位可建立起供应关系，供水单位的水质水量满足生产用水单位的生产需要。

研究区各污水处理站污水来自不同区域，来水水质特征也各不相同，污水处理设施与工艺也不相同，因而出水水质也执行不同的水质标准。同时，研究区各生产用水单位功能不同，设施设备的需水水质也各不相同，为了保证生产、节约成本、高效利用水资源，因而必须实施分质供水。因此，在建立研究区水资源优化配置模型时，应构建供水单位与生产用水单位的供需关系，保证供水单位供出的水充分利用，生产用水单位需水有保障，最大限度利用再生水，提高利用率，减少对引黄水、刘家口水源地新鲜水的依赖。以安太堡低热值电厂与安太堡终端污水处理站、安家岭终端污水处理站出水的关系为例，查阅各单位执行水质标准，见表 4.4，对于出水水质某项指标超出生产用水单位水质标准，即判定供水单位无法向生产用水单位供水，建立模型时两者不存在供需关系。依次求解出研究区生产用水单位与供水单位的供需关系见表 4.5。

表 4.4　安太堡低热值电厂与安太堡深度处理车间及安太堡终端污水处理站供需关系确定

安太堡低热值电厂	需水水质		安太堡深度处理车间《地表水环境质量标准》（GB 3838—2002）-Ⅲ类	安太堡终端污水处理站《城镇污水处理污染物排放标准》（GB 18918—2002）的一级 A 类
	项目	指标值	供水水质	供水水质
《城市污水再生利用　工业用水水质》（GB/T 19923—2005）	pH 值	6.5～8.5	6～9	6～9
	BOD	10	4	10
	COD	60	20	50
	Fe	0.3	0.3	—

续表

安太堡低热值电厂	需水水质		安太堡深度处理车间	安太堡终端污水处理站
			《地表水环境质量标准》（GB 3838—2002）-Ⅲ类	《城镇污水处理污染物排放标准》（GB 18918—2002）的一级 A 类
	项目	指标值	供水水质	供水水质
《城市污水再生利用　工业用水水质》（GB/T 19923—2005）	Mn	0.1	0.1	—
	氯离子	250	250	—
	硫酸盐	250	250	—
	氨氮	10	1.0	5
	总磷	1	0.2	1
	石油类	1	0.05	1
	阴离子表面活性剂	0.5	0.2	0.5
分质供水关系		存在	不存在	

注　—表示无此项监测指标。

表 4.5　　　　　研究区生产用水单位与供水单位供需关系

生产用水单位	安太堡深度处理车间	安太堡终端污水处理站	安家岭生活污水处理站	安家岭终端污水处理站	井工一矿上窑区	井工一矿太西区	引黄水	刘家口水源地
安太堡低热值电厂	1	0	0	0	0	0	1	1
安太堡露天矿	1	0	0	1	1	1	1	1
安太堡洗煤厂	1	1	1	1	1	1	1	1
安太堡露天设备维修中心	1	0	0	0	0	0	1	1
矸石电厂	1	0	0	0	0	0	1	1
安太堡厂区复垦及绿化	1	1	1	1	1	1	1	1
安家岭露天矿	1	0	0	1	0	1	1	1
安家岭洗煤厂	1	1	1	1	1	1	1	1
井工一矿	1	0	0	1	0	1	1	1
一矿洗煤厂	1	1	1	1	1	1	1	1
西易矿	1	0	0	1	0	1	1	1
安家岭露天设备及维修中心＋外包	1	0	0	0	0	0	1	1
安家岭厂区生态复垦及绿化	1	1	1	1	1	1	1	1

注　表中 1 表示可以产生供需关系；0 表示水质不符合，不存在供需关系。

4.6　模型参数

4.6.1　用水公平性系数

通常，在进行区域水资源优化配置时，不同用水部门根据其用水的重要程度划分为不同的供水保证程度，在所建立的配置模型中可利用用户公平性系数来表示不同用户得到供水的先后次序。研究区用水单元主要以煤炭采掘洗选及其配套生产的工业用水，在考虑到研究区各生产用水单位实际生产情况以及资料收集的难易度，此次模型中用户公平性系数以各生产用水单位相对于各取水点的直线距离通过归一化处理来概化。研究区生产用水单位与供水单位位置如图 4.1 所示。供水点与用水点距离统计见表 4.6，最终求得的用水公平性系数见表 4.7。

$$用水公平性系数=\frac{d_{ij}}{\sum d_{ij}} \tag{4.11}$$

式中　d_{ij}——生产用水单位 i 与供水单位 j 的距离。

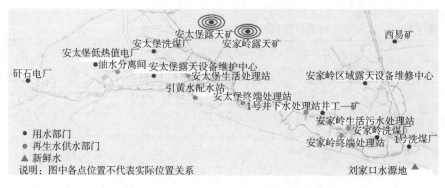

图 4.1　研究区生产用水单位与供水单位位置

4.6.2　费用系数

不同供水部门由于供水设备以及水处理工艺的不同使得向供水单位供水时产生的成本费用不尽相同，一般的，可以参考水费计收标准来计算不同水源给不同用户供水的费用系数。具体而言，当用户从水厂取水，那么其水价就可以表示为费用系数；当用户用水取自自备井，选取水资源费、污水处理费与提水成本三者之和表征其费用系数；如果该用户利用水利工程取水，那么通过计算其水资源费、污水与输水成本三者之和来表示该类型的费用系数。通过对研究区 6 座再生水处理站、引黄水以及刘家口水源地运行成本资料的统计，得出各单位供水成本单价，各供水单位供水成本通过归一化处理得到各供水单位费用系数（表 4.8）。

表 4.6 供水点与用水点点距离统计

单位：m

生产用水单位	安大堡深度处理车间	安大堡终端污水处理站	安家岭生活污水处理站	安家岭终端污水处理站	井工一矿上窑区	井工一矿大西区	引黄水	刘家口水源地
安太堡低热值电厂	944.56	1641.91	2890.15	2826.52	2686.30	2366.94	1106.52	23272.10
安太堡露天矿	238.42	705.70	1943.54	1874.97	1928.20	1426.27	159.49	22320.73
安太堡洗煤厂	426.76	1155.99	2378.25	2330.34	2510.94	1853.30	683.39	22768.95
安太堡露天设备维修中心	291.64	979.18	2222.07	2160.48	2218.10	1698.15	448.01	22605.65
矸石电厂	1805.54	2468.96	3702.80	3628.74	3184.28	3189.09	1921.98	24073.25
安太堡厂区复垦及绿化	238.42	705.70	1943.54	1874.97	1928.20	1426.27	159.49	22320.73
安家岭露天矿	1863.94	1146.42	101.84	105.46	1761.41	425.81	1685.58	20492.59
安家岭洗煤厂	2333.57	1626.70	393.81	445.77	1910.49	917.79	2166.52	20000.00
井工一矿	1695.81	971.77	272.39	241.15	1731.66	255.11	1516.68	20664.25
一矿洗煤厂	2737.05	2014.11	772.27	836.53	2196.81	1298.89	2556.04	19607.85
西易矿	2349.02	1799.84	1080.83	1192.75	2864.63	1244.35	2294.46	21174.67
安家岭露天设备及维修中心	1947.34	1314.90	559.32	657.23	2303.28	688.07	1843.50	20788.49
安家岭厂区生态复垦及绿化	1863.94	1141.42	101.83	105.46	1761.41	425.81	1685.83	20492.59

67

表 4.7　用水公平性系数

生产用水单位	安太堡深度处理车间	安太堡终端污水处理站	安家岭生活污水处理站	安家岭终端污水处理站	井工一矿上窑区	井工一矿大西区	引黄水	刘家口水源地
安太堡低值热电厂	0.0248	0.0431	0.0759	0.0742	0.0705	0.0621	0.0291	0.6110
安太堡露天矿	0.0075	0.0222	0.0612	0.0590	0.0607	0.0449	0.0050	0.7024
安太堡洗煤厂	0.0123	0.0332	0.0683	0.0669	0.0721	0.0532	0.0196	0.6541
安太堡露天设备维修中心	0.0087	0.0294	0.0666	0.0648	0.0665	0.0509	0.0134	0.6779
矸石电厂	0.0395	0.0540	0.0810	0.0794	0.0697	0.0698	0.0421	0.5268
安太堡厂区复垦及绿化	0.0076	0.0225	0.0620	0.0598	0.0615	0.0455	0.0051	0.7125
安家岭露天矿	0.0588	0.0362	0.0032	0.0033	0.0556	0.0134	0.0532	0.6466
安家岭洗煤厂	0.0673	0.0469	0.0114	0.0129	0.0551	0.0265	0.0625	0.5767
井工一矿	0.0544	0.0312	0.0087	0.0077	0.0555	0.0082	0.0486	0.6625
一矿洗煤厂	0.0729	0.0537	0.0206	0.0223	0.0585	0.0346	0.0681	0.5225
西易矿	0.0604	0.0462	0.0278	0.0306	0.0736	0.0320	0.0590	0.5440
安家岭露天设备及维修中心	0.0566	0.0382	0.0163	0.0191	0.0670	0.0200	0.0536	0.6045
安家岭厂区生态复垦及绿化	0.0588	0.0360	0.0032	0.0033	0.0556	0.0134	0.0532	0.6467

表 4.8　　　　　　　　各供水单位供水成本单价、费用系数统计

供水单位	安太堡深度处理车间	安太堡终端污水处理站	安家岭生活污水处理站	安家岭终端污水处理站	井工一矿上窑区	井工一矿太西区	引黄水	刘家口水源地
供水成本单价（元/吨）	4.67	9.07	6.73	0.85	2.26	4.87	3.864	3.864
费用系数	0.1291	0.2507	0.1860	0.0235	0.0625	0.1346	0.1068	0.1068

4.7　求解算法及步骤

4.7.1　PSO 算法

粒子群算法由 Eberhart 和 Kennedy 于 1995 年提出[84-85]，后经各学者的深入研究，以其易懂、方便实现、调整参数较少的优点，在诸多优化问题中得到使用，且被证明在多数情况下该算法表现出的性能优于其他智能优化算法[86-88]。该方法从飞鸟群体性活动的规律性得到启发，通过表征单个个体对信息的分享使得群体在无序的运动中向有序的方向演化，最终获得最优解。在 PSO 算法中，每个个体称为一个"粒子"，在一个 d 维的目标搜索空间中，每个粒子看成是空间内的一个点。设群体由 N 个粒子构成，即种群规模，设 $z_i = (z_{i1}, z_{i2}, \cdots, z_{id})$，$z_{id}$ 为第 i 个粒子的 d 维位置矢量，根据适应度函数计算当前 z_i 的适应值，可以衡量粒子位置的优劣；$v_i = (v_{i1}, v_{i2}, \cdots, v_{id})$ 为第 i 个粒子的飞行速度；$p_{bi} = (P_{bi1}, P_{bi2}, \cdots, P_{bid})$ 为第 i 个粒子迄今为止的最优位置；$p_g = (p_{g1}, p_{g2}, \cdots, p_{gd})$ 为整个粒子群搜索到的最优位置，在每次迭代中，粒子根据式（4.12）和式（4.13）更新速度和位置。

$$v_{id}^{j+1} = \omega v_{id}^j + c_1 r_1 (p_{bid} - z_{id}^j) + c_2 r_2 (p_{gd} - z_{gd}^j) \tag{4.12}$$

$$z_{id}^{j+1} = z_{id}^j + v_{id}^{j+1} \tag{4.13}$$

式中　ω——惯性权重，用于平衡全局搜索和局部搜索，j 为迭代次数；

r_1、r_2——0~1 的随机数，这两个参数用于保持种群多样性。

式（4.12）后两项分别通过单个粒子最优值与种群最优值对粒子寻优的影响，粒子通过式（4.12）和式（4.13）来不断更新粒子与种群的速度和位置，最终寻得最优解。

粒子群优化算法在运行过程中，易陷入局部最优，后期易使粒子丧失多样性导致算法收敛速度慢等问题。针对算法固有的收敛精度低、易陷入局部最优的问题，国内外学者们致力于粒子群算法的改进，在粒子群惯性权重、学习因子、融合算法等方面进行了大量深入的研究，以此来完善算法的这些不足之处。

4.7.2 改进现状

1. 惯性权重 ω

粒子群算法的所有参数中，惯性权重是非常重要的参数，合理选取惯性权重是获得精确优化结果的前提。通过对式（4.12）的分析，惯性权重的大小调节着各次迭代过程中速度步长的大小，决定了算法的全局搜索能力和局部搜索能力，较小的惯性权重使得各"粒子"寻优更加精细，使得算法的局部搜索能力表现更加优良，相反较大的惯性权重，使得算法的全局搜索能力较强。适宜的惯性权重能在得出最佳解决方案的同时减小迭代次数的发生，但是最优惯性权重的选取是一个十分复杂的优化问题，大量的研究者对其展开研究，基本分为固定权重与按照一定规律的可变权重两种。

（1）固定权重。Shi[89] 用实验证明，在合理的迭代次数内，将最大允许速度设为2，惯性权重在 [0.9, 1.2] 范围内的粒子群优化算法平均性能较好，找到全局最优解的机会更大。并且，算法的收敛是一个关于最大速度 V_{max}、惯性权重的二元函数，当最大速度 V_{max} 较小时，惯性权重取值趋于1；最大速度 V_{max} 未知时，惯性权重取值0.8模型优化结果最优。实验证明，ω 为 [0.4, 0.9] 时，PSO算法有更快的收敛速度[90]。

（2）可变权重：

a. 线性型函数。Shi 等[90] 提出的线性递减权重（LDIW）策略在粒子群中的应用最为普遍，即

$$w(k) = \omega_{max} - \frac{\omega_{max} - \omega_{min}}{T_{max}} k \tag{4.14}$$

式中 ω_{max}、ω_{min}——最大、最小惯性权重；

       k——当前迭代次数；

       T_{max}——算法总迭代次数。

该策略在算法迭代初期具有较强的搜索能力，能够不断搜索新区域，粒子能以较大的速度步长在全局范围内搜索到较好区域，随着搜索的进行，ω 逐渐递减，线性递减惯性权重的提出，保证了粒子在极值点附近做精细搜索，但这种做法也使得算法只有在搜索到全局最优附近时才会发挥作用，假如算法在初始阶段无法寻得全局最优位置，随后惯性权重的不断线性递减，局部搜索能力会逐渐增强，模型的全局最优点会被忽略，逐渐陷入局部最优。

b. 非线性型函数。针对线性惯性权重无法平衡算法全局与局部的搜索能力，Shi 等[91] 提出非线性惯性权重修正策略，即

$$w(k) = \omega_{max} + (\omega_{max} - \omega_{min}) \times \exp\left(-25 \times \frac{k}{T_{max}}\right)^3 \tag{4.15}$$

式中参数同前。式（4.15）中取 $\omega_{max} = 0.9$，$\omega_{min} = 0.4$，惯性权重 ω 非线性递减

使算法在初期有较强的全局搜索能力，在后期权重较小，有利于提高局部的搜索能力。Li 和 Fei 等[92-93] 引入非线性权重粒子群优化算法进行优化用于求解最短路径，发现算法具有较强的搜索能力和较快的收敛速度。

针对非线性递减惯性权重的研究，周俊等[94] 综述了近年来主要的研究成果，惯性权重可以依据二次函数、高斯分布型函数、正弦分布型函数来进行合理选择；陈贵敏等[95] 提出开口向下抛物线型、开口向上抛物线型和指数型 3 种非线性的权值递减策略，并采用 4 种标准测试函数测试权重改变策略对算法的影响，得出凹函数递减策略优于线性策略，而线性策略优于凸函数策略。

c. 惯性权重基于反馈信息的函数。杜江等[96] 提出在求解复杂问题时，除了要考虑算法所处迭代阶段，还应考虑迭代过程中的粒子分布情况，利用粒子分布熵动态改变惯性权重的值[97]。赵志刚等[98] 通过随机分布选取惯性权重的方式提高粒子群算法搜索能力，并根据各次迭代结果目标函数适应度的差值不同将种群划分为不同的等级，对不同等级的粒子采用不同的惯性权重策略的方式，减少迭代次数，提高算法性能。高苇等[99] 通过粒子与粒子之间的影响，利用迭代次数对惯性权重进行动态改进。

通过对算法的分析，结合各研究者的研究方向，可以看出：算法在迭代初期，群体规模较大，选用较大的权重系数，能增强算法的全局搜索能力，便于算法在最优解周围进行搜索；随迭代次数的增加，应增加算法的局部搜索能力，便于算法得到其最优解。因此，在惯性权重的优化策略中选择可变惯性权重对问题的求解更有利，通过对当前可变惯性权重系数调整策略的了解，陈贵敏等[95] 采用惯性权重因子能够自适应变化，开口向上抛物线的非线性减小机制，公式为

$$w(k) = (\omega_{\max} - \omega_{\min}) \left(\frac{k}{T_{\max}} \right)^2 + (\omega_{\min} - \omega_{\max}) \frac{2k}{T_{\max}} + \omega_{\max} \quad (4.16)$$

其中 $\omega_{\max}$ 取 0.9，$\omega_{\min}$ 取 0.4，k 为当前迭代次数。

2. 学习因子 c_1、c_2

在粒子群算法中，学习因子 c_1、c_2 表示粒子个体以及剩余粒子对于群体运动路线所产生的作用。学习因子大小的选取，将影响群体产生不同的搜索运动轨迹，最终影响着粒子的搜索能力[100]。c_1 是用来调节粒子飞向个体最优位置方向的步长，它表示粒子对自身的认识，称为"认知"；c_2 是用来调节粒子飞向群体最优位置方向的步长，它表示粒子对整个群体知识的共享，称为"社会"。

在早期的 PSO 研究中，学习因子 c_1 和 c_2 的范围为 0～4，一般取 $c_1 = c_2 = 2$，而这种方法通常不利于搜索，Suganthan[101] 研究发现 c_1 和 c_2 为常数时能够取得较好的结果，但是并不一定都要取 2；Ratnaweera 等[102-104] 提出了时变因子选择方法，类似于惯性权重的递减策略，c_1 和 c_2 在优化过程中随迭代次数的

变化而变化，同时根据 c_1 和 c_2 随迭代过程采用相同的数值，分为同步因子法与异步因子法，尤以异步因子法应用最为广泛。2010 年，毛开富等[105] 以优化复合齿轮传动系统为目标，提出一种基于非对称学习因子调节策略的改进粒子群算法，以保证算法在搜索初期具有较强的全局搜索能力，在搜索后期加快算法的收敛速度，提高局部搜索效率；2013 年，赵远东等[103] 在讲到学习因子与惯性权重调整方法相互脱离，一定程度上削弱了算法进化过程的统一性，不利于算法的优化搜索，提出了将学习因子作为惯性权重的函数调整策略 $c = f(\omega)$，有效改善算法的优化精度。2015 年，为同时保证粒子多样性和收敛性，朱雅敏等[106] 受惯性权重改变策略的启发，举出四种学习因子改进策略并展开讨论，通过测试函数的模拟分析，指出学习因子 c_1 和 c_2 在绝大多数情况下两个因子一起调整会比只调整一个要好，并且影响算法个体"认知"的 c_1 参数应采用先凸后凹的调整函数，并在算法搜索初期应下降缓慢，后期下降迅速；而影响算法个体"社会"认知的 c_2 参数应采用先凹后凸的函数，并不断配合 c_1 参数的调整，在最算法搜索初期缓慢增大，后期要增大迅速。纵观学习因子改进方法相关研究，异步学习因子改进策略比固定学习因子更好，非对称性异步学习因子改进策略要优于对称改进策略。文献 [103 - 106] 指出的改进策略在一定程度上都使得粒子群算法的寻优性能得以提高，但两种改进方法的优越性未有相关研究者进行讨论。

本书对上述文献中提出的受迭代次数影响学习因子改进策略 a_1，标准粒子群学习因子改进策略 a_2，受惯性权重影响学习因子改进策略 a_3，三种改进策略展开研究，并利用四种测试函数，运用 MATLAB 程序自行进行算法编程，模拟标准 PSO 算法的寻优性能，对三种加速因子的选取策略进行比较。

第一种：朱雅敏等[106] 提出的受迭代次数影响学习因子改进策略 a_1

$$c_1 = 1.3 + 1.2\cos\frac{\pi t}{t_{\max}} \tag{4.17a}$$

$$c_2 = 2.0 - 1.2\cos\frac{\pi t}{t_{\max}} \tag{4.17b}$$

第二种：标准粒子群学习因子策略 a_2

$$c_1 = 2.0 \tag{4.18a}$$

$$c_2 = 2.0 \tag{4.18b}$$

第三种：赵远东等[103] 提出的受惯性权重影响学习因子改进策略 a_3

$$c_1 = 0.5\omega^2 + \omega + 0.5 \tag{4.19a}$$

$$c_2 = 2.5 - c_1 \tag{4.19b}$$

其中，$w = 0.4 + (0.9 - 0.4)\exp[-20(t/T)^6]$

一般的，用于测试算法性能常用 Benchmark 函数来进行模拟运算，

Benchmark 函数中 Sphere 和 Rosenbrock 为单峰函数，Rastfigrin 和 Griewank 为带有三角函数的多峰函数，四个函数基本参数见表 4.9，函数运算测试迭代过程如图 4.2～图 4.5 所示。

表 4.9 　　　　　　　　　　Benchmark 测试函数基本参数

函数名	测 试 函 数	自变量范围	维数	迭代次数	最优值
Sphere	$f_1(x) = \sum\limits_{i=1}^{D} x_i^2$	$[-100,\ 100]$	30	200	0
Rosenbrock	$f_2(x) = \sum\limits_{i=1}^{D-1} \left[100(x_{i+1} - x_i^2)^2 + (x_i - 1)^2\right]$	$[-10,\ 10]$	30	100	0
Rastfigrin	$f_3(x) = \sum\limits_{i=1}^{D} \left[x_i^2 - 100\cos(2\pi x_i) + 10\right]$	$[-5,\ 5]$	30	200	0
Griewank	$f_4(x) = \dfrac{1}{4000}\sum\limits_{i=1}^{D} x_i^2 - \prod\limits_{i=1}^{D} \cos\dfrac{x_i}{\sqrt{i}} + 1$	$[-600,\ 600]$	30	200	0

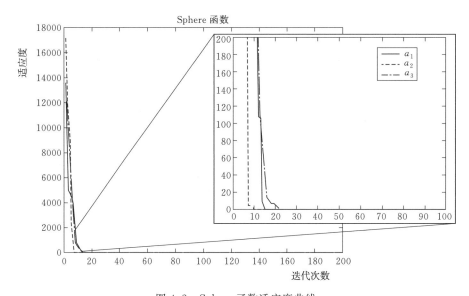

图 4.2　Sphere 函数适应度曲线

通过 MATLAB 程序将测试函数对不同加速因子改进策略的模拟分析，可以看出：不同加速因子改进策略相较于标准粒子群加速因子的取值（即 a_2 改进策略）都提高了算法的寻优性能；随着函数空间复杂程度的增加，受迭代次数影响学习因子改进策略 a_1 的寻优结果更加接近于函数的最优值；对于改进策略 a_3，学习因子的改进受惯性权重的影响，但惯性权重的改进是粒子群改进又一研究方向，并且惯性权重递减策略的选取方法有多种。因此，一定程度上削弱了受惯性权重影响学习因子改进策略寻优结果的稳定性。

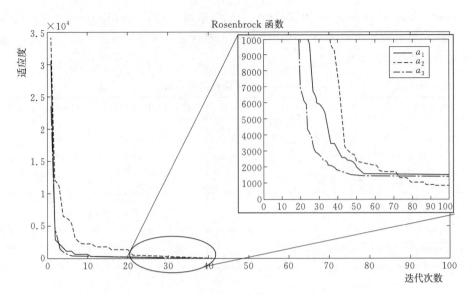

图 4.3　Rosenbrock 函数适应度曲线

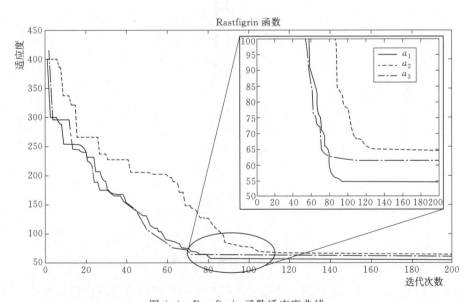

图 4.4　Rastfigrin 函数适应度曲线

综合分析各种学习因子改进策略，本书学习因子采用学习因子随迭代次数变化的异步改进 a_1 策略，c_1 和 c_2 变化区间为 $[0, 2]$，改正函数为式（4.20a）和式（4.20b）：

$$C_1(t) = 1.3 + 1.2\cos\frac{\pi t}{T_{\max}} \qquad (4.20a)$$

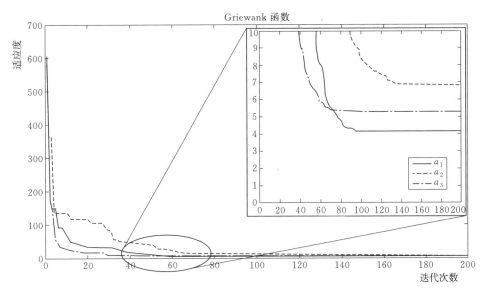

图 4.5　Griewank 函数适应度曲线

$$C_2(t) = 2.0 - 1.2 \cdot \cos\frac{\pi t}{T_{\max}} \qquad (4.20b)$$

式中符号意义同前。

3. 与其他算法融合

2007 年，Shelokar[107] 提出将蚁群算法融于粒子群算法的改进策略，结合这两种算法的优势，提高粒子群算法的局部精确搜索能力，促使算法更好地向最优解方向收敛。2014 年，倪全贵[108] 采用遗传算法与粒子群算法相结合的思想来改进算法，利用遗传算法中的交叉变异策略增强粒子种群的多样性，降低算法提前收敛于局部最优的可能性。2015 年，赵乃刚[109] 将模拟退火算法思想用于粒子群算法的改进优化中，对惯性权重进行自适应改进并简化粒子群算法中速度位置更新公式，提高算法的全局搜索能力。2016 年，姜淑娟等[110] 在粒子群算法加入了模式组合的思想，提高粒子在迭代过程中的适应值均匀性，较好的平衡算法的全局搜索能力和局部搜索能力，并且在粒子群算法中引进一种新的交叉算子，保持了算法空间的种群多样性。2019 年，宫华等[111] 结合粒子群算法的全局搜索能力和 BP 神经网络的局部搜索能力，采用全局粒子群算法优化 BP 神经网络权值和阈值，进行弹药储存可靠度预测。

4.7.3　GAPSO 算法

综合考虑当前粒子群算法的改进策略研究现状，通过将遗传算法与粒子群算法结合，本书提出基于遗传算法与粒子群算法的混合优化算法（GAPSO）来求解露井联采区多水源，多部门煤-水协调水资源优化配置问题。算法具体步骤如下：

步骤 p1：初始化一个粒子群。包括设置初始规模的大小 Size，以及各粒子的位置 $[X_{1(0)}, X_{2(0)}, \cdots, X_{n(0)}]$，速度 $[V_{1(0)}, V_{2(0)}, \cdots, V_{n(0)}]$ 和维数 D，$\omega start$、ωend 的初始惯性权重，确定编码制，设置 V_{max}、X_{max} 和迭代次数最大值 T_{max}。

步骤 p2：更新计算 ω 值，随着进化迭代惯性因子不断减小，更新计算种群粒子的速度 $[V_{1(k)}, V_{2(k)}, \cdots, Vn_{(k)}]$ 和位置 $[X_{1(k)}, X_{2(k)}, \cdots, X_{n(k)}]$。

步骤 p3：根据模型目标函数，逐次求解个体的目标函数值。

步骤 p4：在进化迭代过程中引入遗传算子操作，增加种群搜索空间多样性。

步骤 p5：个体局部最优和群体全局最优适应值的选取。

步骤 p6：终止条件判断。根据最大迭代次数为判断依据，符合条件跳出迭代循环，并输出全局最优；否则返回到步骤 p2，重复迭代。

改进粒子群优化算法（GAPSO）流程图如图 4.6 所示。

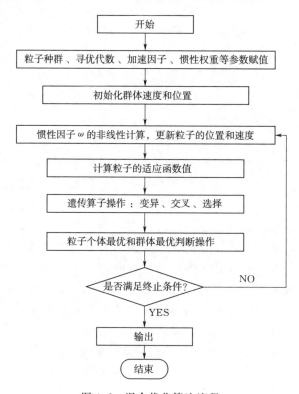

图 4.6　混合优化算法流程

4.7.4　算法测试

通过前文章节对标准粒子群算法及其改进措施的介绍，规避粒子群算法易早熟，易收敛的缺点，本书将改进参数粒子群算法与遗传算法进行融合，新生成混合粒子群算法（GA_PSO）。为保证 GA_PSO 算法的高效性与可行性，同样运用 MATLAB 程序自行进行算法编程，采用 Benchmark 基准函数来对标准粒子群算法（Standard_PSO）、学习因子自适应改进的粒子群算法（c_{12}_PSO）以及混合粒子群算法（GA_PSO）进行测试分析，优选出更加优秀的算法。三种算法参数选取见表 4.10。

表 4.10　　　　　　　　　　粒子群算法不同改进策略参数

算法类型	ω	c_1	c_2	与遗传算法融合
Standard_PSO	0.9	2.0	2.0	否
c_{12}_PSO	$0.5\left(\dfrac{t}{T_{\max}}\right)^2 - 0.5\dfrac{2t}{T_{\max}} + 0.9$	$1.3 + 1.2\cos\dfrac{\pi t}{t_{\max}}$	$2.0 - 1.2\cos\dfrac{\pi t}{T_{\max}}$	否
GA_PSO	$0.5\left(\dfrac{t}{T_{\max}}\right)^2 - 0.5\dfrac{2t}{T_{\max}} + 0.9$	$1.3 + 1.2\cos\dfrac{\pi t}{t_{\max}}$	$2.0 - 1.2\cos\dfrac{\pi t}{T_{\max}}$	是

1. Sphere 函数测试＋Rosenbrock 函数

通过表 4.11、图 4.7 和图 4.8 分析，在对 Sphere 函数寻优过程中，三种算法都求得函数的最优值，且标准粒子群（Standard_PSO）达优时的最大迭代次数要小，表明其在 Sphere 函数的寻优效率要更加优于其余两种算法，但同时，每次迭代生成的函数结果序列，Standard_PSO 标准值要远远高于其余另外两种优化算法，这与 Standard_PSO 的 ω，c_1，c_2 参数选为不随迭代次数变化而变化的固定值有较大关系；在对 Rosenbrock 函数寻优过程中，Standard_PSO 出现"早熟"现象，算法无法求得 Rosenbrock 函数的最优值，且算法多次运行不稳定。相应的，GA_PSO 在求得 Rosenbrock 函数的最优值时，函数达优最大迭代次数最小，且各次迭代过程的结果序列标准值低于其余方法，表现出准确、高效的寻优性能。

表 4.11　　　**不同优化策略 Sphere 函数、Rosenbrock 函数测试结果**

测试函数	算法类型	寻优结果最优值	达优最大迭代次数	平均值	标准值	迭代次数	维数	粒子群数	备注
Sphere 函数	Standard_PSO	0	11	453.13	4417.9	200	30	40	—
	c_{12}_PSO	0	17	242.08	2450.5	200	30	40	—
	GA_PSO	0	25	254.89	2186.4	200	30	40	—
Rosenbrock 函数	Standard_PSO	$6.13e-24$	898	27.84	577.16	900	5	40	不稳定
	c_{12}_PSO	0	441	30.16	345.32	900	5	40	—
	GA_PSO	0	397	12.19	231.56	900	5	40	—

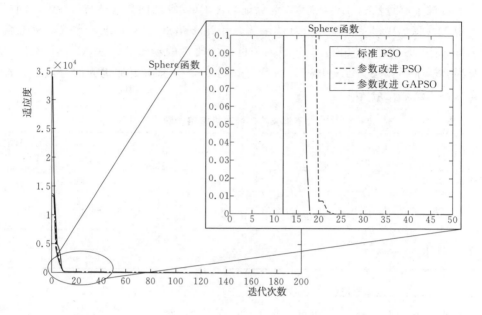

图 4.7　Sphere 函数适应度曲线

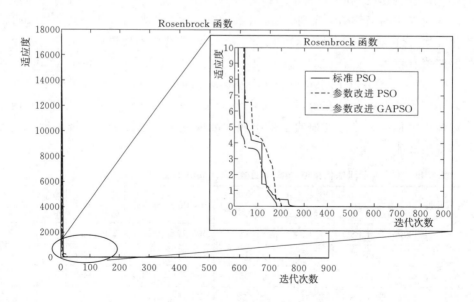

图 4.8　Rosenbrock 函数适应度曲线

2. Rastrigrin 函数＋Griewank 函数

通过表 4.12、图 4.9 和图 4.10 分析，在对 Rastrigrin 函数和 Griewank 函数的寻优过程中，在控制三种算法维度空间、粒子种群相同的条件下，GA_PSO 算法寻优迭代次数更小，各次迭代过程的结果序列的均值、标准值低于其余方法，表明 GA_PSO 算法寻优效果优于其余方法。

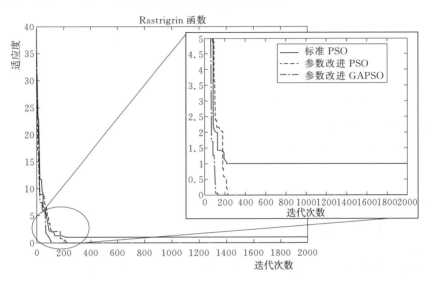

图 4.9 Rastrigrin 函数适应度曲线

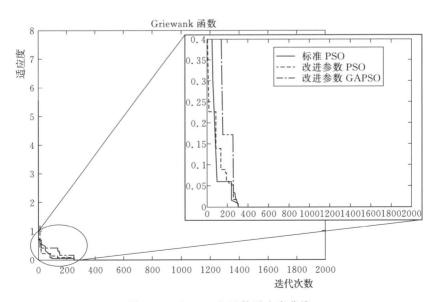

图 4.10 Griewank 函数适应度曲线

79

表 4.12　　　　不同优化策略 Rastrigrin 函数、Griewank 函数测试结果

测试函数	算法类型	寻优结果最优值	达优最大迭代次数	平均值 E	标准值 σ	迭代次数	维数	粒子群数	备注
Rastrigrin 函数	Standard_PSO	0.99	408	1.57	2.49	2000	5	40	
	c_{12}_PSO	0	537	0.64	2.92	2000	5	40	不稳定
	GA_PSO	0	509	0.37	2.18	2000	5	40	
Griewank 函数	Standard_PSO	0	637	0.03	0.1517	2000	3	40	
	c_{12}_PSO	0	485	0.03	0.2670	2000	3	40	
	GA_PSO	0	527	0.04	0.1700	2000	3	40	

综上分析，Sphere 和 Rosenbrock 为单峰函数，Rastrigrin 和 Griewank 为带有三角函数的多峰函数，随着测试函数空间复杂程度增加，标准粒子群（Standard_PSO）出现"早熟"，过早的收敛的问题，佐证了相关学者的研究；在对复杂多峰函数的寻优过程中，混合粒子群算法（GA_PSO）的寻优结果更加优良，对复杂空间的寻优更加高效。

4.7.5　求解步骤

用于研究区水资源配置方案求解，遵循图 4.11 所示流程图的步骤。

在这一流程中，研究区用水单位、供水单位水量的数量用"粒子"个数来表征，即每一粒子的代表着供水单位与用水单位存在的一种关系，供水量数值

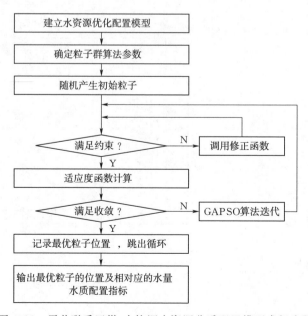

图 4.11　露井联采区煤-水协调水资源分质配置模型求解步骤

的初始大小通过随机产生的数在模型中表示；区域用水单位的最低需水量，供水单位的最大需水量，水量大小的非负性，用水单位与供水单位的水质关系等其他用于控制模型"粒子"变化的约束条件，作为模型边界，保证"粒子"变量空间有实际意义；单次迭代达到的水资源配置方案依据不同目的确定的适应度函数对各方案进行优选，模型在达到收敛条件时跳出循环，最终实现最优的配置结果。

4.8 动态配置的实现

水资源的动态配置是由于实际生产实践过程中，供水单位、需水单位、水行政单位控制下水资源量的差异变化造成的配置方案的调整。在所建立的水资源配置模型中，往往通过设定供水（需水）部门的数量以及逐个供水（需水）部门的最大（最小）水量作为模型运行边界达到不同目标下水资源动态优化配置的目的。

本书开发了基于MATLAB的水资源配置计算模块，求解配置模型的改进粒子群算法被封装在系统内，直接调用，界面改变限值边界，保证变量搜索空间在要求的范围内进行，最终实现不同目标的动态配置计算。该求解模块开发基本思路如下（图4.12）：

用水单位、供水单位用于建模的边界数值的选取皆为实际运行资料的平均估计，以图4.13供水单位最大供水能力边界值选取为例，这些数值在水资源配置模型中表征的皆为数学意义上的变量，在大数据云平台下，各个单位的生产计划都被真实反映在云端，不同的部门按需要可进行查找，依靠模型内置求解算法进行迭代求解，最终实现水资源按要求进行的动态配置。

模型分别从环境效益最大和生态优先、经济效益最大为目标进行水资源配置方案研究，从水资源管理角度出发，实现水资源配置方案按不同部门不同需求的动态制定。

以"满足生产用水单位最低需水量为标准"100%和120%的水资源配置方案中用水单位1（安太堡低热值电厂）为例（表4.13）：可以清晰地发现，生产用水单位的最低需水量从162.40万 m^3/a 变化至194.88万 m^3/a，供水单元的供水量也发生了变化，安家岭生活污水处理站供水量变化不大，而引黄水供水量则有所增加。

在大数据时代云技术、云计算和物联网技术支持的配置理念下，对于模型中边界条件的拟定，可借助大数据平台对区域供需水情况进行综合分析，合理拟定，最终得到合理的水资源配置方案。

初次随机生成 x(i.j)

	供水水源 1	供水水源 2	……	供水水源 j	总计
用水单位 1	x(1,1)	x(1,2)	……	x(1,j)	X1
用水单位 2	x(2,1)	x(2,2)	……	x(2,j)	X2
……	……	……	……	……	……
用水单位 i	x(i,1)	x(i,2)	……	x(i,j)	Xi
总计	Y1	Y2	……	Yj	

供水水源边界	水源限值 1	水源限值 2	……	水源限值 j

用水限值边界
需水限值 1
需水限值 2
……
需水限制 i

按配置规划
人为指定

判断：模型结果符合边界约束

……
N 次迭代

目标寻优，得出结果

N 次迭代后结果

	供水水源 1	供水水源 2	……	供水水源 j	总计
用水单位 1	x(1,1)	x(1,2)	……	x(1,j)	X1
用水单位 2	x(2,1)	x(2,2)	……	x(2,j)	X2
……	……	……	……	……	……
用水单位 i	x(i,1)	x(i,2)	……	x(i,j)	Xi
总计	Y1	Y2	……	Yj	

供水水源边界	水源限值 1	水源限值 1	……	水源限值 j

用水限值边界
需水限值 1
需水限值 2
……
需水限制 i

图 4.12　模型算法求解概念

供水单位	安太堡深度处理车间	安太堡终端污水处理站	安家岭生活污水处理站	安家岭终端污水处理站	井工一矿上窑区	井工一矿太西区	引黄水	刘家口水源地	……
模型采用值	165	73	175.2	547.2	172.5	156.9	500	200	……

变量1　变量2　变量3　　　……　　变量$i-1$　变量i　变量$i+1$

图 4.13　水资源动态配置边界条件概念

表 4.13　　　　安太堡低热值电厂不同工况下水资源配置方案

供水单位	1	2	3	4	5	6	7	8	9	总计	100%保证率 MIN_LIM
100%	0	0	0	0	0	0	0	161.6	0	161.64	161.64
120%	0	26.80	123.52	0	0	0	0	30.88	0	181.20	181.20

4.9　煤-水-生态协调发展水资源高效利用示范

　　本次煤-水-生态协调发展水资源高效利用模式示范，以安家岭-安太堡区域为示范区，在总量控制、就近利用和分质供水条件基本条件下，以环境效益最大和生态优先与经济效益最大为配置目标，以各用单元 2015—2020 年多年平均用水量为需水量基准，在 100%、120%、95% 三个供水工况下，形成 6 个配置方案。配置模型计算结果表明：6 个方案皆在各自假定的条件下获得了最优解。

4.9.1　环境效益最大为目标的配置方案

　　所谓环境效益最大目标，本次确定为：在总量控制、就近利用和分质供水条件基本条件下，优先使用再生水，最大限度减少地下水（刘家口水源地）的配置方案（简称 A 方案）。

　　1. 100%供水工况条件下水资源配置方案

　　由图 4.14 可知，100%供水工况条件下水资源配置（A100 方案）模型求解获得了最优解。

　　A100 方案统计（表 4.14）结果表明：

　　(1) 100%工况下，示范区各单位生产最低需水量为 1220.26 万 m^3/a，模型所得的配置方案分配用于生产的水量总计 1220.26 万 m^3/a，可以满足示范区各生产用水单位需水要求。其中安太堡深度处理车间、安家岭终端污水处理站、井工一矿上窑区和太西区井下水处理站及引黄水为主要供水水源，这 5 个水源供水总量为 1147.05 万 m^3/a，约占需水总量的 94.00%。

　　(2) 再生水供给量占到总供水量的 76.61%，引黄水占 23.39%，刘家口水源地生产供水量为 0%，最大限度降低了工业生产对地下水的开采。各水源供水量占总供给量的比如图 4.15 所示。与 2020 年的实际供水情况（表 4.15）比，再生水供给量占比提高 11.03％，引黄水供给量占比上升 3.84％，地下水下降为 0。

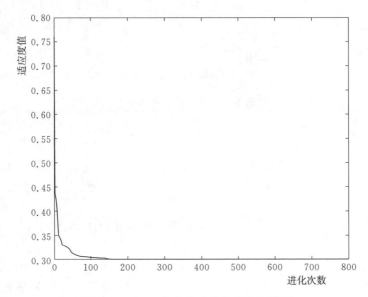

图 4.14　A100 方案模型进化迭代曲线图

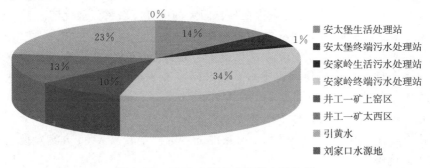

图 4.15　A100 方案各水源供水量比例

（3）如果以 2015—2020 年再生水产量平均值 943.71 万 m³ 为基准，则再生水本区利用率达到 99.1％，仅剩余 8.9 万 m³ 再生水可供给北坪工业园区。

（4）对于所得的配置方案中的生产用水单位，分配用于各生产用水单位的水量均能满足其生产的需要，其中安太堡露天矿、安太堡洗煤厂、安太堡露天设备维修中心、安太堡矿区矿区降尘绿化、安家岭露天矿、一矿洗煤厂和安家岭矿区降尘绿化需用两种水源共同保证，其余生产用水单位在满足其需水要求的前提下，只需由一处供水单位就可满足其生产。

表 4.14　A100 方案最优解水量配置成果

各供水水源供水量/(万 m³/a)

用水单元	安太堡深度处理车间	安太堡终端污水处理站	安家岭生活污水处理站	安家岭终端污水处理站	井工一矿上窑区	井工一矿大西区	引黄水	刘家口水源地	总计	100%工况MIN_LIM
安太堡低值热电厂	0	0	0	0	0	0	162.40	0	162.40	162.40
安太堡露天矿	0	0	0	13.06	5.32	0	0	0	18.38	18.38
安太堡洗煤厂	0	58.91	0	48.73	0	0	0	0	107.64	107.64
安家岭露天设备维修中心	165.00	0	0	0	0	0	10.04	0	175.04	175.04
矸石电厂	0	0	0	0	0	0	10.54	0	10.54	10.54
安太堡矿区降尘绿化	0	0	0	70.09	102.23	0	0	0	172.32	172.32
安家岭露天矿	0	0	0	7.13	4.42	0	0	0	11.55	11.55
安家岭洗煤厂	0	0	0	56.86	0	0	0	0	56.86	56.86
井工一矿	0	0	0	179.20	0	0	0	0	179.20	179.20
一矿洗煤厂	0	0	14.30	0	6.48	0	0	0	20.78	20.78
西易矿	0	0	0	0	0	1.92	0	0	1.92	1.92
安家岭露天设备及维修中心	0	0	0	0	0	0	102.47	0	102.47	102.47
安家岭矿区降尘绿化	0	0	0	46.18	0	154.98	0	0	201.16	201.16
小计	165.00	58.91	14.30	421.25	118.45	156.90	285.45	0	1220.26	1220.26
合计			934.81				285.45	0		
供量占比/%			76.61				23.39	0		

表 4.15 　　　　　　　　　**2020 年示范区各类水用水量统计**

水源类型	再生水	引黄水	刘家口水源地	总　计
供水量/万 m³	691.40	206.06	156.76	1054.22
占总供水量的比/%	65.58	19.55	14.87	100.00

2. 120%工况条件下水资源配置方案

由图 4.16 可知，120%工况条件下水资源配置（A120 方案）模型求解获得了最优解。

A120 方案（表 4.16）统计结果表明：

（1）120%工况下，示范区总供水量为 1464.31 万 m³/a。其中安太堡深度处理车间、安家岭生活污水处理站、安家岭终端污水处理站、井工一矿上窑区井下水处理站和引黄水为主要供水水源，5 个水源供水量为 1415.01 万 m³/a，约占总供水量的 96.63%。

（2）再生水供给量 1088.77 万 m³/a 占总供水量的 74.35%，引黄水占 25.65%，刘家口水源地对生产供水量为 0，最大限度降低了对地下水的开采量。各水源供水量占总供给量的比如图 4.17 所示。与 2020 年的实际供水情况（表 4.15）比，再生水供给量占比提高 8.77%，引黄水供给量占比提高 6.1%，地下水无供量。

（3）再生水示范区全部利用。无再生水供给北坪工业园区。

（4）与 100%工况的配置方案相比较，120%工况下用水单位的需水量增大 244.05 万 m³/a。

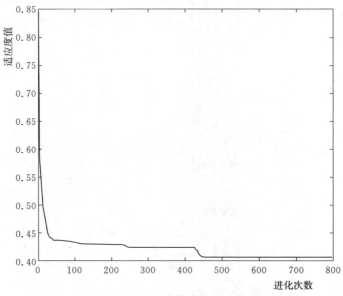

图 4.16　A120 方案模型进化迭代曲线

表 4.16　A120 方案最优解水量配置成果

各供水水源供水量/(万 m³/a)

用水单元	安太堡深度处理车间	安太堡终端污水处理站	安家岭生活污水处理站	安家岭终端污水处理站	井工一矿 上窑区	井工一矿 大西区	引黄水	刘家口 水源地	总　计	120%工况 MIN_LIM
安太堡低热值电厂	165.00	0	0	0	0	0	29.88	0	194.88	194.88
安太堡露天矿	0	0	0	0	0	22.06	0	0	22.06	22.06
安太堡洗煤厂	0	0	0	0	129.17	0	0	0	129.17	129.17
安太堡露天设备维修中心	0	0	0	0	0	0	210.05	0	210.05	210.05
矸石电厂	0	0	0	0	0	0	12.65	0	12.65	12.65
安家岭露天矿区绿化	0	0	0	206.78	0	0.01	0	0	206.78	206.78
安家岭露天矿	0	0	0	0	13.86	0	0	0	13.86	13.86
安家岭洗煤厂	0	0	0	59.49	8.74	0	0	0	68.23	68.23
井工一矿	0	0	0	215.04	0	0	0	0	215.04	215.04
一矿洗煤厂	0	24.94	0	0	0	0	0	0	24.94	24.94
西易矿	0	0	0	0	0	2.30	0	0	2.30	2.30
安家岭矿区设备及维修中心	0	0	0	0	0	0	122.96	0	122.96	122.96
安家岭露天矿区降尘绿化	0	0	175.20	66.19	0	0	0	0	241.39	241.39
小计	165.00	24.94	175.20	547.50	151.77	24.37	375.54	0	1464.31	1464.31
合计	1088.77						375.54	0	1464.31	
供量占比/%	74.35						25.65	0		

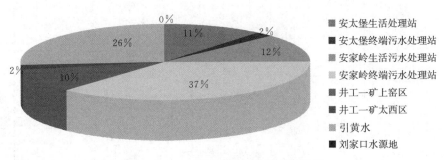

图 4.17 A120 方案各水源供水量比例

3. 95％供水工况条件下水资源配置方案

由图 4.18 可知，95％供水工况条件下水资源配置（A95 方案）模型求解获得了最优解。

A95 方案计算结果（表 4.17）表明：

（1）95％工况下，示范区总供水量为 1159.25 万 m³/a。其中安太堡深度处理车间、安家岭生活污水处理站、安家岭终端污水处理站、井工一矿太西区井下水处理站和引黄水为主要供水水源，5 个水源供水量为 1110.62 万 m³/a，约占总供水量的 95.80％。

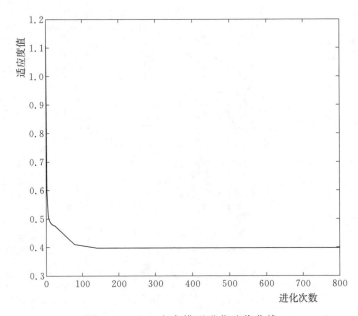

图 4.18 A95 方案模型进化迭代曲线

表4.17　A95方案最优解水量配置成果

各供水水源供水量/(万 m³/a)

用水单元	安太堡深度处理车间	安太堡终端污水处理站	安家岭生活污水处理站	安家岭终端污水处理站	井工一矿上窑区	井工一矿大西区	引黄水	刘家口水源地	总计	95%工况 MIN_LIM
安太堡低值电厂	63.89	0	0	0	0	0	90.39	0	154.28	154.28
安太堡露天矿	0	0	0	0	17.46	0	0	0	17.46	17.46
安太堡洗煤厂	0	0	102.26	0	0	0	0	0	102.26	102.26
安家岭露天设备维修中心	0	0	0	0	0	0	166.29	0	166.29	166.29
矸石电厂	3.76	0	0	0	0	0	6.25	0	10.01	10.01
安太堡矿区降尘绿化	0	0.37	0	155.23	0	8.11	0	0	163.70	163.70
安家岭露天矿	0	0	0	0	10.97	0	0	0	10.97	10.97
安家岭洗煤厂	0	0	0.04	53.89	0.09	0	0	0	54.02	54.02
井工一矿	0	0	0	170.24	0	0	0	0	170.24	170.24
一矿洗煤厂	0	19.74	0	0	0	0	0	0	19.74	19.74
西易厂	0	0	0	1.82	0	0	0	0	1.82	1.82
安家岭露天设备及维修中心	97.35	0	0	0	0	0	0	0	97.35	97.35
安家岭厂区生态复垦及绿化	0	0	0	42.31	0	148.79	0	0	191.10	191.10
小计	165.00	20.11	102.30	423.50	28.52	156.90	262.93	0	1159.25	
合计	896.32						262.93	0		
供量占比/%	77.32						22.68	0		

（2）再生水供给量 896.32 万 m^3/a，再生水供给量占供水总量的 77.32%；引黄水占 22.68%，刘家口水源地的生产供水量为 0。各水源供水量占总供给量的比例如图 4.19 所示。与 2020 年的实际供水情况（表 4.15）比，再生水供给量占比提高 11.74%，引黄水上升 3.13%，地下水下降 14.87%。

（3）如果以 2015—2020 年再生水产量平均值 943.71 万 m^3 为基准，则再生水本区利用率达到 94.98%，仅剩余 47.39 万 m^3 再生水可供给北坪工业园区。

（4）与 100%工况的配置方案相比较，95%工况下用水单位的需水量下降 61.01 万 m^3。

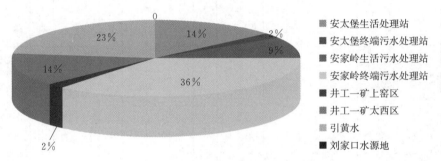

图 4.19　A95 方案各水源供水量比例

4.9.2　生态优先、经济效益最大的配置方案

所谓生态优先、经济效益最大，就是在总量控制、就近利用和分质供水条件基本条件下，优先满足生态用水和供水费用最低的配置方案。

1. 100%供水工况条件下水资源配置方案

由图 4.20 可知，100%供水工况条件下水资源配置（B100 方案）模型求解获得了最优解。

B100 方案配置成果表明（表 4.18 和图 4.21）：

（1）B100 方案所得配置方案总生产用水量为 1220.26 万 m^3/a，可以满足示范区各生产用水单位需水要求。其中安太堡深度处理车间、安家岭终端污水处理站、井工一矿上窑区和太西区井下水处理站及引黄水承担供水任务的主要作用，5 个水源供水总量为 1197.74 万 m^3/a，约占供水总量的 98.15%。

（2）再生水供给量 934.81 万 m^3/a 占供水总量的 76.61%；引黄水占 23.39%，刘家口水源地占比为 0。与 2020 年的实际供水情况比（表 4.15），再生水供给量占比提高 11.03%，引黄水供给量占比上升 3.84%，地下水下降为 0。

（3）如果以 2015—2020 年再生水产量平均值 943.71 万 m^3 为基准，则再生水本区利用率达到 99.1%，仅剩余 8.9 万 m³ 再生水可供给北坪工业园区。

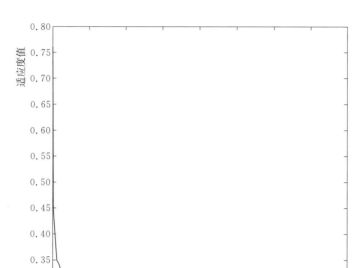

图 4.20 B100 方案模型进化迭代曲线

（4）对于所得的配置方案中的生产用水单位，分配用于各生产用水单位的水量均能满足其生产的需要，其中安太堡露天设备维修中心、安太堡矿区降尘绿化和安家岭厂区生态复垦及绿化需用两种水源共同保证，其余所有生产用水单位均只需由一处供水单位就可满足其生产。

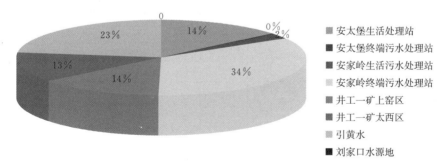

图 4.21 B100 方案各水源供水量比例

（5）相对于环境效益最大方案，井工一矿太西区用水量减少，主要是其水费相对较高；而井工一矿上窑区用水量增加，其水费相对较低，因此，总的费用较优。

表4.18　B100方案最优解水量配置成果

各供水水源供水量/(万 m³/a)

用水单元	安太堡深度处理车间	安太堡终端污水处理站	安家岭生活污水处理站	安家岭终端污水处理站	井工一矿上窑区	井工一矿大西区	引黄水	刘家口水源地	总计	100%工况 MIN_LIM
安太堡低热值电厂	162.40	0	0	0	0	0	0	0	162.40	162.40
安太堡露天矿	0	0	0	18.38	0	0	0	0	18.38	18.38
安太堡洗煤厂	0	0	0	0	107.64	0	0	0	107.64	107.64
安太堡露天设备维修中心	2.60	0	0	0	0	0	172.44	0	175.04	175.04
矸石电厂	0	0	0	0	0	0	10.54	0	10.54	10.54
安家岭露天矿区降尘绿化	0	1.74	0	13.68	0	156.90	0	0	172.32	172.32
安家岭露天矿	0	0	0	11.55	0	0	0	0	11.55	11.55
安家岭洗煤厂	0	0	0	56.86	0	0	0	0	56.86	56.86
井工一矿	0	0	0	179.20	0	0	0	0	179.20	179.20
一矿洗煤厂	0	0	20.78	0	0	0	0	0	20.78	20.78
西易电厂	0	0	0	1.92	0	0	0	0	1.92	1.92
安家岭露天设备及维修中心	0	0	0	0	0	0	102.47	0	102.47	102.47
安家岭厂区生态复垦及绿化	0	0	0	136.30	64.86	0	0	0	201.16	201.16
总计	165.00	1.74	20.78	417.89	172.50	156.90	285.45	0	1220.26	1220.26
水类合计	934.81						285.45	0		
供水量占比/%	76.61						23.39	0		

92

2. 120％供水工况条件下水资源配置方案

由图 4.22 可知，120％供水工况条件下水资源配置（B120 方案）模型求解获得了最优解。

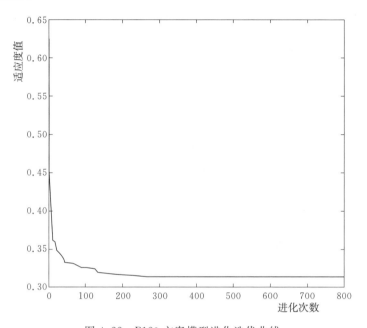

图 4.22 B120 方案模型进化迭代曲线

B120 方案配置成果表明（表 4.19 和图 4.23）：

（1）B120 方案所得配置方案总生产用水量为 1464.31 万 m³/a，可以满足示范区各生产用水单位需水要求。其中安太堡深度处理车间、安家岭生活污水处理站、安家岭终端污水处理站、井工一矿上窑区井下水处理站和引黄水承担供水任务的主要作用，5 个水源供水总量为 1378.42 万 m³/a，约占供水总量的 94.13％。

（2）再生水供给量 1088.77 万 m³/a 占供水总量的 74.35％；引黄水占 25.65％，刘家口水源地占比 0。与 2020 年的实际供水情况比（表 4.15），再生水供给量占比提高 8.77％，引黄水供给量占比提高 6.1％，地下水无供量。

（3）再生水本区全部利用，基本无外供水。

（4）与 B100 配置方案相比较，B120 方案用水单位的需水量增大，刘家口水源地的生产供水量依然为 0，但引黄水供给比增大。

3. 95％供水工况条件下水资源配置方案

由图 4.24 可知，95％供水工况条件下水资源配置（B95 方案）模型求解获得了最优解。

表 4.19　B120 方案最优解水量配置成果

各供水水源供水量/(万 m³/a)

用水单元	安太堡深度处理车间	安太堡终端污水处理站	安家岭生活污水处理站	安家岭终端污水处理站	井工一矿上窑区	井工一矿大西区	引黄水	刘家口水源地	总计	120%工况 MIN_LIM
安太堡低热值电厂	0	0	0	0	0	0	194.88	0	194.88	194.88
安太堡露天矿	0	0	0	0	11.59	10.47	0	0	22.06	22.06
安太堡洗煤厂	0	0	0	129.17	0	0	0	0	129.17	129.17
安太堡露天设备维修中心	165.00	0	0	0	0	0	45.05	0	210.05	210.05
矸石电厂	0	0	0	0	0	0	12.65	0	12.65	12.65
安家岭矿区降尘绿化	0	0	0.47	82.51	123.69	0.12	0	0	206.78	206.78
安家岭露天矿	0	0	0	0	3.80	10.06	0	0	13.86	13.86
安家岭洗煤厂	0	0	34.81	0	33.42	0	0	0	68.23	68.23
井工一矿	0	0	0	215.04	0	0	0	0	215.04	215.04
一矿洗煤厂	0	0	8.53	0	0	16.41	0	0	24.94	24.94
西易矿	0	0	0	0	0	2.30	0	0	2.30	2.30
安家岭露天设备及维修中心	0	0	0	0	0	0	122.96	0	122.96	122.96
安家岭厂区生态复绿及绿化	0	0	74.07	120.78	0	46.54	0	0	241.39	241.39
小计	165.00	0	117.88	547.50	172.50	85.89	375.54	0	1464.31	1464.31
水类合计		1088.77					375.54	0		
水类占比/%		74.35					25.65	0		

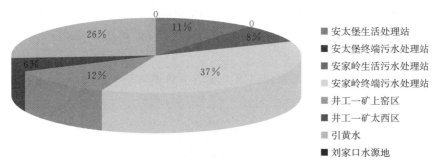

图 4.23 B120 方案各水源供水量比例

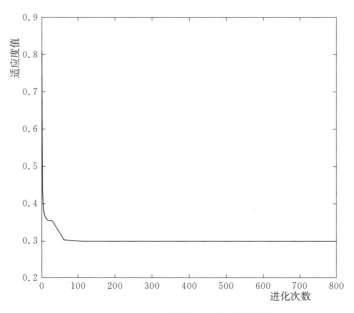

图 4.24 B95 方案模型进化迭代曲线

B95 方案成果表明（表 4.20 和图 4.25）：

（1）B95 方案所得的配置方案生产供水量总量为 896.32 万 m³/a，可以满足示范区各生产用水单位需水要求。其中安太堡深度处理车间、安家岭生活污水处理站、安家岭终端污水处理站、井工一矿上窑区井下水处理站和引黄水 5 个水源供水总量为 1140.33 万 m³/a，约占全区需水总量的 98.37%，刘家口水源地对生产供水量为 0。

（2）再生水供给量 896.32 万 m³/a 占供水总量的 77.32%；引黄水占 22.68%，刘家口水源地占比为 0。与 2020 年的实际供水情况比（表 4.15），再生水供给量占比提高 11.74%，引黄水上升 3.13%，地下水下降 14.87%。

（3）如果以 2015—2020 年再生水产量平均值 943.71 万 m³ 为基准，则再生水本区利用率达到 94.98％，仅剩余 47.39 万 m³ 再生水可供给北坪工业园区。

（4）B95 方案与 B100 方案相比较，总供水量相对减小，但刘家口水源地的生产供水量依然为 0。

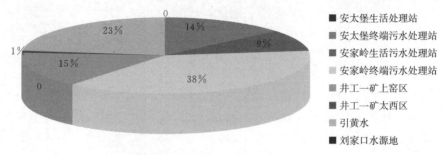

图 4.25　B95 方案各水源供水量比例

4.9.3　动态配置方案对比分析

方案统计成果（表 4.21）表明：

（1）示范区生产用水将以再生水为主，100％和 95％工况下占比为 76.61％和 77.32％，120％工况下占比为 74.35％；引黄水次之，100％和 95％工况下占比为 22.68％，如 23.39％，120％工况下占比为 25.65％。

（2）与 2020 年的供水结构再生水 65.58％、引黄水 19.55％和地下水 14.87％相比，100％供水工况下，再生水供给占比提高 11.03％，引黄水占比上升 3.84％，地下水基本全部压减；和 95％供水工况下，再生水供给占比提高 11.74％，引黄水占比上升 3.13％，地下水基本全部压减；120％供水工况下再生水供给占比提高 8.77％，引黄水占比分别提高 6.1％，地下水基本全部压减。

（3）如果以 2015—2020 年再生水产量平均值 943.71 万 m³ 为基准，100％供水工况下再生水本区利用率为 99.1％，仅 8.9 万 m³ 的再生水可以跨区域供给北坪工业园区；120％供水工况下再生水本区利用率为 94.98％，余 47.39 万 m³ 的再生水可以跨区域供给北坪工业园区；95％供水工况本区再生水可全部利用，基本无外供水量。

（4）由于引黄水为饮用水水质，深度处理水再生水无法替换，因此，示范区再生水有富余时，可以供给北坪工业园区。

（5）A 方案与 B 方案对比，各工况下的各类供水水源的占比基本相同，因此，认为配置方案基本达到了示范区的环境-生态-经济效益三协同水资源高效利用目的。

表 4.20 B95 方案最优解水量配置成果

各供水水源供水量/(万 m³/a)

用水单元	安太堡深度处理车间	安太堡终端污水处理站	安家岭生活污水处理站	安家岭终端污水处理站	井工一矿上窑区	井工一矿太西区	引黄水	刘家口水源地	总计	95%工况 MIN_LIM
安太堡低热值电厂	70.31	0	0	0	0	0	83.97	0	154.28	154.28
安太堡露天矿	0	0	0	17.46	0	0	0	0	17.46	17.46
安太堡洗煤厂	0	0	102.26	0	0	0	0	0	102.26	102.26
安太堡露天设备维修中心	1.65	0	0	0	0	0	164.64	0	166.29	166.29
矸石电厂	0	0	0	0	0	0	10.01	0	10.01	10.01
安家岭矿区降尘绿化	0	0	0	163.70	0	0	0	0	163.70	163.70
安家岭露天矿	0	0	0	10.97	0	0	0	0	10.97	10.97
安家岭洗煤厂	0	0	0	54.02	0	0	0	0	54.02	54.02
井工一矿洗煤厂	0	0	0	170.24	0	0	0	0	170.24	170.24
一矿洗煤厂	0	0	0	19.74	0	0	0	0	19.74	19.74
西易电厂	0	0	0	1.51	0	0.32	0	0	1.82	1.82
安家岭露天设备及维修中心	93.04	0	0	0	0	0	4.31	0	97.35	97.35
安家岭厂区生态复垦及绿化	0	0	0	0	172.50	18.60	0	0	191.10	191.10
小计	165.00	0	102.26	437.64	172.50	18.92	262.93	0	1159.25	1159.25
水类合计			896.32				262.93	0		
水类占比/%			77.32				22.68	0		

表 4.21　　　　　　　　　　　配置方案统计成果对比

配置方案	供水量/(万 m³/a)				供量占比/%			以多年均再生水产量为基准	
	再生水	引黄水	地下水	合计	再生水	引黄水	地下水	余量/(万 m³/a)	本区利用率/%
A95	896.32	262.93	0	1159.25	77.32	22.68	0	0	100
A100	934.81	285.45	0	1220.26	76.61	23.39	0	8.90	99.10
A120	1088.77	375.54	0	1464.31	74.35	25.65	0	47.39	94.98
B95	896.32	262.93	0	1159.25	77.32	22.68	0	0	100
B100	934.81	285.45	0	1220.26	76.61	23.39	0	8.90	99.10
B120	1088.77	375.54	0	1464.31	74.35	25.65	0	47.39	94.98

注　多年均再生水产量为 943.71 万 m³/a。

第5章 露井联采矿区水代谢和水足迹

本章在实地调研、数据收集和整理分析的基础上，对平朔露井联采煤矿安太堡-安家岭区域 2015—2020 年用水、排水、水处理和再生水回用情况进行现状分析，并对区域污水处理站对水体污染物的去除情况进行评价，同时利用水足迹法核算区域供应链水足迹和运营水足迹，从而了解露井联采矿水代谢和水足迹情况。

5.1 研究区供用水过程

安太堡区域与安家岭区域工业广场毗邻，建矿之初两区域的供用水系统就为一个体系。区域生产、生活用水来源包括地表水、地下水、水库蓄水以及再生水，其中地表水源由引黄水供给，供水能力为 500 万 m^3/a，地下水源于刘家口水源地，供水能力为 401.5 万 m^3/a。水源用于露天及井工矿的开采、煤炭洗选、矿区除尘洒水及绿化、生产辅助活动和其他外包单位的供水。该区域是老矿区，建设项目被明渠、铁路环线、高低起伏的地形分割，未形成一个较为平整、完整的工业广场。区域污水排放点零散分布，不能以自重流的形式汇集。并且露天矿生产需水量大，排水"量少点多"；井工矿生产需水量少，排水"量大集中"。

安家岭调蓄水库建于 2005 年，利用七里河天然河道改建而成，位于安家岭矿工业广场的进矿道路西侧，七里河上游靠近安家岭矿的干流上。占地面积为 15 万 m^2，最大水面面积为 9.7 万 m^2，水库库容为 67 万 m^3，水库泵站的供水能力为 46000m^3/d。为解决矿区发展对用水量的需求，同时实现矿区污废水的闭路循环，配套建设了以安家岭调蓄水库为枢纽的平朔矿区水资源综合利用工程项目。该工程初步建立了"收集—处理—回用"的矿区污废水综合治理利用体系，通过收集矿区各类污废水加以处理后回用于露天矿道路洒水、选煤厂生产用水、绿化用水。水库蓄水水源主要来自安家岭终端污水处理站、井工一矿上窑区井下水处理站、井工一矿大西区井下水处理站和安家岭生活污水处理站等处理后的达标水。调蓄水库不仅可以满足矿区一般性生产用水调蓄要求，而且为矿区水保建设及林草绿化建设奠定了基础，为矿区生态环境的改善创造了条件。

2014 年，由于水库淤积严重，在水库下游毗邻水库新建了安家岭终端污水处理站及引水暗涵，安家岭终端污水处理站收集污水来源于四个方面：一是通过大西沟污水转排泵站收集的安家岭选煤厂和一号井选煤厂的清扫水、安家岭露天矿矿坑水鹤排水及安家岭采矿加水站水鹤排水以及初期雨水等；二是通过安太堡区域南排洪沟汇入的安太堡区域零星生活污水及安太堡引黄净化车间反冲洗水等；三是通过安太堡区域北排洪沟汇入的井工二矿区域排水以及安太堡和二号井选煤厂冲洗水、事故排水等，井工二矿工业广场位于凹坑地形区域，井工二矿区域排水包括井下排水、处理后的生活污水、雨水，这些污水汇集到防洪水池后通过防洪泵站转排；四是通过排污管道汇集的井工一矿上窑区转排的井下排水。安家岭终端污水处理站净化处理后的复用水排入安家岭调蓄水库统一复用，实现了调蓄水库来水必须是经过处理后的复用水的目标，建立了安太堡-安家岭区域污废水外排屏障，也为申请临时污水外排创造了可能。除此之外，安家岭区所有生活污水、机修废水分别排入安家岭生活污水处理站，出水进入调蓄水库复用。安太堡区生活污水和机修废水经安太堡终端污水处理站处理后直接用于安太堡区域生产用水。井工一矿上窑区疏干水排入上窑区井下水处理站，出水进入调蓄水库。井工一矿太西区疏干水经太西区井下水处理站处理，部分中水作为深度处理车间原水，经深度处理后供给井下生产用水，其余排入调蓄水库复用。

总的来看，平朔大型露井联采矿的用水水源多元化，用排水结构复杂，水资源系统相关技术体系、工艺流程及装备系统，链条长、环节多，表征指标复杂多变。"十三五"期间，随着露天矿和井工矿不同程度的减产，煤炭主业用水需求下降。企业为实现就地转型升级，计划重点发展煤电化一体化，建设北坪工业园区，届时园区用水将出现大量缺口。因此，区域间存在用水不平衡的问题，亟须适时反馈调整优化。

5.2　分析范围

开展取用水、排水、水处理回用分析与水足迹核算的首要任务是确定核算的目标与范围，即研究系统边界的划定。安太堡-安家岭区域水资源的供给、消纳、处理和排放所涉及单元构成的水循环系统边界如图 5.1 所示。引黄水净化水厂和刘家口水源地的清水资源经配水厂分别供给安太堡-安家岭区域的煤炭开采和洗选、生产辅助、矸石电厂和其他用水户使用。调蓄水库再生水部分回用于生产。依据系统边界内与水相关的输入项（新鲜水、能源）与输出项（废水）进行水代谢分析与水足迹核算。

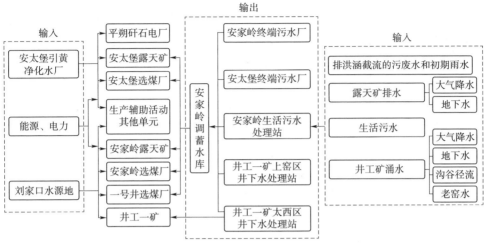

图 5.1　水循环系统边界

5.3　区域水量代谢分析

　　图 5.2～图 5.7 是 2015—2020 年安太堡-安家岭区域水量代谢统计情况。总体来说，2015—2020 年可供利用的水资源总量分别为 1991.80 万 m^3、1836.46 万 m^3、1890.68 万 m^3、1833.20 万 m^3、1785.7 万 m^3 和 1732.47 万 m^3，水资源开发利用程

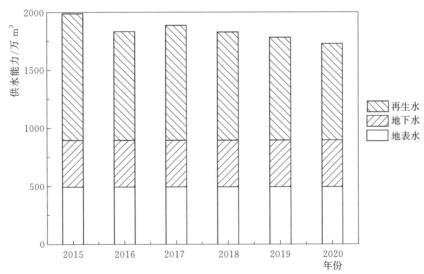

图 5.2　2015—2020 年不同水资源类型供水总量

度分别为 60.61%、56.52%、61.28%、65.00%、64.28%和 60.85%。区域供水能力变化比较小，水资源情况整体"可供大于所需"，复用水利用率逐渐提高，富余量逐年下降，但仍有大量再生水富余，回用率仍然较低，不但造成了水资源的浪费，也给公司带来了空前的环保压力和环境风险。

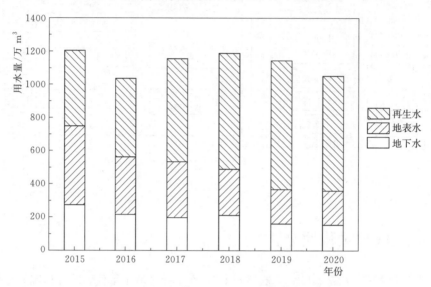

图 5.3　2015—2020 年不同水资源类型用水总量

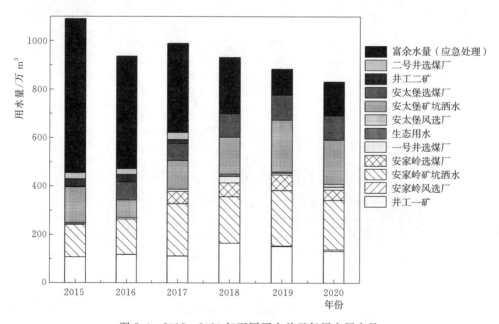

图 5.4　2015—2020 年不同用水单元复用水用水量

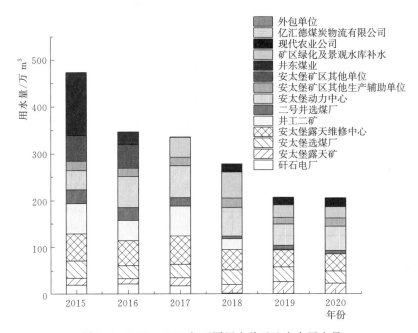

图 5.5 2015—2020 年不同用水单元地表水用水量

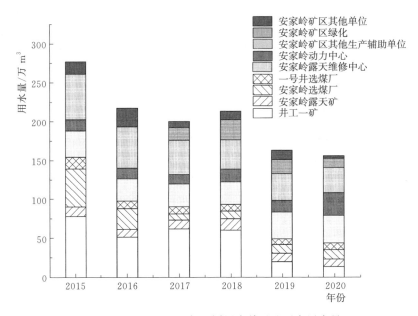

图 5.6 2015—2020 年不同用水单元地下水用水量

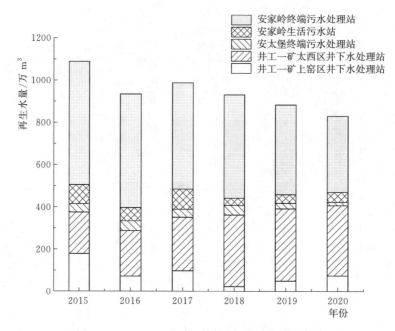

图 5.7　2015—2020 年不同污水处理站再生水量

从用水总量来看，2015—2020 年区域用水总量为 1038.52 万～1207.19 万 m^3/a。用水结构中再生水占比最大，其次为引黄水量，地下水最小。引黄水使用量逐年递减，由 474.09 万 m^3/a 降低至 206.06 万 m^3/a。地下水使用量整体也呈减小趋势，由 278.16 万 m^3/a 减小到 156.76 万 m^3/a。再生水的使用量逐渐增加，回用率由 2015 年的 37.7% 增加至 2020 年的 65.6%。区域新鲜用水总量的下降是源于煤炭产能的减少和再生水回用率的增加。

从不同用水单元所用不同类型的水资源量上可以发现，露天矿生产的新鲜水使用量远远小于井工开采，基于露天开采的特征，近年来，再生水回用于矿坑降尘的洒水量不断增多，这部分水量受空气质量、降雨量和季节的影响变化。受到煤炭产能下降和井工矿闭井的影响，用于开采、洗选和生产辅助活动的新鲜水量均有不同程度的减少。区域对于外包单位等其他供水量也不断减少。2016 年之后增加了绿化和景观水库的用水，由引黄水和地下水供给。通过用水分析，再生水回用途径主要为露天矿生产降尘洒水、选煤厂和井工矿的生产用水，仅少部分用于生态绿化，再生水使用范围具有一定局限性。再生水回用受阻一方面由于再生水水质受污水处理厂的运行情况影响，水质不太稳定，有时甚至较差；另一方面再生水管道辐射范围并不全面。

2015—2020 年区域排水总量即再生水量分别为 1090.3 万 m^3、934.88 万 m^3、989.18 万 m^3、931.7 万 m^3、884.2 万 m^3 和 830.97 万 m^3，污废水排放量呈减

少趋势。图 5.7 结果显示，井工矿处理废水所占比重大，说明井下疏干水在污废水中比例较高，由于井下涌水量的不确定性，这部分排水量的变化比较大。除生产、生活污水之外，安太堡-安家岭区域还承担了大西沟上游的初期雨水和周边村庄部分排水的水处理任务。尽管区域污水量有所减少，但排水中夹带的大量且不稳定的悬浮物给水处理系统带来了巨大挑战。区域用水和排水结构的变化具有协同效应，为进一步反应污水排放状态，考察区域污水排放量与用水总量之比（即污水排放系数），2015—2020 年污水排放系数分别为：0.90、0.90、0.85、0.78、0.77 和 0.79，排污比例的降低表明用水结构发生了变化，区域绿化、除尘等耗水单元用水量和复用水回用量的占比提高。

5.4　区域水质代谢分析

安太堡-安家岭区域设计污水处理总能力为 53000m³/d，所有类型的排水经排洪沟和污水管道分别汇入区域污水处理站进行处理。表 5.1 是水处理系统基本情况。

表 5.1　　　　　　　　　　　水处理系统基本情况

系　统	设计处理能力/(m³/d)	污　水　来　源	出水去向
安家岭生活污水处理站	4800	安家岭区所有生活污水和机修污水	调蓄水库
安太堡终端污水处理厂	2000	安太堡区生活污水和机修污水	矿坑洒水及选煤厂生产
井工一矿上窑区井下水处理站	7200	井工一矿上窑区井下疏干水	调蓄水库
井工一矿太西区井下水处理站	24000	井工一矿太西区井下疏干水	回用于井下生产，其余排入调蓄水库
安家岭终端污水处理厂	15000	安太堡区未处理的生活和机修污水、安太堡和安家岭区选煤厂清扫水、井工二矿排水、大西沟转排泵站汇入的上游选煤厂清扫水和初期雨水、矸石电厂排水、周边村庄其他排水	调蓄水库

图 5.8～图 5.11 是研究区水处理系统 2015—2020 年水力负荷和各污染物的处理情况。污水的水质和水量是影响水处理站正常运行的关键因素，区域的污水处理量和污染物削减量整体同步减少，水处理系统年均水力负荷为 36%～60%，安家岭终端污水处理站在 2015 年运行负荷较大，超过 100%，其余基本在设计允许范围内。以安家岭终端污水处理厂为核心的综合水处理系统，污水处理量及污染物削减量最大。悬浮物为区域主要污染物，平均去除率 98%，其

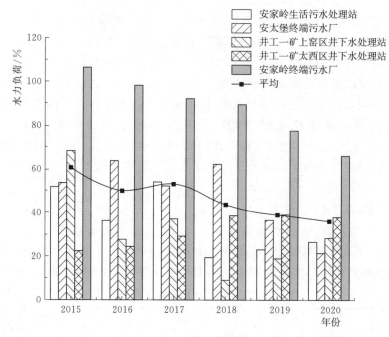

图 5.8　水力负荷

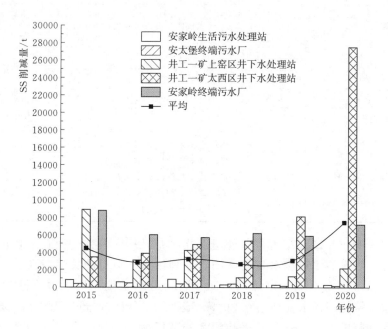

图 5.9　SS 削减量

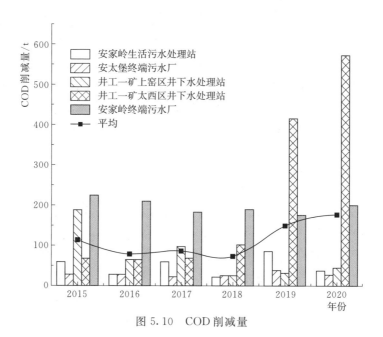

图 5.10　COD 削减量

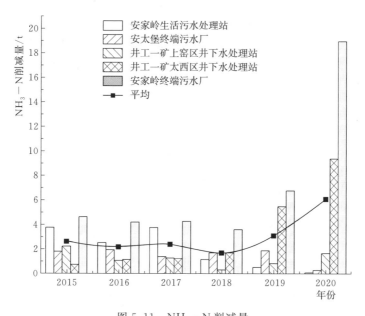

图 5.11　NH_3-N 削减量

次为 COD 平均去除率 77%，NH_3-N 去除率 68%。经过统计，进厂原水的平均悬浮物浓度高达 4500mg/L，其中井工一矿上窑区和安家岭终端污水处理站表现比较明显，主要受到三方面的影响：一是井工一矿上窑区井下排水水质差的影响，悬浮物最高达 70852mg/L，超过设计值的 42 倍；二是经北排洪沟和大西沟来水因冲刷作用携带了大量煤泥和泥沙，水质无法保证；三是雨季明渠、矿区道路、自然河道等受冲刷作用大量煤泥随初期雨水进入安家岭终端污水处理站，这些将严重影响系统的预沉调节和压滤功能。2019 年矿区为了提升系统运行的稳定性，开展了安家岭区域污水处理系统提标及减排工程，污染物去除量增加，工艺稳定性也得到提升。

5.5　区域水足迹核算

为进一步研究安太堡-安家岭区域水资源利用情况，在用排水分析的基础上进行区域水足迹核算。水足迹是"足迹家族"的一分子，是区域水资源利用情况的简明指示器。WFN 水足迹评价方法由 Hoekstra 提出，于 2002 年首次应用于水资源的研究领域。该方法将水足迹分为绿水足迹、蓝水足迹和灰水足迹三大类，绿水足迹是指人类利用的地表蒸发流，主要用于作物和森林的生长；蓝水是指存蓄于地表江河湖泊和地下含水层中的水资源量，蓝水足迹是指对于蓝水的消耗；灰水足迹是指以纳污水体的纳污能力为基准，将污染的水资源稀释到水体所能容纳的水质标准所需的水量。本书选取水足迹网络组织（WFN）2009 年发布的《水足迹评价手册》中关于组织层面水足迹核算方法进行核算。《水足迹评价手册》中关于组织层面水足迹的定义，是指企业运营或支撑的直接、间接消耗或污染的淡水资源。运营水足迹和供应链水足迹还可以进一步划分为直接与产品相关联的生产水足迹和日常活动开销的商品和服务部分的水足迹。企业水足迹组成如图 5.12 所示。

图 5.12　企业水足迹组成

蓝水足迹是蓝水消耗的指标，也就是地下水和地表水的消耗指标。耗水包括四个部分：一是蒸发水；二是产品内的水；三是未回到原流域的水；四是未在同一时间段返回的水。对于一个工业过程来说，通常不能直接测量蓄水、运输、加工和处理阶段蒸发了多少水，但可根据取水量和最终排放量的差值进行推断。通常水的回收和再利用可以有效减少耗水量，减少过程蓝水足迹，也有助于减少用水户的灰水足迹。

绿水足迹是人们绿水使用的指标，绿水是指源于降水，未形成径流或未补充地下水，储存于土壤中或暂时储留在土壤或植被表面的水，最终通过蒸发或植被蒸腾而消散。蓝水与绿水分开计算的重要性在于生产活动对于使用蓝水和绿水所产生的水文、环境、社会影响，包括经济机会成本都有着很大的区别。但由于资料的匮乏，无法从水量平衡中计算绿水足迹，且绿水足迹相较于蓝水足迹微乎其微，因此将绿水足迹归于蓝水足迹中计算。

某个过程的灰水足迹是指与该过程相联系的水污染程度的指标，定义为以自然本底浓度和现有水质标准为基准，将一定的污染物负荷吸收同化所需要的淡水的体积。灰水足迹的核算公式为

$$W_g = \frac{LV_p}{C_{\max} - C_{\mathrm{nat}}} \tag{5.1}$$

式中　　W_g——灰水足迹，m^3；

L——COD 排放浓度，$\mathrm{mg/L}$；

V_p——区域污水排放量，m^3；

$C_{\max}$——纳污水体可接受的污染物的浓度，$\mathrm{mg/L}$；

C_{nat}——纳污水体的污染物背景浓度，$\mathrm{mg/L}$。

研究中企业自建的调蓄水库为区域排水的纳污水体，本书选取污水处理站执行的 COD 污染物排放标准 50mg/L 为纳污水体可接受的污染物浓度 $C_{\max}$，调蓄水库背景浓度 C_{nat} 取零。

矿区运营的直接蓝水足迹为不同单元耗水量，具体为引黄水、地下水取用量和井下排水量的总和，减去外排水量，即为该区域的直接蓝水足迹。直接灰水足迹为经过污水处理站处理后的富余水排放导致的淡水的消耗。数据取自企业取用水和水处理设施进出水水质的统计资料。

间接水足迹主要考虑煤炭开采和洗选所投入的能源和区域电力消耗产生的间接水足迹。原煤、焦炭、柴油、天然气等能源投入量取自参考文献（表 5.2），将其折算为标煤进行能源间接水足迹的核算。标煤的蓝水足迹为 $0.68\mathrm{m}^3/\mathrm{t}$，灰水足迹为 $2.88\mathrm{m}^3/\mathrm{t}$；电力的蓝水足迹为 $0.0026\mathrm{m}^3/\mathrm{kWh}$，灰水足迹为 $0.0015\mathrm{m}^3/\mathrm{kWh}$。

根据区域各用水户用排水数据和相关参数进行区域水足迹核算，核算结果见表 5.3。

表 5.2　　　　　　　　　　煤炭生产的能源投入量及标煤折算系数

能源投入类型	投入量/(kg/kg)	标煤折算系数/(kgce/kg)
原煤	7.17E－02	0.7143
焦炭	1.79E－04	0.9714
汽油	4.47E－05	1.4714
煤油	5.92E－06	1.4714
柴油	5.90E－04	1.4571
燃料油	2.52E－06	1.4286
天然气	2.05E－04	1.3300

表 5.3　　　　　　　　　安太堡-安家岭区水足迹核算结果　　　　　　　单位：万 m³/a

水足迹类型		2015 年	2016 年	2017 年	2018 年	2019 年	2020 年
直接蓝水足迹		869.14	668.40	706.62	752.53	635.04	586.07
直接灰水足迹		195.00	135.05	120.76	69.53	40.10	60.31
间接蓝水足迹	能源	245.19	201.01	163.64	169.90	143.07	143.07
	电力	149.29	132.21	123.45	113.54	117.00	117.00
间接灰水足迹	能源	1038.44	851.36	693.05	719.56	605.95	605.95
	电力	86.13	76.28	71.22	65.51	67.50	67.50
总水足迹		2583.19	2064.31	1878.74	1890.57	1608.66	1579.90

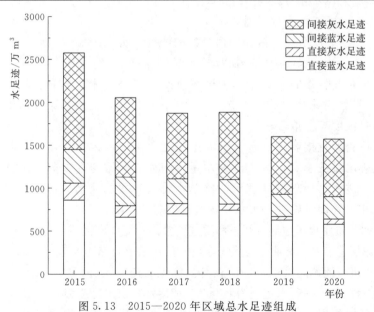

图 5.13　2015—2020 年区域总水足迹组成

由表 5.3 以及图 5.13 可知，安太堡-安家岭区域总水足迹由 2015 年的

2583.19 万 m³/a 至 2020 年的 1579.90 万 m³，呈现逐年减少态势。

从水足迹组成上看，煤矿生产活动对绿水资源破坏十分明显，尤其是露天矿开采。露天采矿区、固体废弃物的堆放区，在采挖和堆放过程中，不仅使得生态环境遭到了破坏，也使原有绿水资源破坏和减少，使绿水转化成了灰水。而生态修复可以原来破坏了的绿水资源得以部分恢复，起到涵养水资源的作用。因此，矿区的生态修复工程，是实现煤-水-生态协调发展的必由之路。

从水足迹组成上看，对于直接水足迹，直接蓝水足迹要超过直接灰水足迹，且直接蓝水足迹和直接灰水足迹呈逐年减少趋势，表明企业在用水方面做到了节约用水，且污水处理与回用状况逐年好转。对于间接水足迹，间接灰水足迹超过间接蓝水足迹，其中能源足迹的贡献大于电力足迹。示范区间接水足迹，平均占总足迹的 58.25%，间接水足迹要高于直接水足迹。因此，削减间接水足迹也是提高企业用水效率，降低社会水消耗，提高社会用水效率的有效措施。

本书针对平朔煤矿矸石含硫高易自燃的特点，而研发并申报了"一种抑制煤矸石堆自燃且提取其热量进行应用的方法"发明专利。该专利的提出基于以下考虑：

（1）从绿水定义可以看出，露天采矿和矸石（黑矸）与剥离物（白矸）的堆放会使降雨受到污染，其包气带水由绿水变成了灰水，结果是削减了原来的绿水资源量，降低了绿水生产效率。

（2）如果对露天采矿区矸石与剥离物堆放区矿区的生态进行修复，则可以增加绿水资源量，恢复部分原有绿水生产效率。

（3）矸石堆自燃灭火及堆放降尘均会消耗直接用水，如果能采用新方法可将矸石合理处置以预防其自燃并降尘，就可节约这部分直接用水。

（4）矸石堆蕴含大量热量，如果能将该部分热量提取以取代供暖公司部分供热，可削减原供热用水所消耗的间接用水。按照山西省用水定额第 2 部分：工业用水定额（DB14/T 1049.2—2021）（表 5.4），火电纯发电和热电联产两类对比用定额项 0.1m³/（MW·h），如果以小于 300W 的空冷发电用水定额先进值 0.32m³/（MW·h）为基准，可节水 31.2%；普通值 0.80m³/（MW·h）为基准，可节水 12.5%。

该专利提出将矸石热再利用，既可以有效改善露井联采矿区热供给结构，大量替代取热锅炉，削减生产与生活锅炉用水，提高单位产量用水效率，又可以削减预防矸石堆自燃的石灰乳用量，进而减少矸石淋滤液和锅炉浓盐水对水环境的纳污量，还可以减少碳化物和硫化物排放，提高大气环境质量。该专利新技术如果在示范区使用，可以削减用水量，降低用水足迹，提高单位产品用水效率。

总的来说，加强水资源管理，优化配置区域水资源量，减少新鲜取水量，增加复用水的使用率、减少排放量等措施能够提高区域循环用水效率，是减少区域总水足迹的主要驱动力，除了新鲜水的直接取用消耗之外，区域能源、电力消耗输入的潜在水资源数量也相当可观，应该考量区域的节能潜力，以减少能耗间接带来的水足迹贡献。

表 5.4   山西省电力生产用水定额表 (DB14/T 1049.2—2021)

分类代码	类别名称	机组冷却形式	机组容量	单位	用水定额	
441	电力生产	空气冷却	<300MW	m³/(MW·h)	领跑值	0.29
					先进值	0.32
					通用值	0.80
			300~600MW 级	m³/(MW·h)	领跑值	0.23
					先进值	0.30
					通用值	0.57
			≥600MW 级	m³/(MW·h)	领跑值	0.17
					先进值	0.27
					通用值	0.49
		循环冷却	<300MW	m³/(MW·h)	领跑值	1.50
					先进值	1.83
					通用值	2.80
			300~600MW 级	m³/(MW·h)	领跑值	1.50
					先进值	1.71
					通用值	2.52
			≥600MW 级	m³/(MW·h)	领跑值	1.36
					先进值	1.70
					通用值	2.38
441	电力生产（热电联产机组）	空气冷却	<300MW	m³/(MW·h)	领跑值	0.39
					先进值	0.43
					通用值	0.90
			≥300MW	m³/(MW·h)	领跑值	0.31
					先进值	0.40
					通用值	0.70
		循环冷却	<300MW	m³/(MW·h)	领跑值	1.70
					先进值	2.00
					通用值	2.90
			≥300MW	m³/(MW·h)	领跑值	1.60
					先进值	1.90
					通用值	2.60

注 电力生产按发电量计算用水量。

第6章 露井联采矿区水资源高效利用动态跟踪评价体系

生命周期理论着眼于研究整个生命过程，是针对于功能单元的相对方法，对于多个过程和环节的系统有相对于其他分析方法的优势。生命周期理论的内涵与可持续性的核心思想不谋而合。相关研究的应用需求成为方法学发展的助推器。LCSA应用对象趋于多元化，视野逐渐从单一的产品生产制造，拓展到资源能源开发、工业园区、社会政策、工艺技术以及工程项目等具有系统性质的评价对象。借鉴生命周期可持续性评价理论，建立评价体系，能够提高评价的准确性和全面性。

本章基于生命周期可持续性评估（LCSA）理论综合煤矿水资源生命周期的资源消耗、经济性、技术性能、社会影响和环境影响五个维度指标，定义其所处的复杂系统的边界及范围，建立合理、适用的煤矿水资源生命周期综合评价模型，利用多目标决策分析方法（MCDM），即CW-VIKOR法解释评价结果，分析水资源生命周期的可持续性。

6.1 评价指标选取原则

为保证评价的科学性与准确性，评价指标的选取应遵循全生命周期、定量与定性指标相结合、可操作性、客观准确性四项原则。

6.1.1 全生命周期原则

煤矿水资源供用体系中水资源分配、节水减污技术、相关工艺流程及装备系统，链条长、环节多，表征指标复杂多变。评价指标的选取主要基于清单分析的方法，考虑煤矿水资源取水、配水、利用、排水、水处理、循环复用/废弃各阶段的主要影响因素，体现评价的全面性，建立一个具有综合性、整体性的评价指标体系。

6.1.2 定量与定性指标相结合原则

构建评价指标体系时应最大程度的标准化、定量化，以便客观地进行评价比较。对于某些影响比较大却无法定量描述的因子，需选取定性指标表述。水资源置于复杂系统中，煤矿水资源利用体系涉及多目标、多层次、多属性。因此，评价指标的筛选需要同时考虑定量指标与定性指标。

6.1.3 可操作性原则

构建评价指标体系时，首先在满足评价目标的前提下，需要充分考虑数据的可靠性、可获得性及普适性，同时保证指标度量的方便性。

6.1.4　客观准确性原则

评价指标的选取应当充分体现评价的目的，并且包含资源消耗、环境影响、经济效益、技术性能、社会影响等五个维度，尽可能准确地反映水资源生命周期利用中每个方面存在的问题，但指标又不能太细、太庞杂，要避免各指标间可能存在重复性或不可操作性的问题。所以，具有准确性、代表性的指标才能对生产实践具有指导意义。

6.2　目标与范围的确定

LCA 的目标与范围定义阶段有三个主要的功能，同样适用于 LCSA。

6.2.1　明确研究目标

以煤矿水资源生命周期的可持续性为总体研究目标，集成煤矿水循环系统的各阶段涉及因素，进行煤矿水资源生命周期可持续性综合评价。识别影响企业水资源可持续性的重要因素，尝试以生命周期可持续性的视角评估矿区水资源效用值。

6.2.2　功能单元

为了便于直观的识别、量化和综合评价企业水资源可持续性，定义包含资源消耗、经济效益、技术性能、社会影响和环境影响五个维度的水系统年运行状况为功能单元，功能单元明确的、可测量的计量单位为 1 年，所有的输入和输出均基于此功能单元。

6.2.3　系统边界

定义系统边界包括物理边界、地理空间和时间序列。物理边界为矿区水资源生命周期的取水、配水、利用、排水、水处理、循环复用/废弃六个阶段；以安太堡-安家岭区域为地理空间边界；以 2015—2020 年为时间边界。研究目的为评估企业用水资源的动态可持续性，重点考虑系统运行阶段的影响。研究区给排水系统中各级管网泵站、污水处理站建设拆除和机械设备生产的原材料消耗不予考虑。基于此，研究的系统边界如图 6.1 所示。

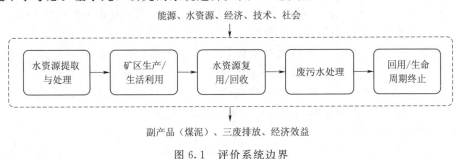

图 6.1　评价系统边界

6.3 生命周期可持续性评价清单

生命周期评价的技术框架中，清单分析是 LCSA 评估量化的开始和中心环节，衡量评价指标是否涵盖各个主要环节，直接体现评价的科学性、严密性、完整性。数据之间的关联性较差，缺乏代表性将导致评价结果精确性降低。需要根据数据资料的可用性、可获得性和完整性不断调整分析清单。本书研究对象主要针对矿区水资源生命周期所在的循环系统，基础数据的获取源于研究区 2015—2020 年相关资料、统计数据以及相关参考文献。

6.3.1 环境影响清单

1. 清单数据

从生命周期角度出发，系统环境影响主要源于直接或间接环境排放。煤矿水资源生命周期所在系统环境污染物的排放主要来源于电力生产、废水排放和生活污泥填埋处置。废污水排放数据源自企业统计数据。关于上游火电生产和下游生活污泥填埋处置产生的相关污染物及排放量数据采集自文献。具体清单数据见表 6.1 和表 6.2。

表 6.1　　　　　　　　　　　电力供应污染物排放量　　　　　　　单位：kg/(kW·h)

污染物	排放量	污染物	排放量
CO_2	1.05E+00	Cd	2.19E-08
CH_4	1.07E-05	Hg	3.59E-08
N_2O	1.54E-05	As	1.74E-07
SO_2	2.09E-03	Cr	1.13E-09
NO_x	2.30E-03	Cu	1.23E-07
CO	1.17E-03	Ni	1.23E-07
PM10	2.06E-04	Se	5.66E-07
Pb	1.84E-07	Zn	5.17E-08

表 6.2　　　　　　　　生活污泥填埋对不同环境的污染影响清单　　　　　　　单位：kg/t

大　　气		水　　体		土　　壤	
污染物	排放量	污染物	排放量	污染物	排放量
CO_2	49.62	COD	0.13	固废	750
CH_4	14.87	TN	9.00E-03	Hg	8.00E-04
N_2O	1.00E-03	TP	1.00E-03	Pb	4.00E-02
NO_x	0.13	NH_3-N	6.00E-03	Cd	2.00E-03

大　气		水　体		土　壤	
污染物	排放量	污染物	排放量	污染物	排放量
SO_2	0.03	Hg	3.00E－07	Ni	7.00E－03
CO	0.02	Pb	2.00E－05	Zn	4.00E－01
HC	2.00E－03	Cd	8.00E－07	Cu	4.00E－02
PM10	5.00E－03	Ni	6.00E－06	Cr	6.00E－02
H_2S	6.00E－03	Zn	6.00E－05	Sn	5.00E－03
NH_3	4.00E－03	Cu	7.00E－06		
		Cr	8.00E－06		
		Sn	5.00E－03		

2. 环境影响分类

荷兰莱顿大学环境科学中心开发的 CML 2001 中间点类型方法（Mid－Point）将影响类型分为三大类：①材料和能源的消耗，包含非生物和生物资源；②环境污染，包含酸化、富营养化、生态毒性、人体毒性和温室效应的加强；③环境损害。本章选取该模型方法中的全球变暖、酸化、富营养化、人体毒性四种类型研究分析。表 6.3 是具体的环境影响分类及污染物来源。

表 6.3　　　　　　　　　　　环境影响分类及污染物来源

环境影响分类	相关污染物	来　源
全球变暖	CO_2	电力供应、污泥处置
	CH_4	电力供应、污泥处置
	NO_x	污泥处置
	N_2O	污泥处置
酸化	SO_2	电力供应、污泥处置
	NO_x	污泥处置
	NH_3	污泥处置
水体富营养化	COD	废水排放、污泥处置
	$NH_3－N$	废水排放、污泥处置
	BOD_5	废水排放
	TP	污泥处置
	TN	污泥处置
人体毒性	CO	电力供应、污泥处置
	NO_x	电力供应、污泥处置
	重金属（Hg、Cr、Pb 等）	电力供应、污泥处置

3. 环境影响特征化

考虑系统废气、废水、固废排放的环境污染，LCA 清单数据采用当量系数法。从以下环境影响类别进行特征化处理：全球变暖（GWP）、酸化（AP）、水体富营养化（EP）、人体毒性（HTP）。

（1）全球变暖。CO_2、N_2O 和 CH_4 等温室气体的排放导致温室效应增加。采用当量系数法，以 CO_2 当量为参照进行折算得到全球变暖潜值，如式（6.1）

$$GWP = \sum_i \delta_i \times M_{GWP}\qquad(6.1)$$

式中　GWP——全球变暖潜值，$kgCO_2\,eq$；

　　　δ_i——温室气体 i 全球变暖潜力系数，$kgCO_2\,eq/kg$；

　　　M_{GWP}——温室气体 i 排放质量，kg。其中 GWP 潜力系数参考 CML 2001 - Jan. 2016 方法（表 6.4）。

表 6.4　　　　　　　　　　　　GWP 污染物及潜力系数

污染物	CO_2	CH_4	N_2O	CO
潜力系数	1	28	265	0.027

（2）酸化。酸化潜势指大气酸化污染物排放形成酸雨的潜在能力。将 SO_2、NO_x、NH_3 等可能形成酸雨的污染物，以 SO_2 当量为参照进行折算得到酸化潜值，如式（6.2）

$$AP = \sum_i \varepsilon_i \times M_{AP}\qquad(6.2)$$

式中　AP——酸化潜值，$kgSO_2\,eq$；

　　　ε_i——污染物 i 的酸化潜力系数，$kgSO_2\,eq/kg$；

　　　M_{AP}——酸化污染物 i 的排放质量，kg。其中 AP 潜力系数参考 CML 2001 - Jan. 2016 方法（表 6.5）。

表 6.5　　　　　　　　　　　　AP 污染物及潜力系数

污染物	SO_2	NO_x	NH_3
潜力系数	1	0.5	1.6

（3）富营养化。氮磷营养物排入水体引起藻类快速繁殖，消耗水体溶解氧，造成富营养化的现象。以 PO_4^{3-} 当量为参照进行折算得到富营养化潜值，如式（6.3）

$$EP = \sum_i \lambda_i \times M_{EP}\qquad(6.3)$$

式中　EP——富营养化潜值，$kgPO_4^{3-}\,eq$；

λ_i——富营养化潜力系数，$kgPO_4{}^{3-} eq/kg$；

M_{EP}——污染物 i 排放质量，kg。其中 EP 潜力系数参考 CML 2001 - Jan. 2016 方法（表 6.6）。

表 6.6　　　　　　　　　　**EP 污染物及潜力系数**

污染物	COD	NH$_3$ - N	BOD$_5$	TP	TN
潜力系数	0.022	3.64	0.022	3.06	0.42

（4）人体毒性。人体毒性是指人类在毒性气体、重金属和粉尘等有毒物质的环境中受到身体受到损害的潜在可能。将所有造成人体毒性的潜在污染物转化成以 1，4 -二氯苯（1，4 - Dichlorobenzene）为参照的等量毒性，如式（6.4）

$$HTP = \sum_i \beta_i \times M_{HTP} \tag{6.4}$$

式中　HTP——人体毒性潜值，kg；

　　　β_i——人体毒性影响潜力系数，kg1，4 - DCBeq/kg，其中包括在空气、水体和土壤中单位质量 i 污染物的人体毒性潜力系数；

　　　M_{HTP}——有毒污染物 i 排放质量，kg。其中 HTP 潜力系数参考 CML2001 - Jan. 2016 方法（表 6.7）。

表 6.7　　　　　　　　　　**HTP 污染物及潜力系数**

大气污染物	CO		NH$_3$		NO$_X$			PM10		
潜力系数	0.012		0.1		1.2			0.82		
水体污染物	Hg	Pb	Cd	Ni	Zn	Cu	Cr	Sn	As	Se
影响潜值	1425.6	12.26	22.89	331.08	0.58	1.34	3.42	0.017	951	56011
土壤污染物	Hg	Pb	Cd	Ni	Zn	Cu	Cr	Sn		
潜力系数	1080.54	293.3	66.68	198.17	0.42	1.25	500	0.52		

4. 环境影响指标标准化

为比较水系统运行过程中不同类型环境影响结果的大小，需要归一化处理特征化结果，标准化计算公式见式（6.5）。

$$N_i = \frac{C_i}{S_i} \tag{6.5}$$

式中　N_i——影响指标标准化结果；

　　　C_i——影响指标特征化结果；

　　　S_i——标准化基准值。标准化基准采用 CML 2001 法中标准化基准值（表 6.8）。

表 6.8   CML 2001 法标准化基准值

影 响 类 型	标准化基准值	单 位
气候变化（100a）Climate change（GWP100a）	4.15E+13	$kgCO_2 eq$
酸化 Acidification potential – generic	3.35E+11	$kgSO_2 eq$
富营养化 Eutrophication potential – generic	1.32E+11	$kgPO_4 eq$
人体毒性（100a）Human toxicity（HTP100a）	5.67E+13	kg1，4 – DCBeq

6.3.2 资源消耗清单

水资源作为评价系统投入的主要"原材料"，水资源生命周期评价与资源消耗的问题体现在新鲜水占有量、水资源开发利用程度、用水水平等方面，是影响水资源系统健康可持续性评价的重要"主角"，本章将其单独列为资源维度指标，纳入水资源生命周期综合评价。选取"水资源利用率""新鲜水占供水比例""工业用水重复利用率""万元工业增加值用水量"四个指标进行水资源利用效率评价。为了避免重复性计算，在环境中考虑了电力资源消耗产生的影响，故在资源清单中不再考虑吨水耗电量指标。

"水资源利用率"反映水资源开发利用程度，是区域用水总量占水资源可利用总量的百分比。

$$U_{ti} = \frac{S_{ur} + G_{rd} + C_{yc}}{T_{oi}} \times 100\% \qquad (6.6)$$

式中　U_{ti}——水资源利用率，%；

　　　S_{ur}——引黄水利用量，m^3；

　　　G_{rd}——地下水利用量，m^3；

　　　C_{yc}——再生水回用量，万 m^3；

　　　T_{oi}——区域可供使用的水资源总量，m^3。

"新鲜水占供水比例"是指企业各用水单元新鲜用水量的总和占供水总量的比例，反映企业运营对引黄水和地下水的依赖程度。

$$S_{up} = \frac{S_{ur} + G_{rd}}{T_{sup}} \times 100\% \qquad (6.7)$$

式中　S_{up}——新鲜水占供水比例，%；

　　　T_{sup}——供水总量，m^3；其余释义同上。

"万元工业增加值用水量"是指工业用水量与区域万元工业增加值的比值，从工业层面反映区域水资源利用的效率。

$$I_{avw} = \frac{I_{wc}}{I_{av}} \qquad (6.8)$$

式中　I_{avw}——万元工业增加值用水量，m^3；

I_{wc}——工业用水量，m^3；

I_{av}——万元工业增加值，万元。

"工业用水重复利用率"是指企业复用水回用量占用水总量的百分比。

$$U_{re} = \frac{C_{yc}}{T_{sup}} \times 100\%$$ (6.9)

式中　U_{re}——工业用水重复利用率，%；其余释义同上。

6.3.3　经济性清单

生命周期成本核算（LCC）通常被分为内部成本和外部成本，内部成本包括原材料购进、基础设施投入、机械装备维修、人工劳务、利息等费用，外部成本包括生态环境修复补偿、人体健康成本等与环境相关的成本。本次不考虑固定资产投资成本，将经济清单划分为资源购置成本、运行维护成本和经济效益三种类型考虑水资源所在系统的经济性。

1. 资源购置成本

资源购置成本是系统运行过程中需要购置的清水资源费用。

2. 运行维护成本

运行维护成本是指矿区清水系统、生活及工业水系统、井下水系统和复用水系统等吨水运行过程中所支出的电费、材料费、成本工程费、外委维修费、安全费、通勤费、业务承包费和人工费的总和。

$$C_2 = \frac{\sum P_i}{Q}$$ (6.10)

式中　C_2——系统运行成本；

P_i——第 i 项费用；

Q——系统运行和处理总的水量。

3. 经济效益

经济效益包括企业通过中水调配回用工程节约的外购水资源费和企业污废水经过自有污水处理厂处理达标外排富余水量所免缴纳的水污染物环境保护税。

$$C_3 = C_{re} + C_{tax} = PQ + \frac{eq}{V_p}T$$ (6.11)

式中　C_3——系统经济效益；

C_{re}——节省水资源费用；

C_{tax}——免缴纳环境保护税；

P——引黄水的价格；

Q——水资源回用量；

eq——污染物当量指标；

V_p——出水水质浓度；

T——环境保护税。

引黄水的价格为 3.903 元。污染物当量指标参照《应税污染物和当量值表》，SS 为 4kg，COD 为 1kg，NH_3-N 为 0.8kg，BOD_5 为 0.5kg。依据《关于山西省大气污染物和水污染物环境保护税适用税额的决定》，水污染物每污染当量环境保护税为 2.1 元。

6.3.4 技术性能清单

技术性能指标是评价系统运行工艺的重要部分，设备的运行工艺稳定、操作复杂程度适宜表征系统可持续能力越强。研究区水系统管网及水处理设施装备多、链条长、联系错综复杂，本书选取定量指标"年均水力负荷""悬浮物去除量""COD 去除量""NH_3-N 去除量"和定性指标"工艺稳定性"分别进行数量衡量和客观描述。

"年均水力负荷"为年实际污水处理总量与年设计总污水处理量的百分比，反映水处理设施满足污水处理情况。

通过调查分析，污染物去除率不能全面地反映处理工艺去除污染物的效果，因此选取悬浮物、COD、NH_3-N 等 3 个特征污染物的去除量表征水处理过程中削减污染物的能力。

"工艺稳定性"是表征水系统对于水量和水质变化的适应能力，是定性指标，依据表 6.9 评分标准量化。

表 6.9 评 分 标 准

评价指标	10～8	8～6	6～4	4～2	2～0
工艺稳定性	强	稍强	一般	弱	较弱

6.3.5 社会影响清单

水资源生命周期社会影响评价旨在评价潜在或实际社会影响。劳动就业是民生之本，是全球瞩目的社会性问题，企业提供充分的就业机会是保障社会可持续发展的重要基础。同时矿区给排水系统的运维管理、发展规划及建设项目配套设施和工程管理等工作的成效与社会效益密切相关。因此，本书采用水资源所在系统运行过程中"贡献劳动岗位"作为社会子系统的评价指标。同时以"管理体系完善度""环境法律法规标准"等法律法规和规章制度指标体现社会管理层面在完善企业管理、改进环境行为、提升可持续发展水平而制定的约束机制。

"贡献劳动岗位"是指企业的清水系统、井下水处理系统、工业及生活污水处理系统、复用水系统运行所投入的劳动岗位的数量。

"管理体系完善度"是指企业水资源系统是否健全的管理机构与管理制度，对水量数据（用水、排水）和水质指标（进水、出水）进行在线动态监测，并保存完整的原始运行日志，具有完备的应急方案和应急能力等。

"环境法律法规标准"是指水资源系统生产运行是否符合国家和地方环境法律法规，污染物是否按照行业、地方和国家的有关规定进行达标排放、排污许可与总量控制是否符合管理要求等。以上定向指标采用表 6.10 中评分标准量化。

表 6.10 评 分 标 准

评价指标	10～8	8～6	6～4	4～2	2～0
管理体系完善度	十分完善	完善	一般完善	不完善	差
环境法律法规标准	十分符合	符合	一般符合	不符合	差

6.4 基于 CW－VIKOR 法水资源生命周期可持续性综合评价

以大型露井联采煤矿水资源生命周期可持续性为最终研究目标，运用清单分析方法，对矿区水资源所在系统进行全面的输入、输出分析，构建评价指标集，包含资源消耗、经济性、技术性能、社会影响和环境影响 5 个子系统，共选取了 19 个评价指标。对指标进行相关度和功能聚合，将涉及相同方面的相似指标放于一个子系统之中（表 6.11）。

表 6.11 安太堡-安家岭区域水资源生命周期可持续性评价体系

目标层（A）	准则层（B）	指标层（C）	指标方向	指标性质
水资源生命周期可持续性（A）	资源消耗（B1）	水资源利用率（C11）	负	定量指标
		新鲜水占供水比例（C12）	负	定量指标
		万元工业增加值用水量（C13）	负	定量指标
		工业用水重复利用率（C14）	正	定量指标
	经济性（B2）	资源购置成本（C21）	负	定量指标
		运行成本（C22）	负	定量指标
		经济效益（C23）	正	定量指标
	技术性能（B3）	年均水力负荷（C31）	负	定量指标
		工艺稳定性（C32）	正	定性指标
		悬浮物去除量（C33）	正	定量指标
		COD 去除量（C34）	正	定量指标
		氨氮去除量（C35）	正	定量指标
	社会影响（B4）	贡献劳动岗位（C41）	正	定量指标
		环境法律法规标准（C42）	正	定性指标
		管理体系完善度（C43）	正	定性指标

目标层（A）	准则层（B）	指标层（C）	指标方向	指标性质
水资源生命周期可持续性（A）	环境影响（B5）	全球变暖（C51）	负	定量指标
		水体富营养化（C52）	负	定量指标
		酸化（C53）	负	定量指标
		人体毒性（C54）	负	定量指标

根据清单分析的评价指标建立层级评价模型，进行定量和定性评价，评价的步骤包含：①分类，进行评价指标类型划分；②特征化，对每一影响类别中的不同评价指标进行汇总，转换为统一计算单元；③量化，运用博弈论中的纳什均衡模型对主观、客观权重进行优化组合赋权；④生命周期评价，运用 CW - VIKOR 法评价区域水资源生命周期可持续性的综合效用值。具体评价方法如下所述。

6.4.1 标准化数据

为消除变量的量纲不一致问题运用极差标准化法进行处理，从而得到标准化的决策矩阵 $Y = [y_{ij}]_{mn}$，标准化后的数据信息 y_{ij} 的计算公式为

属性为正向指标：
$$y_{ij} = \frac{x_{ij} - x_{ij}^{\min}}{x_{ij}^{\max} - x_{ij}^{\min}} \tag{6.12}$$

属性为逆向指标：
$$y_{ij} = \frac{x_{ij}^{\max} - x_{ij}}{x_{ij}^{\max} - x_{ij}^{\min}} \tag{6.13}$$

式中　y_{ij} ——方案 i 中评价指标 j 归一化处理后的数据；

　　　x_{ij} ——方案 i 中评价指标 j 的原始数据。

$x_{ij}^{\max}$、$x_{ij}^{\min}$ ——评价指标 j 的原始值的最大值和最小值。

6.4.2 融合权重的确定

传统的单一权重确定方法抹杀了指标初始平等特征。本书采用层次分析法（AHP）和 CRITIC 法计算矿区水资源评价指标体系中各指标的权重，并根据博弈论（Game Theory）方法确定最终融合权重。该方法将主观与客观权重相融合，可提高评价结果的科学性和可靠性，其基本思想是尽可能使不同方案之间的偏差最小化，获取不同权重值的妥协解。具体方法如下所述。

1. 层次分析法（AHP）确定权重

层次分析法能够识别评价要素之间的隶属关系，形成严明的逻辑结构，有效地避免指标间信息重叠的问题。决策按照层次划分，将复杂问题次序化为单一问题，评价因素的重要性顺序由专家咨询小组进行两两对比，建立判断矩阵 A。计算定量化描述后检验矩阵 A 的一致性，CR<0.1 则判定矩阵的一致性通过检验，否则需要对矩阵进行修正。该方法缺点是主观性较强，计算结果可能

偏离实际。该方法应用步骤如下：

（1）构建判断矩阵。对 n 项评价指标有 $n_i(i=1, 2, \cdots, n)$ 和 $n_j(j=1, 2, \cdots, n)$，由此构成含有 a_{ij} 的 n 阶矩阵 A：

$$A = \begin{bmatrix} a_{11} & \cdots & a_{1n} \\ \vdots & & \vdots \\ a_{n1} & \cdots & a_{nn} \end{bmatrix}$$

表 6.12 是判断矩阵的标度和释义。

表 6.12　　　　　　　　　　　判断矩阵的标度和释义

标　度	释　义	标　度	释　义
1	两因素同等重要	7	前因素比后因素强烈重要
3	前因素比后因素稍微重要	9	前因素比后因素极端重要
5	前因素比后因素明显重要	2、4、6、8	上述相邻判断的中值

（2）权重向量。依据建立的判断矩阵，计算得到矩阵最大特征值和特征向量，本书采取方根法计算，从而求得特征向量的分量，即为权重值 W。

计算矩阵 A 特征向量 W_i 的分向量 $\overline{M_i}$：

$$\overline{M_i} = \Big[\prod_{i=1}^{n} a_{ij}\Big]^{\frac{1}{n}} \quad (i, j = 1, 2, \cdots, n) \tag{6.14}$$

将 $\overline{M_i}$ 进行归一化处理得到权重向量 W_i：

$$W_i = \frac{\overline{M_i}}{\sum\limits_{i=1}^{n} \overline{M_i}} \quad (i = 1, 2, \cdots, n) \tag{6.15}$$

根据 W_i 和 A 计算得出最大特征根值 $\lambda_{\max}$：

$$\lambda_{\max} = \frac{1}{n} \sum_{i=1}^{n} \frac{(AW)_i}{W_i} \tag{6.16}$$

（3）一致性检验。进行层次排序一致性检验，利用平均随机一致性指标 RI 见表 4.13，计算所得验证系数 CR，如式（6.17）：

$$CR = \frac{CI}{RI} = \frac{\lambda_{\max}}{n-1} / RH \tag{6.17}$$

式中　n——单层次参与评价指标数。

表 6.13　　　　　　　　　　　一　致　性　指　标　RI

矩阵阶数	1	2	3	4	5	6	7	8	9	10
RI	0	0	0.58	0.90	1.12	1.24	1.32	1.41	1.45	1.49

2. CRITIC 法确定权重

CRITIC 法是基于指标间的变异性和冲突性来处理客观权重的方法。以标准差来反映数据信息的变异程度，样本数据所含的信息量越大，标准差越大。相关系数的大小和正负表征指标间的冲突性，样本信息正相关系数越大则冲突性越小，评价指标反映的信息差异小，指标的权重越小。CRITIC 遵照实测数据赋予指标不同权重，不受主观因素的影响，缺点是容易受到实测误差的影响，以及实测过程中某种特殊原因产生指标极大值导致赋权结果失真。

（1）确定不同指标的标准差 σ：

$$\sigma = \sqrt{\frac{1}{m} \sum_{i=1}^{m} (a_i - \bar{a})^2} \qquad (6.18)$$

式中　m——同一指标的样品数量；

　　　a_i——第 i 个样品的指标值；

　　　$\bar{a}$——m 个样品的平均值。

（2）确定指标 a 和 b 之间的冲突性代表值 ρ_{ab}：

$$\rho_{ab} = \frac{\sum_{i=1}^{m} (a_i - \bar{a})(b_i - \bar{b})}{\sqrt{\sum_{i=1}^{m} (a_i - \bar{a})^2} \sqrt{\sum_{i=1}^{m} (b_i - \bar{b})^2}} \qquad (6.19)$$

$$\eta_{ab} = 1 - \rho_{ab} \qquad (6.20)$$

式中　ρ_{ab}——a 和 b 的相关系数；

　　　b_i——第 i 个样品的指标值；

　　　$\bar{b}$——m 个样品的平均值；

　　　η_{ab}——a 和 b 之间的冲突性代表值。

（3）依据式（6.21）计算信息量：

$$G_i = \sigma \sum_{i=1}^{m} (1 - \rho_{ij}) \qquad (6.21)$$

式中　ρ_{ij}——第 i 个指标和第 j 个指标的相关系数值。

（4）依据式（6.22）计算指标 i 的权重值：

$$W_i = \frac{G_i}{\sum_{i=1}^{n} G_i} \qquad (6.22)$$

3. 博弈论计算融合权重

博弈论融合赋权法以纳什均衡为基础，最小化主观随意性和客观绝对性，使不同赋权法所得权重之间相平衡，是一个集成比较和协调的过程，为寻找两者的一致和妥协解。该方法既能削弱主观随意性，又能全方位地考虑各个指标间的固有信息，是科学性和合理性相对较强的指标赋权法。融合赋权步骤如下：

（1）首先 L 种指标权重组成的向量为

$$u(k) = \{u_{k1}, u_{k2}, \cdots, u_{kn}\} \quad (k = 1, 2, \cdots, L) \tag{6.23}$$

（2）L 个权重向量的线性组合为

$$u = \sum_{k=1}^{L} \alpha_k u_k^T \tag{6.24}$$

其中：$\alpha = \{\alpha_1, \alpha_2, \cdots, \alpha_L\}$ 线性组合系数；u 全体 $\left\{ u \middle| u = \sum_{k=1}^{L} \alpha_k u_k, \alpha_k > 0 \right\}$ 表示构成的可能的权重集。

（3）为了选择 u 中最满意的权重，优化式（6.24）线性组合系数 α_k，使 u 和 u_k 的离差值最小化，寻求不同权重之间的一致与妥协，即目标函数为

$$\min \left\| \sum_{k=1}^{n} \alpha_k u_k^T - u_k^T \right\|, \ k = 1, 2, \cdots, L \tag{6.25}$$

（4）由矩阵微分性质得出式（6.25）的最优化一阶导数条件为

$$\sum_{j=1}^{L} \alpha_j u_i u_j^T = u_i u_i^T \quad (i = 1, 2, \cdots, L) \tag{6.26}$$

对优化组合系数 $(\alpha_1, \alpha_2, \cdots, \alpha_L)$ 归一化处理，可得 $\alpha^* = \alpha_k / \sum_{k=1}^{L} \alpha_k$，最终依据式（6.27）得到融合赋权的权重 u^*，即

$$u^* = \sum_{k=1}^{L} \alpha_k^* u_k^T, \ k = 1, 2, \cdots, L \tag{6.27}$$

6.4.3　基于 CW - VIKOR 综合效用排序

排序计算步骤如下：

（1）确定待评价区域各指标的正理想解 P^* 和负理想解 P^-。

$$P^* = \{y^*\} = \max_{i=1}^{n}(y_{ij}) \tag{6.28}$$

$$P^- = \{y^-\} = \min_{i=1}^{n}(y_{ij}) \tag{6.29}$$

其中，y_{ij} 为评价指标归一化值。

（2）计算评价区域水资源群体利益值 S_i 和最大个别遗憾值 R_i。

$$S_i = \sum_{j=1}^{m} \omega_i \frac{y_j^* - y_{ij}}{y_j^* - y_j^-} \tag{6.30}$$

$$R_i = \max_j \omega_i \frac{y_j^* - y_{ij}}{y_j^* - y_j^-} \tag{6.31}$$

其中 ω_i 为博弈论方法确定的融合权重；S_i 越小，表明区域水资源生命周期效用

的群体利益越高；R_i 越小，表明区域水资源生命周期效用的个别遗憾越小。

（3）计算待评估区域水资源生命周期可持续性的综合效用值

$$Q_i = v \frac{S_i - S^-}{S^* - S^-} + (1 - v) \frac{R_i - R^-}{R^* - R^-} \tag{6.32}$$

其中 $S^* = \max_i\{S_i\}$，$S^- = \min_i\{S_i\}$；$R^* = \max_i\{R_i\}$，$R^- = \min_i\{R_i\}$。v 为效用决策系数，用来衡量决策者的主观偏好。$v > 0.5$ 时，代表决策中更偏好总体效用最优的决策；$v < 0.5$，代表决策中更注重选择个体遗憾值最小化的决策；当 $v = 0.5$，代表决策中更注重根据折中的方式决策，不失一般性。本次选取 $v = 0.5$，以折中的方式进行水资源生命周期效用情况评价 Q_i 值越小，则水资源生命周期可持续性的综合效用值越高。

（4）根据 Q_i、S_i 和 R_i 值的大小进行排序，得到三组排序序列，数值最小则效用值最优。

第7章 露井联采矿区水资源高效利用评价与反馈

矿区水系统的取水、配水、利用、排水、水处理、循环利用/废弃过程时刻高度耦合，运转不停。如果将水资源系统拟人化，那么水资源就是系统的血液，供水管网是动脉，排水管网是静脉，给水泵站是心脏，水处理站是肝脏，水库是存储"血液"的脾脏。可见，水资源的可持续健康循环是对生产的保证、生活的保障、生态的保护。本章运用前述所建立的水资源生命周期可持续性评价模型，对大型露井联采矿安太堡-安家岭区域的水资源生命周期动态可持续性展开跟踪评价与持续改进信息反馈研究。

7.1 水资源生命周期清单分析

7.1.1 环境影响清单分析

通过调查水资源生命周期取水、配水、利用、排水、水处理、循环利用/废弃每一阶段的物质和能源基本流，得到水资源生命周期环境影响评价的清单数据，从而量化水资源所在系统的整体环境影响。安太堡-安家岭区域水资源的生命周期环境影响潜力评价的主要数据和假设包含以下3个方面：①水资源所在系统涉及的安太堡引黄净化水厂、刘家口水源地、配水厂、各级管网、安太堡二级泵站、水库泵房、复用水泵房、水处理站的主要能源输入项为电力；电力供应均来自火力发电，这里根据实际用电量数据计算得出上游电力供应产生的环境输出；②污水排放；用水单元排水分别经安太堡终端污水处理站、安家岭生活污水处理站、安家岭终端污水处理站、井工一矿上窑区井下水处理站、井工一矿太西区井下水处理站处理，本书采用以上污水处理站进出水水质监测平均值数据，统计排入安家岭调蓄水库的 COD、NH_3 - N、BOD_5 等污染物的量，作为系统的直接环境输出；③污泥输出，评价区域产生的污泥分为煤泥和生活污泥两种，压滤产生的煤泥被运送至安家岭 1360 煤场指定晾晒点，由煤质运销中心配煤销售。生活污泥被运送至煤矿排土场进行处理，这里只估算生活污泥安全填埋处置产生的环境影响。环境影响清单数据见表 7.1。

表 7.1 环境影响清单数据

序号	名称	单位	2015 年	2016 年	2017 年	2018 年	2019 年	2020 年
1	水资源量	万 m³	753.25	548.99	537.11	492.59	371.31	362.82
2	电力	万 kW·h/a	610.48	556.76	518.18	932.72	583.62	564.33
3	生活污泥	t/a	268.32	201.83	234.15	97.55	235.075	251.235
4	SS 排放	t/a	161.02	52.01	79.97	49.92	29.23	41.38
5	COD 排放	t/a	97.50	34.39	60.38	34.76	20.05	30.15
6	NH_3-N 排放	t/a	4.07	1.42	2.56	1.84	0.85	1.88
7	BOD_5 排放	t/a	43.04	16.68	24.30	16.94	4.81	8.13

7.1.2 环境影响驱动因素分析

在清单分析的基础上,根据 CML 2001 环境影响分类和特征化方法计算得出各种类型环境影响潜值,结果见表 7.2。

表 7.2 环境影响特征化结果

环境影响类型	单位	2015 年	2016 年	2017 年	2018 年	2019 年	2020 年
GWP	$kgCO_2eq$	6.56E+06	5.96E+06	5.57E+06	9.88E+06	6.26E+06	6.07E+06
AP	$kgSO_2eq$	1.98E+04	1.81E+04	1.68E+04	3.02E+04	1.89E+04	1.83E+04
EP	$kgPO_4^{3-}eq$	7.05E+03	7.39E+03	9.63E+03	4.04E+03	3.65E+03	7.69E+03
HTP	$kg1,4-DCBeq$	2.25E+05	2.03E+05	1.91E+05	3.30E+05	2.14E+05	2.08E+05

在全球变暖环境类型中,系统约 97% 以上的全球变暖潜能值伴随着电力消耗而增加。火力发电过程和污泥填埋处理产生的二氧化碳、一氧化二氮和甲烷是全球变暖的主要贡献物质。

在酸化环境类型中,系统约 99% 的酸化潜能值伴随着电力消耗而增加。二氧化硫、氮氧化物和氨气是环境酸化潜力的主要贡献物质。

在富营养化类型中,系统污水处理站排水所产生的环境影响占主导地位,只有很少部分来源于污泥填埋。

在人类毒性环境类型中,94% 以上因电力消耗产生,其余是由生活污泥填埋产生。电力生产过程中排放的可吸入颗粒物、硒、砷和污泥填埋处理产生的铬、铅等是主要贡献物质。

标准化之后的环境影响潜力结果如表 7.3 所示。

表 7.3　　　　　　　　　　环境影响潜力标准化结果

环境影响类型	2015 年	2016 年	2017 年	2018 年	2019 年	2020 年	标准化基准值
GWP	1.58E−07	1.44E−07	1.34E−07	2.38E−07	1.51E−07	1.46E−07	4.15E+13
AP	5.91E−08	5.39E−08	5.02E−08	9.02E−08	5.65E−08	5.47E−08	3.35E+11
EP	5.34E−08	5.60E−08	7.30E−08	3.06E−08	2.77E−08	5.83E−08	1.32E+11
HTP	3.97E−09	3.59E−09	3.37E−09	5.82E−09	3.78E−09	3.67E−09	5.67E+13

总而言之，从生命周期的角度出发，环境影响主要来源包含直接和间接影响，分别为电力消耗、区域排水和生活污泥的填埋处置，其中电力能源消耗产生的环境影响最大，约占 73%，区域排水约占 26%，生活污泥填埋占比约为 1%。影响类型主要为全球变暖、酸化、富营养化和人体毒性等 4 种类型。其中全球变暖的影响潜力最大，约占所有类型的 40% ～ 60%；其次为富营养化和酸化影响，分别占 15% ～ 38% 和 17% ～ 23%；最后为人体毒性的影响，占比为 1%。全球变暖、酸化和人体毒性潜能与系统耗电高度同步。

7.1.3　水资源消耗清单分析

安太堡-安家岭区域水资源生命周期的水资源利用率、新鲜水占供水比例、工业用水重复利用率和万元工业增加用水量等用水指标和用水效率指标使用前文所述方法进行统计。安太堡-安家岭区域水资源消耗情况见表 7.4。

表 7.4　　　　　　　安太堡-安家岭区域水资源消耗情况

年　　份	2015	2016	2017	2018	2019	2020
水资源利用率/%	60.61	56.52	61.28	65.00	64.28	60.85
新鲜水占供水比例/%	62.31	54.48	46.35	41.34	32.35	34.42
工业用水重复利用率/%	37.69	45.52	53.65	58.66	67.65	65.58
万元工业增加值用水量/m³	21.05	23.15	18.21	16.11	19.63	20.68

7.1.4　经济性清单分析

经济性指标主要选取运行成本、水资源购置费和经济效益指标评价。研究区清水系统、生活及工业水系统、井下水系统和复用水系统等 4 大系统吨水运行过程中所支出的电费、材料费、成本工程费、外委维修费、安全费、通勤费、业务承包费和人工费之和构成系统运行成本。为了使评价结果具有可比性，这里假设研究区 2015—2017 年情况同样受《关于山西省大气污染物和水污染物环境保护税适用税额的决定》约束，按照安家岭终端水处理站出水水质和复用水回用量计算区域节省的环境保护税费。其余指标采用前文中的方法进行处理。安太堡-安家岭区域水资源生命周期经济性指标值见表 7.5。

表 7.5　　　　　　安太堡-安家岭区域水资源生命周期经济性指标值

年　　份	2015	2016	2017	2018	2019	2020
水资源购置费/元	2462.16	1833.03	1753.02	1547.27	1161.39	1141.88
运行成本/(元/m³)	2.39	2.49	2.18	2.77	2.29	2.32
经济效益/元	1812.75	1904.36	2469.95	2774.82	3088.81	2760.03

7.1.5　技术性能清单分析

对安家岭生活污水处理站、安太堡终端污水处理站、井工一矿上窑区井下水处理站、井工一矿太西区井下水处理站和安家岭终端污水处理站等 5 个污水处理站日常监测污染物的进出水水质数据取平均值。安太堡-安家岭区域水处理技术性能各指标统计结果见表 7.6；安太堡-安家岭区域技术性能综合指标值见表 7.7。

表 7.6　　　　　安太堡-安家岭区域水处理技术性能各指标统计结果

水处理单元	技术指标	2015 年	2016 年	2017 年	2018 年	2019 年	2020 年
安家岭生活污水处理站	年均水力负荷/%	51.74	36.19	53.94	19.35	23.16	26.79
	悬浮物去除量/(t/a)	827.54	587.72	888.39	280.01	213.80	291.69
	COD 去除量/(t/a)	59.11	28.63	59.54	21.50	85.70	37.22
	氨氮去除量/(t/a)	3.77	2.53	3.77	1.16	0.54	0.11
安太堡终端污水处理站	年均水力负荷/%	53.58	63.73	52.22	62.21	36.26	21.34
	悬浮物去除量/(t/a)	371.10	453.40	361.66	385.16	62.37	41.37
	COD 去除量/(t/a)	28.16	26.62	22.43	25.43	37.90	26.99
	氨氮去除量/(t/a)	1.82	1.96	1.39	1.72	1.90	0.31
井工一矿上窑区井下水处理站	年均水力负荷/%	68.32	27.73	37.41	9.03	19.02	28.34
	悬浮物去除量/(t/a)	8868.07	3078.89	4218.73	1079.44	1225.28	2177.05
	COD 去除量/(t/a)	187.60	63.85	96.87	25.77	31.21	44.79
	氨氮去除量/(t/a)	2.23	1.07	1.30	0.33	0.85	1.67
井工一矿太西区井下水处理站	年均水力负荷/%	22.51	24.51	28.99	38.72	39.06	38.06
	悬浮物去除量/(t/a)	3405.30	3874.25	4898.50	5252.58	8085.33	27459.57
	COD 去除量/(t/a)	67.85	64.49	68.65	101.45	414.90	572.89
	氨氮去除量/(t/a)	0.76	1.16	1.24	1.71	5.51	9.41
安家岭终端污水处理站	年均水力负荷/%	106.63	98.16	92.11	89.41	77.63	65.86
	悬浮物去除量/(t/a)	8771.60	6005.00	5674.88	6183.61	5839.15	7128.73
	COD 去除量/(t/a)	224.56	209.77	183.21	189.63	175.30	200.74
	氨氮去除量/(t/a)	4.65	4.21	4.29	3.62	6.79	18.98

表 7.7　　　　　　　安太堡-安家岭区域技术性能综合指标值

年　　份	2015	2016	2017	2018	2019	2020
年均水力负荷/%	60.56	50.06	52.93	43.74	39.03	36.08
工艺稳定性/分	6	6	7	8	8	8
悬浮物去除量/(t/a)	22243.61	13999.26	16042.17	13180.80	15425.93	37098.41
COD 去除量/(t/a)	567.28	393.36	430.71	363.78	745.01	882.64
氨氮去除量/(t/a)	13.23	10.93	11.99	8.55	15.58	30.48

7.1.6　社会影响清单分析

研究区工作岗位数量源于对清水系统、工业及生活水处理系统、井下水处理系统和复用水系统的统计数据。针对"环境法律法规标准"和"管理体系完善度"两定性指标依据前文给出的评分标准结合区域实际情况予以赋值、量化。安太堡-安家岭区域社会影响指标值见表 7.8。

表 7.8　　　　　　　安太堡-安家岭区域社会影响指标值

年　　份	2015	2016	2017	2018	2019	2020
贡献劳动岗位/个	199	199	199	232	232	232
环境法律法规标准/分	6	6	7	8	8	8
管理体系完善度/分	6	6	7	8	8	8

7.2　清单因子融合权重的确定

利用 AHP 法和 CRITIC 法分别确定清单分析中评价因子的主观和客观权重，再运用博弈论对主、客观权重进行融合，求得相对均衡和协调的融合权重。水资源生命周期可持续性综合效用评价因子分别为水资源利用率（C11）、新鲜水占供水比例（C12）、万元工业增加值用水量（C13）、工业用水重复利用率（C14）、水资源购置费（C21）、运行成本（C22）、经济效益（C23）、年均水力负荷（C31）、工艺稳定性（C32）、悬浮物去除量（C33）、COD 去除量（C34）、氨氮去除量（C35）、贡献劳动岗位（C41）、环境法律法规标准（C42）、管理体系完善度（C43）、全球变暖（C51）、水体富营养化（C52）、酸化（C53）、人体毒性（C54）。用 α、β、γ 分别表示 AHP 法、CRITIC 法和博弈论法获得的权重值。

7.2.1　层次分析法确定主观权重

在前文建立的层级结构评价模型的基础上，运用层次分析法将专家决策依照评价标度对指标进行两两比较并打分，构造判断矩阵，求得最大特征根、特征向量，并对判断矩阵进行一致性检验。α_{A-B} 代表准则层（B 层）对目标层（A

层）的权重，α_{B1-C1}、α_{B2-C2}、α_{B3-C3}、α_{B4-C4}、α_{B5-C5} 代表评价指标层（C 层）分别对各准则层（B 层）的权重。表 7.9 是指标对准则层的权重及一致性检验。可以看出，判断矩阵一致性比率 CR 值均小于 0.1，一致性检验结果满足要求。特征向量归一化处理后可作为水资源生命周期可持续性评价指标相对于准则层的权向量。

评价指标层（C 层）对目标层（A 层）的主观权重：$\alpha_{A-C}=$ ｛0.0909，0.0909，0.0909，0.0909，0.0165，0.0826，0.0826，0.0097，0.0766，0.0494，0.0231，0.0231，0.0130，0.0390，0.0390，0.0727，0.0364，0.0364，0.0364｝^{T}。

表 7.9 指标对准则层的权重及一致性检验

层次	判 断 矩 阵						权重	一致性检验
	A	B1	B2	B3	B4	B5	α_{A-B}	
	B1	1	2	2	4	2	0.3636	
	B2	0.5	1	1	2	1	0.1818	
A－B	B3	0.5	1	1	2	1	0.1818	$CR_{A-B}=0$
	B4	0.25	0.5	0.5	1	0.5	0.1818	
	B5	0.5	1	1	2	1	0.0909	
	B1	C1	C2	C3	C4		α_{B1-C}	
	C11	1	1	1	1		0.2500	
B1－C1	C12	1	1	1	1		0.2500	$CR_{B1-C1}=0$
	C13	1	1	1	1		0.2500	
	C14	1	1	1	1		0.2500	
	B2	C5	C6	C7			α_{B2-C}	
	C21	1	0.2	0.2			0.0909	
B2－C2	C22	5	1	1			0.4545	$CR_{B2-C2}=0$
	C23	5	1	1			0.4545	
	B3	C8	C9	C10	C11	C12	α_{B3-C}	
	C31	1	0.2	0.2	0.33	0.33	0.0535	
	C32	5	1	3	3	3	0.4214	$CR_{B3-C3}=$
B3－C3	C33	5	0.33	1	3	3	0.2715	0.0457
	C34	3	0.33	0.33	1	1	0.1268	
	C35	3	0.33	0.33	1	1	0.1268	
	B4	C13	C14	C15			α_{B4-C}	
	C43	1	0.33	0.33			0.1429	
B4－C4	C42	3	1	1			0.4286	$CR_{B4-C4}=0$
	C41	3	1	1			0.4286	

层次	判　断　矩　阵					权重	一致性检验
	B5	C16	C17	C18	C19		α_{B5-C}	
	C51	1	0.5	1	1	0.4000	
B5—C5	C52	0.5	1	2	2	0.2000	$CR_{B5-C5}=0$
	C53	1	0.5	1	1	0.2000	
	C54	1	0.5	1	1	0.2000	

7.2.2　CRITIC 法确定客观权重

通过归一化原始清单数据，得到评价因子标准化决策矩阵（表 7.10）。进而求解评价因子间 Person 相关系数（表 7.11）和标准差（表 7.12），最终确定评价因子的 CRITIC 法客观权重，见表 7.13。

表 7.10　　　　　　　　　　　评价因子标准化决策矩阵

年份	2015	2016	2017	2018	2019	2020
C11	0.5182	1	0.4384	0	0.0847	0.4896
C12	0	0.2615	0.5325	0.6999	1	0.9309
C13	0	0.2615	0.5325	0.6999	1	0.9309
C14	0.2983	0	0.7017	1	0.5	0.3509
C21	0	0.4765	0.5371	0.693	0.9852	1
C22	0.644	0.4744	1	0	0.825	0.7741
C23	0	0.0718	0.515	0.7539	1	0.7423
C31	0	0.4286	0.3113	0.6869	0.8795	1
C32	0	0	0.5	1	1	1
C33	0.3789	0.0342	0.1196	0	0.0939	1
C34	0.3922	0.057	0.129	0	0.7347	1
C35	0.2134	0.1088	0.1569	0	0.3208	1
C43	0	0	0	1	1	1
C42	0	0	0.5	1	1	1
C41	0	0	0.5	1	1	1
C51	0.7704	0.9091	1	0	0.8397	0.8852
C52	0.7769	0.9071	1	0	0.842	0.8884
C53	0.4313	0.3753	0	0.9352	1	0.3242
C54	0.7565	0.9131	1	0	0.8349	0.8783

表 7.11

评价因子间 Person 相关系数

因子	C11	C12	C13	C14	C21	C22	C23	C31	C32	C33	C34	C35	C41	C42	C43	C51	C52	C53	C54
C11	1	-0.589	-0.589	-0.849	-0.408	0.203	-0.773	-0.396	-0.777	0.138	-0.148	0.071	-0.705	-0.777	-0.777	0.598	0.596	-0.656	0.603
C12	-0.589	1	1	0.406	0.974	0.118	0.965	0.936	0.942	0.228	0.545	0.482	0.864	0.942	0.942	-0.112	-0.114	0.408	-0.109
C13	-0.589	1	1	0.406	0.974	0.118	0.965	0.936	0.942	0.228	0.545	0.482	0.864	0.942	0.942	-0.112	-0.114	0.408	-0.109
C14	-0.849	0.406	0.406	1	0.247	-0.310	0.591	0.192	0.633	-0.270	-0.247	-0.274	0.449	0.633	0.633	-0.677	-0.677	0.331	-0.676
C21	-0.408	0.974	0.974	0.247	1	0.096	0.887	0.972	0.866	0.242	0.526	0.515	0.815	0.866	0.866	-0.040	-0.042	0.348	-0.035
C22	0.203	0.118	0.118	-0.310	0.096	1	0.055	-0.052	-0.081	0.334	0.500	0.428	-0.270	-0.081	-0.081	0.893	0.895	-0.545	0.891
C23	-0.773	0.965	0.965	0.591	0.887	0.055	1	0.839	0.968	0.084	0.441	0.315	0.869	0.968	0.968	-0.252	-0.253	0.515	-0.251
C31	-0.396	0.936	0.936	0.192	0.972	-0.052	0.839	1	0.860	0.333	0.574	0.573	0.889	0.860	0.860	-0.149	-0.150	0.440	-0.145
C32	-0.777	0.942	0.942	0.633	0.866	-0.081	0.968	0.860	1	0.219	0.452	0.396	0.929	1.000	1.000	-0.381	-0.381	0.498	-0.381
C33	0.138	0.228	0.228	-0.270	0.242	0.334	0.084	0.333	0.219	1	0.787	0.943	0.269	0.219	0.219	0.303	0.308	-0.323	0.295
C34	-0.148	0.545	0.545	-0.247	0.526	0.500	0.441	0.574	0.452	0.787	1	0.896	0.521	0.452	0.452	0.386	0.390	0.087	0.376
C35	0.071	0.482	0.482	-0.274	0.515	0.428	0.315	0.573	0.396	0.943	0.896	1	0.428	0.396	0.396	0.384	0.387	-0.205	0.378
C41	-0.705	0.864	0.864	0.449	0.815	-0.270	0.869	0.889	0.929	0.269	0.521	0.428	1	0.929	0.929	-0.474	-0.473	0.690	-0.476
C42	-0.777	0.942	0.942	0.633	0.866	-0.081	0.968	0.860	1.000	0.219	0.452	0.396	0.929	1	1	-0.381	-0.381	0.498	-0.381
C43	-0.777	0.942	0.942	0.633	0.866	-0.081	0.968	0.860	1.000	0.219	0.452	0.396	0.929	1	1	-0.381	-0.381	0.498	-0.381
C51	0.598	-0.112	-0.112	-0.677	-0.040	0.893	-0.252	-0.149	-0.381	0.303	0.386	0.384	-0.474	-0.381	-0.381	1	1	-0.637	1.000
C52	0.596	-0.114	-0.114	-0.677	-0.042	0.895	-0.253	-0.150	-0.381	0.308	0.390	0.387	-0.473	-0.381	-0.381	1	1	-0.636	1.000
C53	-0.656	0.408	0.408	0.331	0.348	-0.545	0.515	0.440	0.498	-0.323	0.087	-0.205	0.690	0.498	0.498	-0.637	-0.636	1	-0.639
C54	0.603	-0.109	-0.109	-0.676	-0.035	0.891	-0.251	-0.145	-0.381	0.295	0.376	0.378	-0.476	-0.381	-0.381	1.000	1.000	-0.639	1

注: ＊＊ 在 0.01 级别（双尾），相关性显著。

＊ 在 0.05 级别（双尾），相关性显著。

表 7.12　　　　　　　评价因子间标准差

评价指标	C11	C12	C13	C14	C21	C22	C23	C31	C32	C33
标准偏差	0.46	0.44	0.44	0.44	0.43	0.45	0.47	0.42	0.48	0.45
评价指标	C34	C35	C41	C42	C43	C51	C52	C53	C54	
标准偏差	0.44	0.42	0.50	0.48	0.48	0.46	0.46	0.44	0.46	

表 7.13　　　　　　　评价因子的 CRITIC 法客观权重值

目标层 (A)	准则层 (B)	指标层 (C)	指标层相对于 准则层权重 β_{B-C}	指标层相对于 目标层权重 β_{A-C}
水资源生命 周期可持续性	资源消耗 (0.22)	水资源利用率 (C11)	0.3868	0.0851
		新鲜水占供水比例 (C12)	0.1659	0.0365
		万元工业增加值用水量 (C13)	0.1659	0.0365
		工业用水重复利用率 (C14)	0.2814	0.0619
	经济性 (0.1306)	水资源购置成本 (C21)	0.2726	0.0356
		运行成本 (C22)	0.4096	0.0535
		经济效益 (C23)	0.3178	0.0415
	技术性能 (0.2253)	年均水力负荷 (C31)	0.1642	0.037
		工艺稳定性 (C32)	0.2299	0.0518
		悬浮物去除量 (C33)	0.233	0.0525
		COD 去除量 (C34)	0.1931	0.0435
		氨氮去除量 (C35)	0.1798	0.0405
	社会影响 (0.1651)	贡献劳动岗位 (C41)	0.3725	0.0615
		环境法律法规标准 (C42)	0.3137	0.0518
		管理体系完善度 (C43)	0.3137	0.0518
	环境影响 (0.259)	全球变暖 (C51)	0.2475	0.0641
		水体富营养化 (C52)	0.2479	0.0642
		酸化 (C53)	0.2575	0.0667
		人体毒性 (C54)	0.2471	0.064

7.2.3　博弈论确定融合权重

将 AHP 法和 CRITIC 法获得的主观权重和客观权重得到下式

$$\begin{bmatrix} 0.0689 & 0.0519 \\ 0.0519 & 0.0537 \end{bmatrix} \begin{bmatrix} \alpha_1 \\ \alpha_2 \end{bmatrix} = \begin{bmatrix} 0.0689 \\ 0.0537 \end{bmatrix}$$

计算得到线性组合系数 $\alpha_1 = 0.9073$、$\alpha_2 = 0.1230$。将 α_1、α_2 归一化处理

求得最优权向量组合系数 $\alpha_1^* = 0.8806$，$\alpha_2^* = 0.1194$。最后求得评价指标对目标层的博弈论融合权重为：$\gamma_{A-C} = \alpha_1^* \omega_1 + \alpha_2^* \omega_2 = \{0.0870, 0.0853, 0.0853, 0.0855, 0.0195, 0.0795, 0.0785, 0.0137, 0.0733, 0.0515, 0.0281, 0.0275, 0.0183, 0.0402, 0.0402, 0.0710, 0.0391, 0.0377, 0.0390\}^{\mathrm{T}}$。

同理求得评价指标针对准则层的博弈论融合权重值：$\gamma_{B1-C1} = \{0.3031, 0.2295, 0.2295, 0.2379\}^{\mathrm{T}}$、$\gamma_{B2-C2} = \{0.0355, 0.4747, 0.4897\}^{\mathrm{T}}$、$\gamma_{B3-C3} = \{0.0610, 0.4023, 0.2687, 0.1347, 0.1332\}^{\mathrm{T}}$、$\gamma_{B4-C4} = \{0.1841, 0.4080, 0.4080\}^{\mathrm{T}}$ 和 $\gamma_{B5-C5} = \{0.4036, 0.1983, 0.1997, 0.1984\}^{\mathrm{T}}$。

7.3　水资源生命周期可持续性综合评价

根据 CW-VIKOR 计算步骤，计算得到水资源生命周期可持续性评价指标的正负理想解。根据博弈论法求得的融合权重 γ，分别求出群体利益值 Si、个体遗憾值 Ri、综合效用值 Qi，并根据大小进行排序。以综合效用值 Qi 作为综合评价结果，Qi 值越小，表明水资源生命周期可持续利用情况越好。

7.3.1　各子系统评价结果

1. 资源消耗综合评价

资源消耗指标的正负理想解分别为 $P^* = (1, 1, 1, 1)$，$P^- = (0, 0, 0, 0)$。CW-VIKOR 法对水资源生命周期资源消耗子系统 Si、Ri、Qi 值的计算结果见表 7.14；资源消耗子系统不同年份 Qi 值比较如图 7.1 所示。

表 7.14　　　　　　　　　　资源消耗子系统 Si、Ri、Qi 值

年份	Si	排序	Ri	排序	Qi	排序
2015	0.7157	6	0.1975	2	0.5003	4
2016	0.5264	5	0.2814	4	0.4190	3
2017	0.4563	2	0.2172	3	0.1374	2
2018	0.4864	3	0.3868	6	0.6332	6
2019	0.4947	4	0.354	5	0.5599	5
2020	0.4031	1	0.1974	1	0	1

结果表明，2015—2020 年水资源生命周期资源消耗子系统效用值分别为 0.5003、0.4190、0.1374、0.6332、0.5599 和 0，排序结果 2020 年＞2017 年＞2016 年＞2015 年＞2019 年＞2018 年。水资源利用率、新鲜水占供水比例、工业用水重复利用率和万元工业增加值用水量 4 个指标对于资源消耗综合效用评价的影响程度相当。研究期内 2016 年万元工业增加值用水量最高，导致水资源利用效率不高。2016 年后平朔矿区煤炭主业对于水资源的消耗量减少，万元工

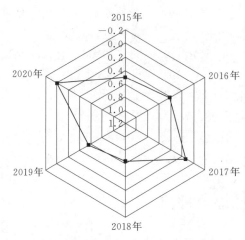

图 7.1　资源消耗子系统不同年份 Qi 值比较

仍然有大量再生水富余。

业增加值用水量下降。

全区域引黄水配额为 500 万 $m^3/$a，地下水资源许可取水量为 401.5 万 m^3/a，再生水可利用量为 931.7 万～1090.3 万 m^3。2015—2020 年水资源利用率维持在 60％以上（2016 年除外），其中引黄水和地下水资源利用率逐年下降，由 62.31％降到 34.42％；再生水回用率逐年上升，由 37.69％增长到 65.58％。总的来说，近年对于地表水的依赖明显减少，而对于地下水依赖程度依旧偏高，尽管再生水回用率有所增加，但

我国工业用水重复利用率的全国平均水平为 89.5％，华北平均水平为 91.5％；万元工业增加值用水量全国平均水平为 45.6m^3，华北地区的平均水平为 15.5m^3。研究区的用水效率近年来不断提高，但工业用水重复用利用率仍然较低，不及全国平均水平，尚有较大的提升空间。万元工业增加值用水量逐渐接近华北地区平均水平。总的来说安太堡-安家岭区域部分用于生产的新鲜水需求逐渐被再生水替代，新鲜水占供水比例和万元工业增加值用水量正逐渐下降。

2. 经济性能综合评价

经济性能指标的正负理想解分别为 $P^* = (1, 1, 1)$，$P^- = (0, 0, 0)$。CW - VIKOR 法对水资源生命周期经济性能子系统 Si、Ri、Qi 值的计算结果见表 7.15；经济性能子系统不同年份 Qi 值比较如图 7.2 所示。

表 7.15　　　　　　　　经济性能子系统 Si、Ri、Qi 值

年份	Si	排序	Ri	排序	Qi	排序
2015	0.6986	5	0.4951	6	0.9796	6
2016	0.7248	6	0.4595	4	0.9569	5
2017	0.2572	3	0.2401	3	0.3275	3
2018	0.6009	4	0.4678	5	0.8705	4
2019	0.0824	1	0.0819	1	0	1
2020	0.2333	2	0.1276	2	0.1728	2

结果表明，2015—2020 年水资源生命周期的经济性能子系统效用值分别为 0.9796、0.9569、0.3275、0.8705、0 和 0.1728，排序结果 2019 年＞2020 年＞

2017 年＞2018 年＞2016 年＞2015 年。运行成本和经济效益指标是影响经济性综合效用的敏感因素。2015—2020 年水系统经济综合效用值大致呈逐年降低趋势，主要原因是通过再生水回用工程免缴纳的环境保护税和节约的水资源外购费构成的经济效益逐年增高。

3. 技术性能综合评价

技术性能指标的正负理想解分别为 $P^* = (1, 1, 1, 1, 1)$，$P^- = (0, 0, 0, 0, 0)$。CW – VIKOR 法对技术性能子系统 S_i、R_i、Q_i 值的

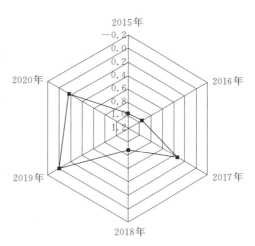

图 7.2　经济性能子系统不同年份 Q_i 值见数

计算结果见表 7.16；技术性能子系统不同年份 Q_i 值比较如图 7.3 所示。

表 7.16　　　　　技术性能子系统 S_i、R_i、Q_i 值

年份	S_i	排序	R_i	排序	Q_i	排序
2015	0.8279	5	0.4854	5	0.9288	5
2016	0.9653	6	0.4854	5	1	6
2017	0.6876	4	0.2503	2	0.6140	4
2018	0.5034	3	0.2844	4	0.5537	3
2019	0.3616	2	0.2577	3	0.4528	2
2020	0	1	0	1	0	1

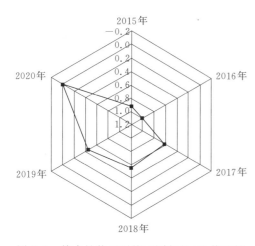

图 7.3　技术性能子系统不同年份 Q_i 值比较

结果表明，2015—2020 年水资源生命周期技术子系统效用值分别为 0.9288、1、0.6140、0.5537、0.4528 和 0，排序结果 2020 年＞2019 年＞2018 年＞2017 年＞2015 年＞2016 年。对于技术性能评价结果影响程度较大的是工艺稳定性指标和悬浮物去除量指标。各污水处理站的水力负荷基本在设计允许范围内，进厂原水中悬浮物为主要污染物。

2017—2018 年技术性能综合评价值相对较低，水系统运行稳定，

139

而 2016 年系统运行状态相对较差。最直观的表现就是预沉调节池煤泥淤积严重，淤积的污泥刮泥机刮不动，污泥泵不能及时抽吸，压滤机压滤不了，预沉调节池和浓缩池需要频繁清掏。主要原因在于安家岭终端污水处理站于 2014 年投运以来运行状态一直较为正常，但 2015 年 11 月后系统频繁出现问题，井工一矿上窑区井下水处理系统因悬浮物高无法排泥而影响运行和出水水质，部分井下排水只能转排至安家岭终端污水处理站处理。2017 年之后随着煤炭产能下降和井二工矿闭井，区域生产产生的污废水量减少，污染物的去除量减少，技术子系统综合效用值随之降低，意味着技术性能的可持续性增加。

矿区对于生活污水的处理情况相对稳定，而工业及井下污水处理情况相对复杂。井下水处理站和安家岭终端污水处理站对于悬浮物的去除率较高，但工艺稳定性较差，主要是由于进水的悬浮物含量较高且不稳定，在一定时间段内甚至远超设计值。安家岭终端污水处理站年均水力负荷较高，且污水来源较为复杂，一部分呈现"点多量少"的特点，如选煤厂的冲洗排水，露维中心的冲洗排水等，还有一些不可控的来源，如雨水冲刷、周边村庄排水等，这些只能通过终端治理统一解决；另一部分呈现"量大集中"的特点，比如井工一矿上窑区的井下排水和来自大西沟的转排污废水等。2019 年矿区为了提升系统运行的稳定性，开展了安家岭区域污水处理系统提标及减排工程，污染物去除量增加，工艺稳定性也得到提升。

4. 社会影响综合评价

社会影响指标的正负理想解分别为 $P^* = (1, 1, 1)$，$P^- = (0, 0, 0)$。CW - VIKOR 法对社会影响子系统 S_i、R_i、Q_i 值的计算结果见表 7.17；社会影响子系统不同年份 Q_i 值比较如图 7.4 所示。

表 7.17　　　　　　　　社会影响子系统 S_i、R_i、Q_i 值

年份	S_i	排序	R_i	排序	Q_i	排序
2015	1	5	0.4066	5	1	5
2016	1	5	0.4066	5	1	5
2017	0.5934	4	0.2033	4	0.5467	4
2018	0	1	0	1	0	1
2019	0	1	0	1	0	1
2020	0	1	0	1	0	1

结果表明，2015—2020 年水资源生命周期社会子系统综合效用值分别为 1.000、1.000、0.5467、0、0 和 0，排序结果 2020 年＝2019 年＝2018 年＞2017 年＞2016 年＝2015 年，社会影响综合效用值稳步下降，总体上系统社会影响方

面持续向好。单从社会影响层面来
说，环境法律法规和管理体系完善
度这两项指标对于社会子系统的影
响程度较为显著。区域管理部门以
建立精干高效、权责清晰、运行流
畅的组织管理体系为目标，各方面
工作协同推进使得区域水资源生命
周期在社会层面做出的贡献和进步
富有成效。

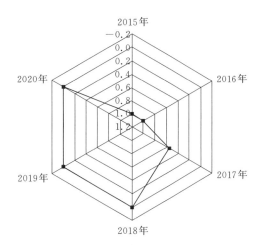

图 7.4　社会影响子系统不同年份 Qi 比较

　　按照环境保护部 2016 年发布
《关于实施工业污染源全面达标排
放计划的通知》（晋环环监〔2016〕
172 号）和山西省环境保护厅 2017

年下达的《关于印发〈山西省工业污染源全面达标排放计划实施方案〉的通
知》（晋环环监〔2017〕40 号）以及朔州市 2017 年制定的《朔州市工业污染
源全面排放计划实施方案》等。为了严格满足污水处理站出水水质达到《城
镇污水处理厂污染物排放标准》（GB 18918—2002）的一级 A 标准，平朔公司
在 2017—2019 年先后设计《安家岭区域污水处理系统提标及减排工程》并且
对给排水系统实施技术改造工程及优化项目，健全系统管理体系，完善区域
环境监管机制。包含这期间为满足达标排放的要求对矿区水系统实施的提质
改造项目，充分增加了就业机会。为完善水资源系统的管理制度，确保管理
工作稳定高效的运行，做到职责分工明确，加强管理人员的业务培训，提高
岗位操作人员的操作技能，以减少设备不必要的磨损，加强用水设施、设备
的日常检查与维护。

　　5. 环境影响综合评价

　　环境影响指标的正负理想解分别为 $P^* = (1, 1, 1, 1)$，$P^- = (0, 0, 0,$
$0)$。CW-VIKOR 法对水资源生命周期环境影响子系统 Si、Ri、Qi 值的计算结
果见表 7.18；环境影响子系统不同年份 Qi 值比较如图 7.5 所示。

表 7.18　　　　　　　　环境影响子系统 Si、Ri、Qi 值

年份	Si	排序	Ri	排序	Qi	排序
2015	0.2992	5	0.1144	2	0.2011	4
2016	0.198	2	0.1257	3	0.144	2
2017	0.2012	3	0.2012	5	0.2596	5
2018	0.8118	6	0.3968	6	1	6

续表

年份	S_i	排序	R_i	排序	Q_i	排序
2019	0.1286	1	0.0636	1	0	1
2020	0.2285	4	0.136	4	0.1818	3

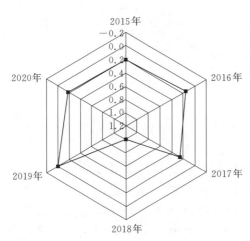

图 7.5　环境影响子系统不同年份 Q_i 值比较

结果表明，2015—2020 年水资源生命周期的环境子系统综合效用值分别为 0.2011、0.144、0.2596、1、0 和 0.1818，排序结果 2019 年＞2016 年＞2020 年＞2015 年＞2017 年＞2018 年。单从环境影响层面来说，全球变暖指标是环境影响综合效用值动态变化的敏感因素，这个指标主要受到区域能源消耗的影响。2018 年随着系统运行负荷的增加以及大量的能源投入，全球变暖、酸化和人体毒性的潜力值贡献大幅提升，导致环境子系统的可持续性最低。2019 年和 2020 年系统稳定性提升后，污染物排放量比之前降低，因此综合效用值也降低。

系统约 97% 以上的全球变暖潜能值和 99% 的酸化潜能值伴随着电力的消耗而增加，其中刘家口水源地、安太堡引黄水厂、各级泵站和配水厂等单元组成的清水系统运行所需的能耗最大。通过降低系统能耗可以有效降低全球变暖和酸化的潜能值。研究区域产生再生水最多的单元为安家岭终端污水站，其次是井工一矿太西区井下水处理站、井工一矿上窑区井下水处理站和安家岭生活污水处理站，最后是安太堡终端污水处理站。再生水的回用不仅能够减少新鲜水资源的投入，还能够有效减少对环境的影响，再生水回用量越大则带入自然水体的污染物量越少，富营养化潜能也越小。尽管系统生活污泥填埋产生的环境影响潜力值相比其他影响因素较小，但众多研究表明，污泥填埋并不是环境友好型处置方式，企业应当寻求一种相对无害化的处置方案。

7.3.2　系统综合评价结果

根据评价指标值及针对总目标的指标权重 γ_{A-C}，综合资源消耗、经济性、技术性能、社会影响和环境影响 5 大维度，由 CW - VIKOR 评价模型得出 2015—2020 年安太堡-安家岭区水资源生命周期可持续性综合效用评价结果见表 7.19 和图 7.6。

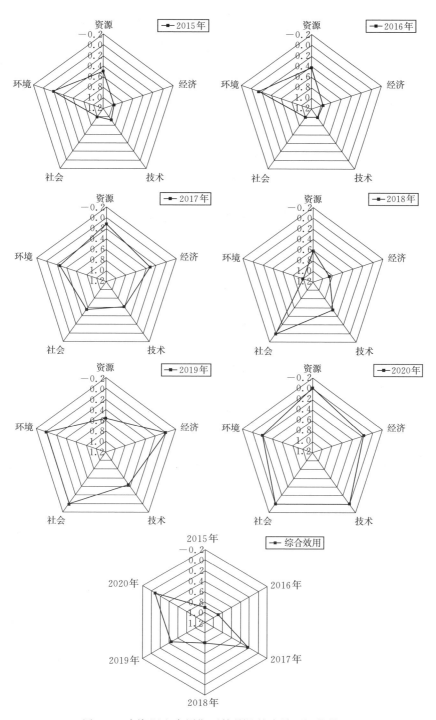

图 7.6 水资源生命周期可持续性综合效用评价结果

表 7.19　　　　　　　　　水资源生命周期可持续性综合效用评价结果

年份	S_i	排序	R_i	排序	Q_i	排序
2015	0.7082	6	0.0833	4	0.9139	6
2016	0.6491	5	0.0869	5	0.9017	5
2017	0.4357	3	0.0506	1	0.2337	2
2018	0.5035	4	0.0901	6	0.8	4
2019	0.2354	2	0.0825	3	0.4418	3
2020	0.1965	1	0.0564	2	0.0734	1

　　综合评价的结果表明，2015—2020 年安太堡-安家岭区域水资源生命周期可持续性的综合效用值分别为 0.9139、0.9017、0.2337、0.8000、0.4418 和 0.0734，排序结果为 2020 年＞2017 年＞2019 年＞2018 年＞2016 年＞2015 年，除 2017 年以外，研究期内水资源生命周期的可持续性综合效用值整体呈减小趋势，说明区域水资源生命周期的可持续性提高。其中，水资源利用率、万元工业增加值用水量、新鲜水占供水比例、工业用水重复利用率、运行成本、经济效益、工艺稳定性、全球变暖、悬浮物去除量、管理体系完善度和环境法律法规这些指标是影响区域水资源生命周期可持续性状态的敏感因素。

　　2015 年水资源生命周期可持续性在经济子系统、社会子系统和资源子系统三个方面表现较差。资源消耗方面新鲜水占供水比例较高，约为 62.31%，工业用水重复利用率较低，仅为 37.69%。经济方面产生的经济效益较少，主要原因是只有少部分再生水回用于生产用水。2016 年水资源生命周期可持续性受到社会、技术和资源三方面的制约。这一年水资源利用率和万元工业增加值用水量是资源子系统评价值的主要影响指标。另一个重要影响是工艺稳定性较差，其中安家岭终端污水处理站在运行过程中暴露出不少问题，该污水处理系统常常出现状况，不能正常运转，煤泥处理环节的可靠性差，影响出水水质效果。2015 年和 2016 年在社会影响方面相对落后于 2018—2020 年，水系统的管理体系相对不完善。2017 年区域水资源生命周期可持续性相对较强，但仍然存在较大的进步空间，如水资源利用效率与国内先进水平相去甚远，大量的再生水未得到有效利用。2018—2020 年社会子系统表现突出，管理模式更加专业化和扁平化，职能分工更加明确，工作效率提高。伴随着区域用水量的增加，系统运行成本及能源消耗增加，环境子系统和经济子系统评价值明显出现增大趋势。事实上，通过节能降耗是缓解系统运行水量增加与环境排放、运行成本增加之间矛盾的有效办法。

7.4 持续改进信息反馈

基于前文动态跟踪评价，从区域水资源高效利用生命周期可持续发展角度，反馈如下持续改进信息：

（1）持续改善水资源管理模式。一方面可以通过调整产业结构、采用节水设施、减清增复和优化配置等转变用水策略的方法来减少对新鲜水的需求，提升用水效率；另一方面基于目前安太堡-安家岭区域的管理手段和水处理技术水平下尚且不能实现水资源再生后全部循环进入下一生命周期。事实上，从水的自然属性考虑，没有必要实行密闭的水循环。倘若存在一部分水在生命周期的最后阶段将会返回自然水体，那么为了维护水资源的健康循环，排水必须经过妥善处理。

（2）持续提升废水分质处理和分质供给。在区域生产和生活中开展优水优用、低水低用、循序用水。根据不同用水对象对水质的不同要求，对上游高水质要求用水户优先供水，排水直接供给下游低水质要求用水户。通过增加水的使用次数来延长水资源生命周期，实行废水分质处理和分质供给的精细化管理，降低污水处理系统的投入，实现排水不经处理就能重复利用。

（3）持续提高污水处理工艺稳定性。为了进一步增强水处理工艺稳定性，首先，应当进行源头管控，降低污水处理站的进水悬浮物浓度，针对井工一矿上窑区井下水处理站排水：一方面企业应该将井下水仓的清理纳入质量标准化考核范围，降低水仓清仓时井下排水煤泥含量；另一方面加快推进井工一矿上窑区井下水处理站技改工程，有效解决煤泥压滤等环节出现的问题；针对选煤厂的排水：各个选煤厂栈桥、暗道的冲洗水应尽可能地返回系统，形成闭路循环且严格控制冲洗强度。同时，选煤厂浓缩池的事故性排水严禁外排；组织经常性清淤：对于淤积严重的引水暗涵、预沉调节池、矿区"雨污分流"交汇点、明渠、道路、地面等进行经常性清理。其次，应当更换排泥泵提升以提升煤泥出泥能力，增加预沉压滤能力，以此提升污水处理站的抗负荷冲击能力，进而增强工艺稳定性。

（4）持续变革工艺，提质增效。根据企业发展规划，为实现就地转型升级，计划重点发展煤电化一体化，建设北坪工业园区。届时园区用水将出现大量缺口。安太堡-安家岭区域受煤炭产能减少影响，煤炭主业用水需求下降，当前水资源量"可供大于所需"。这样看来区域间存在用水不平衡的问题。满足区域间水资源调配的关键环节在于用水品质的提升，只有通过水系统和处理工艺的提质改造，提升再生水水质，才能拓宽回用路径，增加复用水回用率。

（5）持续节能降耗，降低成本。通过节能降耗能够有效减少系统环境排放和运行成本，降低水资源生命周期的系统环境影响潜力值。例如避免水泵空载运行、提高水泵运行效率、推广变频技术、减少设备运行故障率、确保工作人员严格按照规程操作设备等多环节降低能耗。

第8章　基于云服务的露井联采矿区水资源高效利用动态跟踪评价管理信息系统

8.1　系统结构与功能设计

8.1.1　系统设计原则与目标

1.设计原则

为了使露井联采矿煤水资源高效利用动态跟踪评价系统的设计具备完整性，系统的设计中应严格按照设计要求并且遵循设计原则。设计时所需要考虑到的原则主要有以下几项：

（1）模块化原则。该评价系统是在满足用户的功能需求的条件下集成了相对应的功能模块，不同模块之间既需要保持一定的联系又需要有各自的独立性。每个功能模块，将在系统操作界面左侧项目栏进行展示。

（2）实用性原则。该系统的建立是为了能够对研究区域内的水资源利用情况、设备运行情况、动态评价结果等信息进行展示、统计和历史查询；对于系统的操作界面应美观、简单、实用和符合人们的日常习惯，对用户的操作水平要求不能过高。所设计功能模块都能达到用户相关需求，而符合系统设计实用性原则。

（3）安全可靠性原则。安全对于系统是相当重要的，对系统内的数据要进行全方位的保障，用户只能对自己权限内的功能进行操作，防止未得到授权而能够访问数据库进而导致数据泄露以及其完整性遭到损害。系统设计过程中要考虑到运行异常、数据备份等方面，保障系统能够长久处于稳定、高效地运行状态。

2.设计目标

收集区域内相关数据，并对其水资源利用效率等情况进行分析，并基于软件开发技术支持下，结合生命周期等理论，进行该系统的研发，实现水利工程现代化，对区域的水资源利用和设备运行情况进行展示，为用户提供判断决策依据。基于对系统设计的详细分析，将所需要实现的复杂功能分为不同的功能模块进行实现，使得系统的结构清晰明了。

开发人员在软件系统实现过程中主要是将功能模块逻辑模型转变为可以具体实施的物理模型，其实现步骤是：首先，确定系统总体结构框架设计，例如选择什么样的网络结构模式，采用什么样的开发框架，选择什么开发工具；其次，将系统所要实现功能详细的分析，并将其划分为不同子模块；最后，对数据进行收集整理和分析，避免数据冗余，同时确定数据结构，采用何种数据管理软件。

8.1.2　系统总体架构设计

露井联采矿煤水资源高效利用动态跟踪评价系统以 SQL Server 2014 云数据库作为系统数据库管理，选择以 B/S 架构进行系统的研发，系统以 .NET 作为研发平台，采用 C♯ 语言、Visual Studio、ASP. NET、云服务的云存储等技术进行系统的研发。B/S 架构在任何一台有网络的计算机上都可以操作，节省系统的开发和维护成本，系统的扩展较为容易。并将客户端部署于 WEB 浏览器，主要关于用户对区域内相关基础信息管理；服务器端将对于系统核心代码进行存储，并实现软件系统功能；云数据库是用来存储系统数据。通过服务器端，用户在连接网络的计算机上对系统进行访问和实现自己的业务需求。系统总体框架如图 8.1 所示。

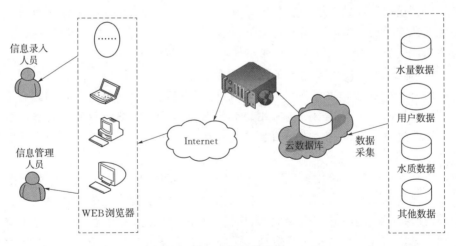

图 8.1　系统总体框架

系统架构主要为三层架构，自下而上为数据库访问层（DAL）、业务逻辑层（BLL）以及显示层（UI）（图 8.2）。分层式的架构设计，每层之间的耦合性低，系统功能扩展时仅仅在相应的层级上实现即可，层级架构非常有利于系统的维护和扩展。显示层是向用户提供业务操作的窗口，同时呈现该系统所拥有的功能模块，通过 CSS、HTML 标记和 jQuery 实现相应的功能；业务逻辑层能让用户调用数据访问层，同时能够实现系统的业务功能；数据库访问层是对系统数据库中的所需数据的提取。

8.1.3 系统功能设计

系统的构建是基于煤-水协调发展、水资源时空协调利用、最严水资源控制红线约束、大数据时代云技术支持的理念支持下的水资源高效利用效果动态评价系统。通过对系统的功能需求进行分析和总体架构剖析后，而进一步将每一个系统功能模块阐述，同时出于对数据安全性充分考虑后，需要设置用户的角色使其在不同功能模块拥有着不相同权限。根据实际所需的功能和特点，该系统它主要包含了四个模块，各个模块由各自的业务需求而组成，主要分为水资源信息管理模块、水资源统计分析模块、动态评价管理模块、系统管理模块。每个模块各自运行，并且实现其各自功能，以达到用户功能需求。

通过系统功能架构能对不同模块以及其所能实现的功能有所了解，系统功能模块结构如图 8.3 所示。

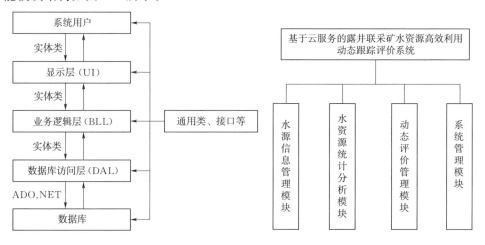

图 8.2 系统架构　　　　图 8.3 系统功能模块结构

8.1.4 系统模块设计

1. 水资源信息管理模块

水资源信息管理模块主要包括用水单位信息、供水单位信息和系统基本信息三个子模块。其水资源信息管理模块结构如图 8.4 所示。

（1）用水单位信息。用水单位信息是水资源信息管理的子模块，主要对区域内用水单位的相关信息和用水量的展示以及进行相关操作。用水单位的基本信息主要包括各个用水单位基本概况和其所需的水质标准，而用水量则涵盖的有每个月的清水、复用水和引黄水的消耗量。信息录入人员对基本信息只能拥有查询的权限和对用水量拥有查询的权限；管理人员对单位的信息以及用水量

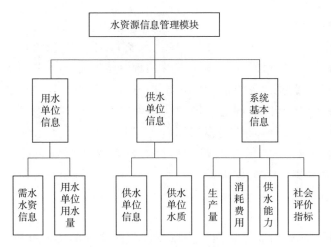

图 8.4　水资源信息管理模块结构

都拥有增、查、删、改、的能力。

（2）供水单位信息。供水单位信息是水资源信息管理的另一个子模块，主要是对区域内的供水单位基本信息和污水处理站的水质信息进行展示和进行操作。供水单位基本信息主要功能是展示单位的详细信息和供水水质标准，供水单位水质的功能是对五个污水处理站每个月的进出水水质、处理能力以及设备的运行情况进行记录。信息录入人员是对供水单位信息仅仅拥有查看的权限和污水处理站水质、工艺稳定性的增、查、删、改的权限；信息管理人员则对该模块所有功能都拥有增、查、删、改的能力。

（3）系统基本信息。系统基本信息是水资源信息管理的另一个子模块，主要是对区域内环境、经济和社会维度中评价指标中涉及的电力生产量、生活污泥填埋量、系统消耗费用等评价因子的基本数据的记录，信息录入人员和管理人员都拥有一样的功能权限。

2. 水资源统计分析模块

水资源统计分析模块包括的有用水分析、供水分析和水质分析三个子模块，其结构如图 8.5 所示。

（1）用水分析。用水分析子模块主要实现了区域年用水量统计、水资源利用率以及用水单位年用水量统计的功能。区域年用水量是不同水源一年的消耗量的合计结果；水资源利用率主要是统计不同水源的开发利用率；用水单位年用水量是对不同单位每年的用水量进行统计查询。

（2）供水分析。供水分析子模块实现了年供水能力，主要对该区域内的不同水源的年供水能力进行展示，给水资源高效利用提供决策基础。

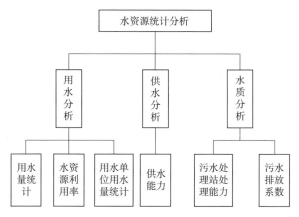

图 8.5 水资源统计分析模块结构

（3）水质分析。水质分析子模块向用户提供污水处理站处理能力和污水排放系数功能。污水处理站是对不同年份污水处理站的污染物削减量和去除率进行分析；污水排放系数是对区域内水资源二次利用情况进行统计分析。

3. 动态评价管理模块

动态评价管理模块包括的有资源消耗综合评价、经济性综合评价、技术性能综合评价、社会影响综合评价、环境影响综合评价和可持续性综合评价六个子模块，其结构如图 8.6 所示。

（1）资源消耗综合评价。资源消耗综合评价是动态评价管理模块的子模块之一，它主要选取的是水资源利用率、新鲜水占供比例、万元工业增加值用水量和工业用水重复利用率作为资源消耗清单的评价指标。而该模块主要是对区域内的水资源消耗信息、资源消耗清单、评价方法进行展示（图 8.7）。

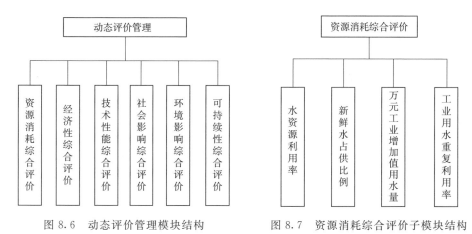

图 8.6 动态评价管理模块结构　　图 8.7 资源消耗综合评价子模块结构

a）水资源消耗信息。将收集到的数据进行整理分析，对区域内每月的引黄水量、地下水量以及复用水量和相对应的供水能力进行统计，系统用户能清晰地了解到每个时间段不同供水类型的使用量和供水能力情况。

b）资源消耗清单。将资源消耗的各个评价指标值按照相对应的计算原理计算得出，其计算原理是：水资源利用率是区域内所用的引黄水量、地下水量和复用水量之和与区域内总供水量的百分比；新鲜水占供比是区域内非复用水的消耗量与区域内总耗水量的比例；工业用水重复利用率是复用水的消耗量与区域内总的消耗水量的百分比；万元工业增加值用水量是企业生产过程中新鲜水用水量与企业工业增加值的百分比。

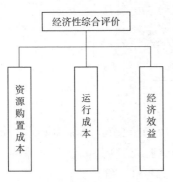

图 8.8　经济性综合评价
子模块结构

（2）经济性综合评价。经济性综合评价是动态评价管理模块的子模块之二，它选取的是经济效益、运行成本以及资源购置成本作为经济性清单的评价指标。该模块是对三个指标计算过程以及评价方法的演示（图 8.8）。

a. 经济效益。经济效益是企业在运转过程中因使用复用水而节约的水资源费和因企业所排放的废水经处理满足标准后再排放而不用支付的费用的二者之和。

$$E_{效益} = E_{免缴纳费用} + E_{节约费用} = \frac{eq}{V_{ex}}T + AW \qquad (8.1)$$

式中　eq——污染物当量指标，依据《当量指标值》的标准；

　　　T——环境保护税，参照相关文件，取值为 2.1 元；

　　　A——引黄水的价格，取值为 3.903 元；

　　　Q——区域的复用水量；

　　　V_{ex}——污水处理站的出水水质浓度。

b. 运行成本。运行成本是区域使用一吨水所需要承担的各项用度总和。

$$E_{运行成本} = \frac{\sum e_i}{Q} \qquad (8.2)$$

式中　e_i——系统运行时承担的第 i 项费用，包含有系统安全费、消耗的材料费、通勤费、职员的薪酬、电费、设备的维修费、委托业务费以及成本费用。

c. 资源购置成本。资源购置成本是企业进行生产活动时购买引黄水量和地下水量所需要支付的费用。

$$E_{资源购置成本} = Q_{地下水} \cdot A_{地下水} + Q_{引黄水} \cdot A_{引黄水} \qquad (8.3)$$

（3）技术性能综合评价。技术性能综合评价是动态评价管理模块的子模块之三，它通过工艺稳定性、年均水力负荷、氨氮去除量、化学需氧量（COD）去除量和悬浮物去除量作为衡量技术性能情况因子。该模块主要是对技术性能清单和评价方法进行展示（图8.9）。

技术性能清单是将技术性能的各个评价指标值通过其相对应的计算原理计算得出，其计算原理是：工艺稳定性是衡量设备在长时间内对污废水的处理效果是否满足相关要求的指标；年均水力负荷将每年实际处理的污水量与各处理厂处理能力的百分比；氨氮去除量是通过废水排放量乘以氨氮的去除率得到的值；COD去除量是通过废水排放量乘以化学需氧量的去除率得到的值；悬浮物去除量是通过废水排放量乘以悬浮物的去除率得到的值。

（4）社会影响综合评价。社会影响综合评价是动态评价管理模块的子模块之四，其包括贡献劳动岗位、环境法律法规标准和管理体系完善度三个评价指标。该模块主要对评价方法和环境影响清单进行展示（图8.10）。

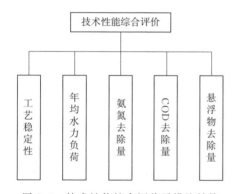

图8.9 技术性能综合评价子模块结构

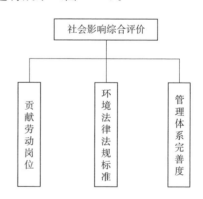

图8.10 社会影响综合评价子模块结构

社会影响清单中的管理体系完善度是信息录入人员对企业关于水资源系统的管理制度和组织制度是否完善进行的级别判定；环境法律法规标准是信息录入人员衡量企业的水资源系统运行过程中所排放的气体、液体和固体是否满足国家机关所颁布文件的级别判定；贡献劳动岗位指的是企业的整个水资源运行系统所需要的员工数量。

（5）环境影响综合评价。环境影响综合评价是动态评价管理模块的子模块之五，其包括有人体毒性、酸化、水体富营养化以及全球变暖四个评价指标。人体毒性指标衡量的是在研究区域内系统运行过程中所产生的物质对人身体健康造成伤害的可能性；酸化指标是衡量区域内系统排放的二氧化硫、氨气等酸性气体所会造成酸雨的可能性；水体富营养化指标是用来衡量区域内系统排放的氮、磷物质而会造成水体营养化的可能性；全球变暖指标指的是区域内系统

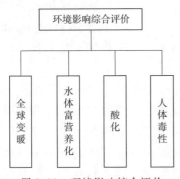

图 8.11　环境影响综合评价子模块结构

产生的二氧化碳、甲烷等温室气体致使温室效应的可能性。该模块将会对评价方法、环境影响分类、环境影响清单进行展示（图8.11）。

a. 环境影响分类。环境影响分类主要是将评价指标受什么污染物影响和相关污染物来源以及相关系数进行展示，以便系统用户能了解什么污染物的影响较大。

b. 环境影响清单。环境影响清单是对区域内每月的发电量、生活污泥填埋量以及污废水排放量进行统计，同时将区域内的环境影响的评价指标值展示，各个评价指标值的计算是通过将影响其的污染物排放值与其相对应的潜力系数各自相乘后求和得到。

（6）可持续性综合评价。可持续性综合评价是动态评价管理模块的子模块之六，将环境、经济、技术、资源以及社会方面的影响考虑到水资源的评价中来，选取上述五个评价子模块包含的 19 个评价指标。该模块主要是对评价体系、指标值和评价方法进行展示。

a. 评价体系。评价体系是将 19 个评价指标进行指标方向、性质以及类型的划分，方便系统用户了解。

b. 指标值。将收集数据进行整理分析计算，得到 19 个评价指标年值，为水资源可持续评价提供数据支撑。

c. 评价方法。依据综合分析后选取了 19 个评价指标值，系统采用的是组合赋权折中妥协多属性决策方法对不同时间段水资源系统的最大个别遗憾值 R、群体利益值 S 以及综合效用值 Q 进行计算，基于此而对水资源利用情况客观全面衡定。评价方法中的组合赋权是将分别对评价指标的主观以及客观权重的融合。其权重融合原理为：不同评价指标年值的量纲不统一，为避免其不一致造成评价结果错误，根据指标方向采用不同计算公式对指标值进行标准化。将标准化后的指标数据按照 CRITIC 法推算，确定其客观权重。管理人员依据主观判断借助 AHP 计算软件得到每个评价指标主观权重。获得主、客观权重后采用博弈论中的非合作博弈均衡模型对二者进行优化融合得到融合权重。

以上是对动态评价管理模块的每一个子模块的设计进行了详细分析，可以发现系统可持续综合评价模块的评价指标是将其他五个模块的评价指标进行汇总。对于五个子模块其评价方法原理与可持续性综合评价模块类似。

4. 系统管理模块

系统管理模块涵盖的有用户权限管理、系统登录以及用户信息编辑这三个模块。此模块的结构如图 8.12 所示。

（1）用户权限管理。用户权限管理为子模块之一，设置此模块的目的是保障数据的安全，给系统用户分配不同的角色信息，角色不相同的系统用户所拥有的使用权限也是不同的，角色分为管理人员与录入人员。

（2）系统登录。系统登录为子模块之二，仅仅在输入用户个人信息能与数据库信息匹配的时候，用户才能查看应用软件主页面进行菜单栏的相关功能操作。

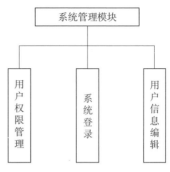

图 8.12　系统管理模块结构

（3）用户信息编辑。用户个人信息为子模块之三，主要是信息管理人员可以对无效系统用户的剔除、用户角色的编辑以及所有用户个人信息编辑，而对于录入人员只被允许对本用户的信息编辑。

8.2　系统数据库设计

8.2.1　数据需求

该系统考虑到了经济、社会、技术等各个方面影响，这便使得系统基础数据来源和数据结构会较为复杂。数据需求分析主要针对数据实体间关系进行详细分析，且该数据库之间的关系模式符合第三范式要求，主要包含了 15 个数据表，见表 8.1。

表 8.1　　　　　　　　　　　系 统 数 据 库 表 汇 总

序号	数据库表中文名称	数据库表名称	描　述
1	用户信息表	tb_Admin	用户的个人信息描述
2	用户角色信息表	tb_AdminRole	用户的角色定义
3	用水单位信息表	tb_WaterSector	区域内所有供水单位及其详细信息
4	用水单位用水量信息表	tb_WaterSectorCount	区域内的所有单位的用水量统计
5	供水单位信息表	tb_WaterSupplySector	区域内供水单位的详细信息
6	供水单位供水能力信息表	tb_WaterConsumptionInformation	每个供水单位的供水能力情况
7	供水单位水质信息表	tb_WaterSupplySectorWaterQuality	污水处理站的水质处理情况
8	区域污染物排污信息表	tb_DischargeCapacity	污染物来源的排放量
9	社会影响指标信息表	tb_Social	区域内管理情况

序号	数据库表中文名称	数据库表名称	描　述
10	HTP 污染物信息表	tb_HTPContaminant	相关清单数据
11	EP 污染物信息表	tb_EPContaminant	相关清单数据
12	AP 污染物信息表	tb_APContaminant	相关清单数据
13	GWP 污染物信息表	tb_GWPContaminant	相关清单数据
14	运行系统	tb_OperatingSystemSubDepartment	区域内运行系统
15	运行系统费用	tb_OperatingSystemCost	子系统经济成本

8.2.2　数据 E−R 图

数据 E−R 图是针对数据表中的实体属性进行详细说明的。接下来将会对数据表的部分 E−R 图进行详细说明。

（1）图 8.13 为用户信息实体属性图，用户信息表所包含属性内容主要有用户 ID、登录名、登录密码、密码提示问题、密码问题答案、性别、手机、邮箱、地址、角色 ID、真实姓名以及身份证。

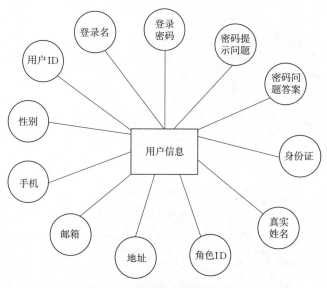

图 8.13　用户信息实体属性图

（2）图 8.14 为用户角色信息实体属性图，用户角色信息表所包含的属性内容有用户角色 ID 以及角色名。

（3）图 8.15 为用水单位信息实体属性图，用水单位信息表主要包含序号、用水单位代码、用水单位名称、水质执行标准、悬浮物标准、COD 标准、BOD 标准、氨氮标准、油类标准以及 pH 标准。

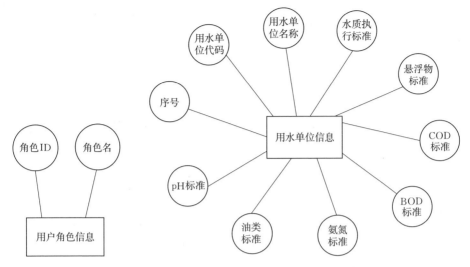

图 8.14 用户角色信息
实体属性图

图 8.15 用水单位信息实体属性图

（4）图 8.16 为用水单位用水量信息实体属性图，用水单位信息表主要包含序号、时间、用水单位代码、地下水用水量、复用水用水量以及引黄水用水量。

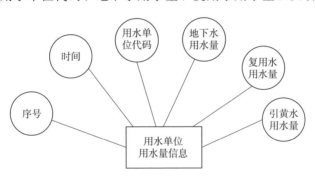

图 8.16 用水单位用水量信息实体属性图

（5）图 8.17 为供水单位信息实体属性图，供水单位信息表主要包括有序号、供水单位代码、供水单位名称、供水能力、供水水质标准、COD 供水标准、BOD 供水标准、氨氮供水标准、pH 供水标准、油类供水标准、污水来源、出水去向以及供水单价。

（6）图 8.18 为供水单位供水能力信息实体属性图，供水单位供水能力信息表主要包含序号、时间、用水单位代码、引黄水供水能力、地下水供水能力以及万元工业增加值。

（7）图 8.19 为供水单位水质信息实体属性图，供水单位水质信息表主要包

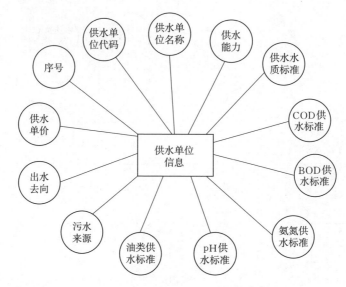

图 8.17　供水单位信息实体属性图

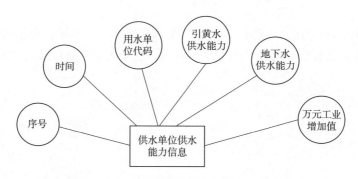

图 8.18　供水单位供水能力信息实体属性图

含序号、供水单位代码、SS 进水浓度、SS 出水浓度、COD 进水浓度、COD 出水浓度、BOD 进水浓度、BOD 出水浓度、NH₃ - N 进水浓度、NH₃ - N 出水浓度、油类进水浓度、油类出水浓度、pH 进水值、pH 出水值、工艺稳定性、处理能力、污水处理量以及时间。

（8）图 8.20 为区域污染物排污量信息实体属性图，区域污染物排污量信息表包括的属性有序号、时间、废水排放量、生活污泥处理量、电力生产量以及各类污染物的排放浓度。

（9）图 8.21 为社会影响指标信息实体属性图，社会影响指标信息表主要包含序号、时间、环境法律法规标准以及管理体系完善度。

（10）图 8.22 为运行系统信息实体属性图，运行系统费用信息表主要包含序号、系统部门 ID 以及系统部门。

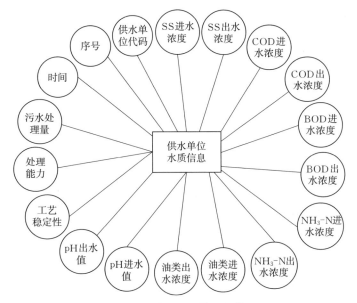

图 8.19 供水单位水质信息实体属性图

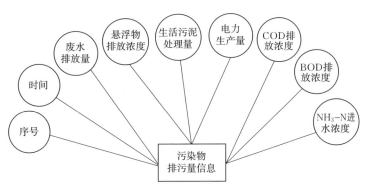

图 8.20 区域污染物排污量信息实体属性图

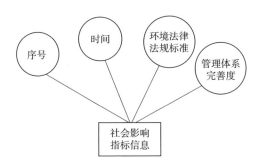

图 8.21 社会影响指标信息实体属性图

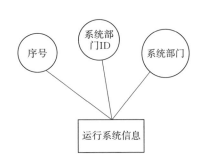

图 8.22 运行系统信息实体属性图

（11）图 8.23 为运行系统费用信息实体属性图，运行系统费用信息表主要包含序号、时间、系统部门 ID、材料费用、工程成本、通勤费、外委维修成本、业务承包费、安全设施成本、电量单价、员工数以及薪资。

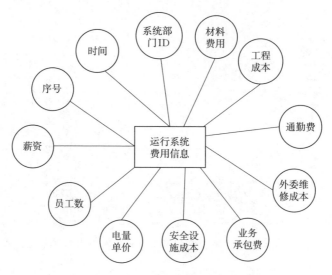

图 8.23 运行系统费用信息实体属性图

8.2.3 数据表的设计

结合系统功能需求分析情况与其实体间对应关系，对数据表进行设计。数据表之间存在着一定主从关系，对它们相对应关系进行描述（表 8.2）。

表 8.2 数 据 库 表 关 系 表

主 表	从 表	外 键 列
用户角色信息表	用户信息表	roleid
运行系统信息表	运行系统费用信息表	xtzbmid
供水单位信息表	供水单位水质信息表	gsdwid
用水单位信息表	用水单位用水量信息表	ysdwid

露井联采矿水资源高效利用动态跟踪评价系统的数据库表见表 8.3～表 8.16。

表 8.3 用 户 信 息

描 述	字段名	数据类型	是否为空	主键	唯一标识	索引列
用户 ID	userid	int	非空	主键	是	是
登录名	username	nvarchar（50）	非空			是

续表

描 述	字段名	数据类型	是否为空	主键	唯一标识	索引列
登录密码	userpwd	nvarchar（50）	非空			
密码提示问题	question	nvarchar（50）	非空			
密码问题答案	answer	nvarchar（50）	非空			
性别	sex	int	非空			
手机	tel	char（11）	非空			
邮箱	email	nvarchar（50）	非空			
地址	address	nvarchar（50）	非空			
角色 ID	roleid	int	非空			
真实姓名	name	nvarchar（50）	非空			
身份证	IDcard	char（18）	非空			

表 8.4 用户角色信息

描 述	字段名	数据类型	是否为空	主键	唯一标识	索引列
序号	id	int	非空		是	
供水单位代码	ysdwid	int	非空	主键		是
供水单位	ysdwnm	nvarchar（50）	非空			
水质执行标准	szask	nvarchar（50）	非空			
悬浮物标准	xsSS	nvarchar（50）	可空			
COD 标准	xsCOD	nvarchar（50）	可空			
BOD 标准	xsBOD	nvarchar（50）	可空			
氨氮标准	$xsNH_3-N$	nvarchar（50）	可空			
油类标准	xsOIL	nvarchar（50）	可空			
pH 标准	xsPH	nvarchar（50）	可空			

表 8.5 用水单位用水量信息

描 述	字段名	数据类型	是否为空	主键	唯一标识	索引列
序号	id	int	非空		是	
用水单位代码	ysdwid	int	非空	主键		是
时间	ym	char（6）	非空	主键		是
地下水用水量	qsuse	decimal（10，4）	非空			
引黄用水量	yhsuse	decimal（10，4）	非空			
复用水用水量	fyuse	decimal（10，4）	非空			

表 8.6　　　　　　　　　　　　　　供 水 单 位 信 息

描　述	字段名	数据类型	是否为空	主键	唯一标识	索引列
序号	id	int	非空		是	
供水单位代码	gsdwid	int	非空	主键		是
供水单位名	gsdwnm	nvarchar（50）	非空			
设计规模	gscapacity	decimal（10，2）	非空			
供水水质标准	waterquality	nvarchar（50）	非空			
供水单价	waterprice	decimal（8，3）	非空			
污水来源	wsly	nvarchar（50）	非空			
出水去向	csqx	nvarchar（50）	非空			
悬浮物	SS	nvarchar（50）	非空			
COD	COD	nvarchar（50）	非空			
BOD	BOD	nvarchar（50）	非空			
氨氮	NH_3-N	nvarchar（50）	非空			
油类	OIL	nvarchar（50）	非空			
pH	pH	nvarchar（50）	非空			

表 8.7　　　　　　　　　　　供水单位供水能力信息

描　述	字段名	数据类型	是否为空	主键	唯一标识	索引列
序号	id	int	非空		是	
时间	ym	char（6）	非空	主键		是
引黄水供水能力	yhsCapacity	decimal（8，4）	非空			
地下水供水能力	qsCapacity	decimal（8，4）	非空			
复用水供水能力	fysCapacity	decimal（8，4）	非空			
万元工业增加值	wygyzjz	decimal（6，2）	非空			

表 8.8　　　　　　　　　　　供 水 单 位 水 质 信 息

描　述	字段名	数据类型	是否为空	主键	唯一标识	索引列
序号	id	int	非空		是	
供水单位代码	gsdwid	int	非空	主键		是
时间	ym	char（6）	非空	主键		是
污染物 SS 进水浓度	wrwSSin	int	非空			
污染物 SS 出水浓度	wrwSSout	int	非空			

续表

描　述	字段名	数据类型	是否为空	主键	唯一标识	索引列
污染物 COD 进水浓度	wrwCODin	decimal（8，2）	非空			
污染物 COD 出水浓度	wrwCODout	decimal（8，2）	非空			
污染物 BOD 进水浓度	wrwBODin	decimal（6，2）	非空			
污染物 BOD 出水浓度	wrwBODout	decimal（6，2）	非空			
污染物 NH_3-N 进水浓度	wrwNH$_3$-Nin	decimal（6，2）	非空			
污染物 NH_3-N 出水浓度	wrwNH$_3$-Nout	decimal（6，2）	非空			
污染物油类进水浓度	wrwOILSin	decimal（6，2）	非空			
污染物油类出水浓度	wrwOILSout	decimal（6，2）	非空			
pH 进水值	wrwPHin	decimal（4，2）	非空			
pH 出水值	wrwPHout	decimal（4，2）	非空			
污水处理量	wscll	decimal（8，4）	非空			
处理能力	clnl	decimal（8，4）	非空			
工艺稳定性	TProcessstability	int	非空			

表 8.9　　　　　区 域 污 染 物 排 污 量

描　述	字段名	数据类型	是否为空	主键	唯一标识	索引列
序号	id	int	非空		是	
时间	ym	char（6）	非空	主键		是
电力生产量	dlsc	decimal（12，5）	非空			
生活污泥处理量	shwn	decimal（8，5）	非空			
废水排放量	fspf	decimal（8，5）	非空			
悬浮物排放浓度	SSex	decimal（6，5）	非空			
COD 排放浓度	CODex	decimal（6，5）	非空			
BOD 排放浓度	BODex	decimal（6，5）	非空			
NH_3-N 排放浓度	NH$_3$-Nex	decimal（6，5）	非空			

表 8.10　　　　　社 会 影 响 指 标 信 息

描　述	字段名	数据类型	是否为空	主键	唯一标识	索引列
序号	id	int	非空		是	是
时间	ym	int	非空	主键		是
环境法律法规标准	SEnvironmentalLaw	int	非空	主键		
管理体系完善度	SManagementSystem	int	非空			

表 8.11 运 行 系 统 信 息

描　述	字段名	数据类型	是否为空	主键	唯一标识	索引列
序号	id	int	非空		是	
系统部门 ID	xtzbmid	int	非空	主键		是
系统部门	xtzbmnm	nvarchar (50)	非空			是

表 8.12 运 行 系 统 费 用 信 息

描　述	字段名	数据类型	是否为空	主键	唯一标识	索引列
序号	id	int	非空		是	
系统部门 ID	xtzbmid	int	非空	主键		是
时间	ym	char (6)	非空	主键		是
材料费	clf	decimal (12, 4)	可空			
成本工程费	cbgcf	decimal (12, 4)	可空			
外委维修费	wwwxf	decimal (12, 4)	可空			
安全费	aqf	decimal (12, 4)	可空			
通勤费	tqf	decimal (12, 4)	可空			
业务承包费	ywcbf	decimal (12, 4)	可空			
电量单价（元/度）	dlprice	decimal (3, 2)	可空			
员工数量	woker	int	可空			

表 8.13 HTP 污 染 物 信 息

描　述	字段名	数据类型	是否为空	主键	唯一标识	索引列
污染物 ID	htppwrwid	int	非空	主键	是	是
污染物	htpwrwnm	nvarchar (50)	非空			是
潜力系数	htpqlxs	decimal (8, 3)	非空			
电力排放量	htpdlpfl	decimal (11, 10)	非空			
生活污泥环境清单	htpshwn	decimal (9, 7)	非空			

表 8.14 EP 污 染 物 信 息

描　述	字段名	数据类型	是否为空	主键	唯一标识	索引列
污染物 ID	epwrwid	int	非空	主键	是	是
污染物	epwrwnm	nvarchar (50)	可空			是
潜力系数	epqlxs	decimal (4, 3)	可空			
生活污泥环境清单	epshwn	decimal (5, 3)	可空			

表 8.15   AP 污 染 物 信 息

描　述	字段名	数据类型	是否为空	主键	唯一标识	索引列
污染物 ID	apwrwid	int	非空	主键	是	是
污染物	apwrwnm	nvarchar (50)	非空			是
潜力系数	apqlxs	decimal (3，2)	可空			
电力排放量	apdlpf	decimal (6，5)	可空			
生活污泥环境清单	apshwn	decimal (5，3)	可空			

表 8.16   GWP 污 染 物 信 息

描　述	字段名	数据类型	是否为空	主键	唯一标识	索引列
污染物 ID	gwpwrwid	int	非空	主键	是	是
污染物	gwpwrwnm	nvarchar (50)	非空			是
潜力系数	gwpqlxs	decimal (6，3)	非空			
电力排放量	gwpdlpfl	decimal (10，7)	非空			
生活污泥环境清单	gwpshwn	decimal (5，3)	非空			

8.3　开发及运行环境

8.3.1　硬件环境

通过对该系统的需求分析，其所需要的硬件环境见表 8.17。

表 8.17   系 统 硬 件 环 境

名　　称	参　　数
处理器	Intel Core，i7 – 7700，四核以上
硬盘环境	100G 以上
内存	2.00GB 以上
显卡	GT730 独立显卡

8.3.2　软件环境

本系统研发是基于微软 .NET 框架下，并选择了 Visual Studio. NET 2015 作为开发工具以及选择 C♯ 编程语言实现后台代码。因为系统是基于 B/S 的网络结构模式，用户只要通过使用一台能连接网络的电脑便可以进入系统访问自己权限内的内容。服务器选择的是微软公司旗下的 Windows Server 操作系统，同时选择此操作系统自带的 IIS 作为 WEB 服务器软件；数据库选择的是 SQL Server 2014 云数据库作为数据库管理软件。用户将一台连接网络的 Windows 操作系统电脑作为客户端且其浏览器在 IE6 以上即可访问该系统。

8.4　系统实现

8.4.1　系统登录功能实现

　　任何用户人员要进入该系统人员都必须通过在浏览器中输入该系统的网址，才能够被允许访问系统登录界面。登录窗口设置有用户角色、用户名、密码、验证码。用户角色分为信息录入人员与信息管理人员。用户在登录时需要选择自己的用户角色，并在对应的文本框内输入自己的用户名和相对应的密码以及验证码，然后单击［登录］。当且仅当输入信息能够与数据库中相关数据一一匹配的时候，才能进入到系统操作页面，反之将无法登录成功，并且在登录控件下方显示错误原因。

　　进入到系统主界面，该界面中左边是菜单栏，其包含着四个大模块，即水资源信息、水资源统计分析、动态评价管理以及管理员管理模块，在四大模块下面是其拥有的小功能模块，界面上边是系统名称。接下来将会依次分析各个模块使用过程。图 8.24 为系统登录界面、图 8.25 为登录模块的流程、图 8.26 为系统主界面。

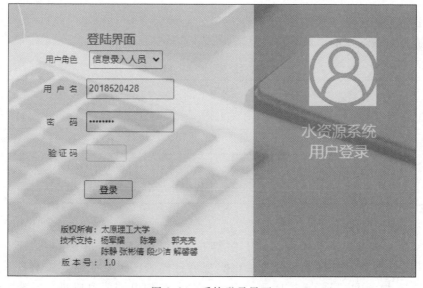

图 8.24　系统登录界面

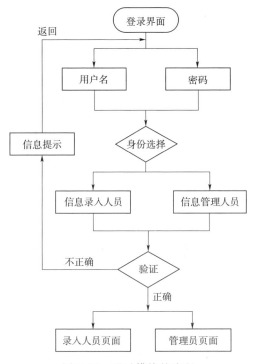

图 8.25 登录模块的流程

图 8.26 系统主界面

8.4.2 水资源信息管理模块实现

信息管理人员对需水水质信息和供水单位信息子模块拥有增、删、改、查、的功能，而信息录入人员仅仅能查看相关信息，其余子模块二者拥有一样的权限。

1. 用水单位信息

系统用户信息验证合格后，便可进入用水单位信息子模块的相关信息操作

167

页面，包含有［需水水质信息］以及［用水单位用水量］。

　　需水水质信息主要是对用水单位所需水质执行的标准进行展示，信息管理员可以在表的操作列单击［修改］或［删除］按钮对这条用水单位信息进行相对应的功能操作，若用水单位增加则可单击表格下方的［添加］按钮将相关用水单位信息进行录入，录入的用水单位信息的用水单位代码以及用水单位名不能与已存在的用水单位信息重合，否则将会添加失败。［返回］控件是回到用水单位信息页面。图 8.27 为需水水质信息的窗口界面，图 8.28 为需水水质信息修改功能窗口界面，图 8.29 为需水水质信息添加功能窗口界面，图 8.30 为需水水质信息删除功能窗口界面。

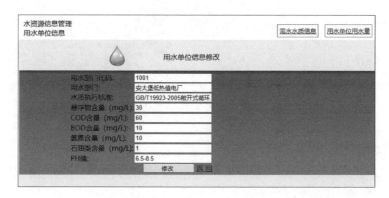

图 8.27　需水水质信息的窗口界面

图 8.28　需水水质信息修改功能窗口界面

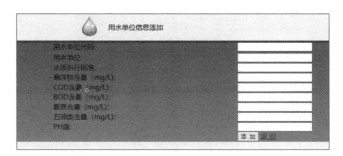

图 8.29 需水水质信息添加功能窗口界面

图 8.30 需水水质信息删除功能窗口界面

用水单位的用水量主要是对不同用水单位每月的用水量进行数据输入的操作，系统用户可以在表的操作列单击［修改］或［删除］按钮进行相对应的功能操作。由于用水量信息每页展示 20 条，若需浏览和操作其他条信息可以单击［下一页］［上一页］等控件，而需要进一步查询具体的用水单位或时间的信息可以在操作界面对应文本框输入信息，单击查询按钮得到。若需要添加新的用水单位信息单击［添加］按钮即可，添加用水单位用水量页面，可通过下拉框对相应的用水单位进行选取，若新添加这条用水量信息的用水单位和时间已经存在则会添加失败。图 8.31 为用水单位用水量的窗口界面，图 8.32 为用水单位用水量添加功能窗口界面，图 8.33 为用水单位信息流程。

水资源信息管理 用水单位信息						需水水质信息 用水单位用水量
用水单位需水水量统计表						
用水单位代码:		时 间:				查 询
用水单位代码	用水单位	时间	降水用水量	引黄水用水量	集用水用水量	总用水量	操作
1001	安太堡低热值电厂	201501	0.0000	0.0000	0.0000	0.0000	修改 删除
1001	安太堡低热值电厂	201502	0.0000	0.0000	0.0000	0.0000	修改 删除
1001	安太堡低热值电厂	201503	0.0000	0.0000	0.0000	0.0000	修改 删除
1001	安太堡低热值电厂	201504	0.0000	0.0000	0.0000	0.0000	修改 删除
1001	安太堡低热值电厂	201505	0.0000	0.0000	0.0000	0.0000	修改 删除
1001	安太堡低热值电厂	201506	0.0000	0.0000	0.0000	0.0000	修改 删除
1001	安太堡低热值电厂	201507	0.0000	0.0000	0.0000	0.0000	修改 删除
1001	安太堡低热值电厂	201508	0.0000	0.0000	0.0000	0.0000	修改 删除
1001	安太堡低热值电厂	201509	0.0000	0.0000	0.0000	0.0000	修改 删除
1001	安太堡低热值电厂	201510	0.0000	0.0000	0.0000	0.0000	修改 删除
1001	安太堡低热值电厂	201511	0.0000	0.0000	0.0000	0.0000	修改 删除
1001	安太堡低热值电厂	201512	0.0000	0.0000	0.0000	0.0000	修改 删除
1001	安太堡低热值电厂	201601	0.0000	0.0000	0.0000	0.0000	修改 删除
1001	安太堡低热值电厂	201602	0.0000	0.0000	0.0000	0.0000	修改 删除
1001	安太堡低热值电厂	201603	0.0000	0.0000	0.0000	0.0000	修改 删除
1001	安太堡低热值电厂	201604	0.0000	0.0000	0.0000	0.0000	修改 删除
1001	安太堡低热值电厂	201605	0.0000	0.0000	0.0000	0.0000	修改 删除
1001	安太堡低热值电厂	201606	0.0000	0.0000	0.0000	0.0000	修改 删除
1001	安太堡低热值电厂	201607	0.0000	0.0000	0.0000	0.0000	修改 删除
1001	安太堡低热值电厂	201608	0.0000	0.0000	0.0000	0.0000	修改 删除
添加 首页 上一页 下一页 末页						

图 8.31 用水单位用水量的窗口界面

图 8.32 用水单位用水量添加功能窗口界面

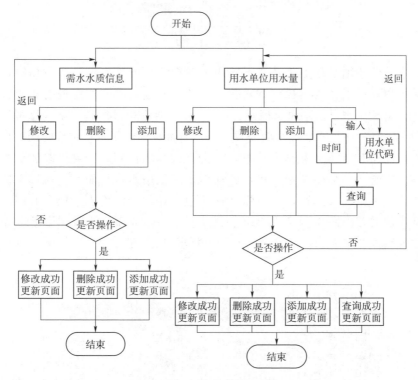

图 8.33 用水单位信息流程

2. 供水单位信息

供水单位信息子模块的相关信息操作页面，包含有［供水单位信息］和［供水单位水质］。

供水单位信息是对每个供水单位的供水能力以及该水源的价格等进行展示，页面相关控件功能参照用水单位信息模块，其操作流程与用水单位信息操作流程大体一致。图 8.34 为供水单位信息窗口界面。

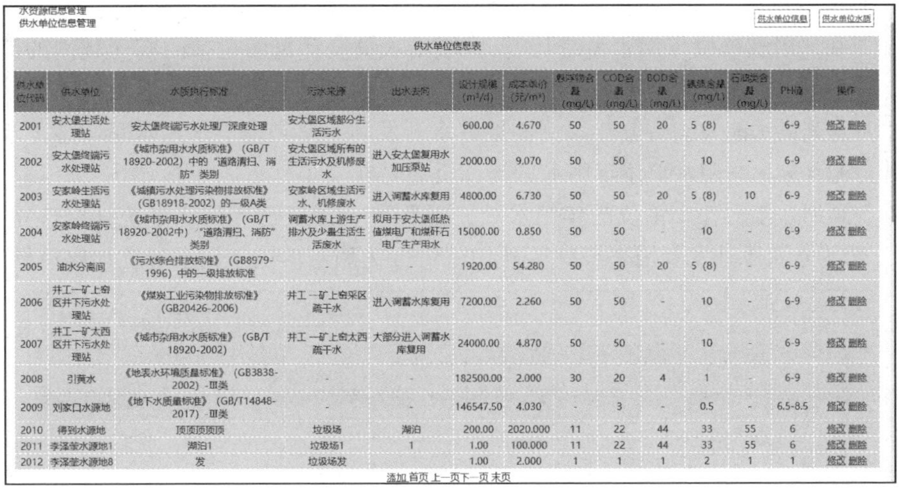

供水单位代码	供水单位	水质执行标准	污水采源	出水去向	设计规模 (m³/d)	成本水价 (元/m³)	悬浮物含量 (mg/L)	COD含量 (mg/L)	BOD含量 (mg/L)	挥发酚量 (mg/L)	石油类含量 (mg/L)	PH值	操作
2001	安太堡生活处理厂	安太堡终端污水处理厂深度处理	安太堡区域部分生活污水		600.00	4.670	50	50	20	5 (8)		6-9	修改 删除
2002	安太堡终端水处理站	《城市杂用水水质标准》(GB/T 18920-2002) 中的"道路清扫、消防"类别	安太堡区域所有的生活污水及机修水	进入安太堡制取水加压泵站	2000.00	9.070				10		6-9	修改 删除
2003	安家岭生活污水处理站	《城镇污水处理污染物排放标准》(GB18918-2002) 的一级A类	安家岭区域生活污水、机修废水	进入调蓄水库复用	4800.00	6.730	50	50	20	5 (8)	10	6-9	修改 删除
2004	安家岭污水库生产	《污水综合排放标准》(GB 1920-2002中)"道路清扫、消防"类别	调蓄水库上游生产排水及少量生活废水	拟用于安太堡低浓缩煤电厂和综杆石电厂生产用水	15000.00	0.850				10		6-9	修改 删除
2005	油水分离器	《污水综合排放标准》(GB8979-1996)中的一级排放标准			1920.00	54.280	50	50	20	5 (8)		6-9	修改 删除
2006	井工一矿上窑区井下污水处理厂	《煤炭工业污染物排放标准》(GB20426-2006)	井工一矿上窑疏干水	进入调蓄水库复用	7200.00	2.260				10		6-9	修改 删除
2007	井工一矿太西区井下污水处理厂	《城市杂用水水质标准》(GB/T 18920-2002)	井工一矿太西疏干水	大部分进入调蓄水库复用	24000.00	4.870	50	50		10		6-9	修改 删除
2008	引黄水	《地表水环境质量标准》(GB3838-2002) -Ⅲ类			182500.00	2.000	30	20	4	1		6-9	修改 删除
2009	刘家口水源地	《地下水质量标准》(GB/T14848-2017) -Ⅲ类			146547.50	4.030	-	3	-	0.5	-	6.5-8.5	修改 删除
2010	得到水源地	顶顶顶顶顶	垃圾场	湖泊	200.00	2020.000	11	22	44	33	55		修改 删除
2011	李泽莹水源地1	湖泊	垃圾场	发	1.00	100.000	11	22	44	33	55		修改 删除
2012	李泽莹水源地8	发	垃圾场	发	1.00	2.000	1	1	1	1	1		修改 删除

添加 首页 上一页 下一页 末页

图 8.34 供水单位信息窗口界面

供水单位水质是对污水处理厂进出水质、污水处理能力、设备运行情况进行展示，页面的相关控件功能已在上面进行阐述。图 8.35 为供水单位水质信息窗口界面。

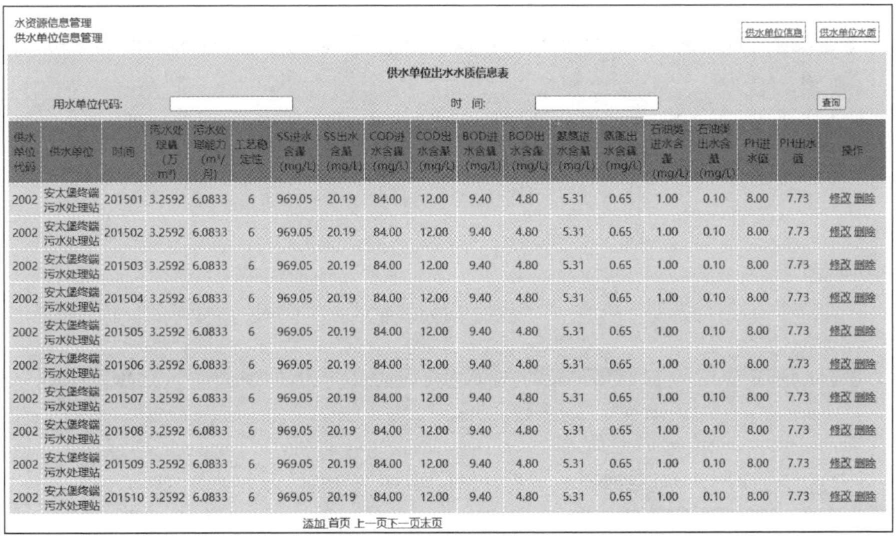

供水单位出水水质信息表

用水单位代码：[　　　] 　时　间：[　　　] 　查询

供水单位代码	供水单位	时间	污水处理规模 (万m³)	污水处理能力 (m³/日)	工艺稳定性	SS进水含量 (mg/L)	SS出水含量 (mg/L)	COD进水含量 (mg/L)	COD出水含量 (mg/L)	BOD进水含量 (mg/L)	BOD出水含量 (mg/L)	聚氰进水含量 (mg/L)	氯酸出水含量 (mg/L)	石砷类进水含量 (mg/L)	石油类出水含量 (mg/L)	PH进水值	PH出水值	操作
2002	安太堡终端污水处理站	201501	3.2592	6.0833	6	969.05	20.19	84.00	12.00	9.40	4.80	5.31	0.65	1.00	0.10	8.00	7.73	修改 删除
2002	安太堡终端污水处理站	201502	3.2592	6.0833	6	969.05	20.19	84.00	12.00	9.40	4.80	5.31	0.65	1.00	0.10	8.00	7.73	修改 删除
2002	安太堡终端污水处理站	201503	3.2592	6.0833	6	969.05	20.19	84.00	12.00	9.40	4.80	5.31	0.65	1.00	0.10	8.00	7.73	修改 删除
2002	安太堡终端污水处理站	201504	3.2592	6.0833	6	969.05	20.19	84.00	12.00	9.40	4.80	5.31	0.65	1.00	0.10	8.00	7.73	修改 删除
2002	安太堡终端污水处理站	201505	3.2592	6.0833	6	969.05	20.19	84.00	12.00	9.40	4.80	5.31	0.65	1.00	0.10	8.00	7.73	修改 删除
2002	安太堡终端污水处理站	201506	3.2592	6.0833	6	969.05	20.19	84.00	12.00	9.40	4.80	5.31	0.65	1.00	0.10	8.00	7.73	修改 删除
2002	安太堡终端污水处理站	201507	3.2592	6.0833	6	969.05	20.19	84.00	12.00	9.40	4.80	5.31	0.65	1.00	0.10	8.00	7.73	修改 删除
2002	安太堡终端污水处理站	201508	3.2592	6.0833	6	969.05	20.19	84.00	12.00	9.40	4.80	5.31	0.65	1.00	0.10	8.00	7.73	修改 删除
2002	安太堡终端污水处理站	201509	3.2592	6.0833	6	969.05	20.19	84.00	12.00	9.40	4.80	5.31	0.65	1.00	0.10	8.00	7.73	修改 删除
2002	安太堡终端污水处理站	201510	3.2592	6.0833	6	969.05	20.19	84.00	12.00	9.40	4.80	5.31	0.65	1.00	0.10	8.00	7.73	修改 删除

添加 首页 上一页 下一页 末页

图 8.35 供水单位水质信息窗口界面

8.4.3 水资源统计分析模块实现

无论是信息管理人员还是信息录入人员在水资源统计分析模块都拥有查询的权限。

1. 用水分析

系统用户在用水分析模块可以查看的功能有［区域年用水量统计］［水资源利用率］和［用水单位年用水量统计］。区域用水量统计页面包括的有区域内的引黄水、复用水以及地下水的年水量进行统计。水资源利用率页面是对区域内不同水源用水量与其供水能力的百分比，例如地下水开发利用率是地下水用水量与地下水供水能力的百分比。用水单位年用水量统计页面是在文本框输入年份单击［查询］便能够查到那一年的各个单位的年用水量。图 8.36 为水资源年用水量统计窗口界面，图 8.37 为水资源开发利用率窗口界面，图 8.38 为用水单位年用水量统计窗口界面。

水资源统计分析
用水分析　　　　　　　　　　　　　　　　　　　　［区域年用水量统计］　［水资源利用率］　［用水单位年用水量统计］

水资源年用水量统计

时间	地下水用水量	引黄水用水量	复用水用水量	管道总水量
2015	278.1600	474.0888	454.9416	1207.1904
2016	218.4816	347.2812	698.6688	1264.4316
2017	201.0708	336.0396	621.5796	1158.6900
2018	225.5712	267.0192	699.0312	1191.6216
2019	163.9980	207.3108	776.6208	1147.9296
2020	156.7596	206.0604	691.4004	1054.2204

图 8.36　水资源年用水量统计窗口界面

水资源统计分析
用水分析　　　　　　　　　　　　　　　　　　　　［区域年用水量统计］　［水资源利用率］　［用水单位年用水量统计］

水资源开发利用率

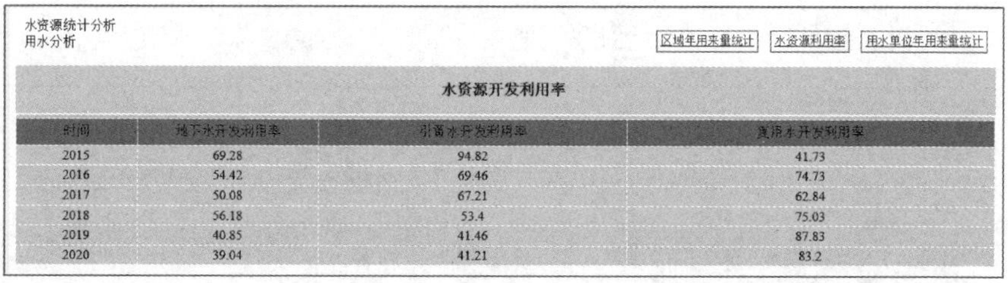

时间	地下水开发利用率	引黄水开发利用率	复用水开发利用率
2015	69.28	94.82	41.73
2016	54.42	69.46	74.73
2017	50.08	67.21	62.84
2018	56.18	53.4	75.03
2019	40.85	41.46	87.83
2020	39.04	41.21	83.2

图 8.37　水资源开发利用率窗口界面

水资源统计分析
用水分析　　　　　　　　　　　　　　　　　　　　［区域年用水量统计］　［水资源利用率］　［用水单位年用水量统计］

用水单位年用水量统计表

时间：2018　　　　　　　　　　　　　　　　查　询

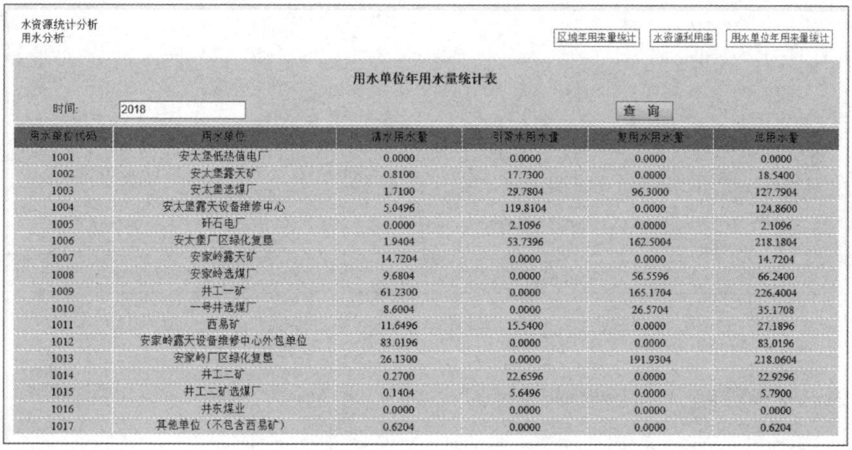

用水单位代码	用水单位	清水用水量	引黄水用水量	复用水用水量	总用水量
1001	安太堡低热值电厂	0.0000	0.0000	0.0000	0.0000
1002	安太堡露天矿	0.8100	17.7300	0.0000	18.5400
1003	安太堡选煤厂	1.7100	29.7804	96.3000	127.7904
1004	安太堡露天设备维修中心	5.0496	119.8104	0.0000	124.8600
1005	矸石电厂	0.0000	2.1096	0.0000	2.1096
1006	安太堡厂区绿化复垦	1.9404	53.7396	162.5004	218.1804
1007	安家岭露天矿	14.7204	0.0000	0.0000	14.7204
1008	安家岭选煤厂	9.6804	0.0000	56.5596	66.2400
1009	井工一矿	61.2300	0.0000	165.1704	226.4004
1010	一号井选煤厂	8.6004	0.0000	26.5704	35.1708
1011	西易矿	11.6496	15.5400	0.0000	27.1896
1012	安家岭露天设备维修中心外包单位	83.0196	0.0000	0.0000	83.0196
1013	安家岭厂区绿化复垦	26.1300	0.0000	191.9304	218.0604
1014	井工二矿	0.2700	22.6596	0.0000	22.9296
1015	井工二矿选煤厂	0.1404	5.6496	0.0000	5.7900
1016	井东煤业	0.0000	0.0000	0.0000	0.0000
1017	其他单位(不包含西易矿)	0.6204	0.0000	0.0000	0.6204

图 8.38　用水单位年用水量统计窗口界面

2. 供水分析

用户在供水分析子模块能浏览的是［年供水能力］功能页面。此页面主要是统计了该年份供水能力，以便用户能够对区域供水能力了解。图 8.39 为年供水能力窗口界面。

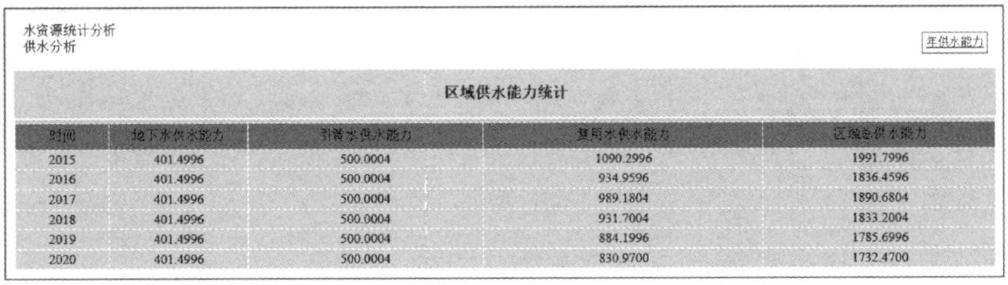

水资源统计分析
供水分析 　　　　　　　　　　　　　　　　　　　　　　　　　　　　　　年供水能力

区域供水能力统计

时间	地下水供水能力	引客水供水能力	复用水供水能力	区域总供水能力
2015	401.4996	500.0004	1090.2996	1991.7996
2016	401.4996	500.0004	934.9596	1836.4596
2017	401.4996	500.0004	989.1804	1890.6804
2018	401.4996	500.0004	931.7004	1833.2004
2019	401.4996	500.0004	884.1996	1785.6996
2020	401.4996	500.0004	830.9700	1732.4700

图 8.39　年供水能力窗口界面

3. 水质分析

水质分析模块包含有［污水处理站处理能力］和［污水排放系数］功能页面。污水处理站页面是关于污染物的详细情况进行展示；污水排放系数则能够让用户直观了解到水资源回用情况。图 8.40 为污水处理站处理能力窗口界面，图 8.41 为污水排放系数窗口界面。

水资源统计分析
水质分析 　　　　　　　　　　　　　　　　　　　　　　污水处理站处理能力　污水排放系数

污水处理站处理能力

时间：2019　　　　　　　　　　　　查询

污水处理站代码	污水处理站	设计规模(t/d)	实际处理能力	悬浮物去除量	氨氮去除量	COD去除量	水力负荷	悬浮物去除率	氨氮去除率	COD去除率
2002	安太堡终端污水处理站	26.4696	72.9996	62.3724	1.8948	37.9044	36.260000	88.140000	92.630000	85.290000
2003	安家岭生活污水处理站	40.5804	175.2000	213.8016	0.5400	85.6980	23.160000	95.130000	78.240000	92.730000
2004	安家岭终端污水处理站	425.0196	547.5000	5839.1316	6.7584	175.3200	77.630000	98.000000	48.480000	67.820000
2006	井工一矿上窑区井下污水处理站	49.9896	262.8000	1225.2756	0.8496	31.2132	19.020000	98.960000	62.040000	80.610000
2007	井工一矿太西区井下污水处理站	342.1404	876.0000	8085.3588	5.5080	414.9132	39.060000	99.020000	84.740000	87.480000

图 8.40　污水处理站处理能力窗口界面

水资源统计分析
水质分析 　　　　　　　　　　　　　　　　　　　　　　　污水处理站处理能力　污水排放系数

区域污水排放系数

时　间：　　　　　　　　　　　　查询

序号	时间	污水处理量	区域用水总量	污水排放系数
1	201501	90.8583	100.5992	0.9
2	201502	90.8583	100.5992	0.9
3	201503	90.8583	100.5992	0.9
4	201504	90.8583	100.5992	0.9
5	201505	90.8583	100.5992	0.9
6	201506	90.8583	100.5992	0.9
7	201507	90.8583	100.5992	0.9
8	201508	90.8583	100.5992	0.9
9	201509	90.8583	100.5992	0.9
10	201510	90.8583	100.5992	0.9
11	201511	90.8583	100.5992	0.9

图 8.41　污水排放系数窗口界面

8.4.4 动态评价管理模块实现

信息管理人员对该模块中所有子模块评价过程中 AHP 权重拥有修改权限，而录入人员仅能查阅，其余模块拥有的权限一致。所有子模块中所采用的评价方法类似，所以对于评价方法仅以可持续综合评价模块的方法进行展示。

1. 资源消耗综合评价

此子模块可以查看的有［水资源消耗信息］［资源消耗清单］以及［评价方法］页面。水资源消耗信息是对区域每个月的用水量和供水能力的统计。资源消耗清单是对资源消耗的 4 个评价指标每个月的值进行查看。图 8.42 为水资源消耗信息窗口界面，图 8.43 为资源消耗清单窗口界面。

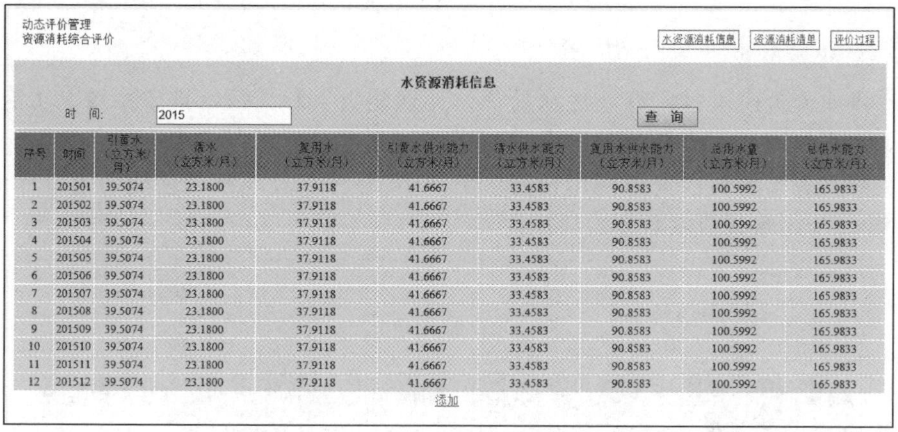

序号	时间	引黄水（立方米/月）	清水（立方米/月）	复用水（立方米/月）	引黄水供水能力（立方米/月）	清水供水能力（立方米/月）	复用水供水能力（立方米/月）	总用水量（立方米/月）	总供水能力（立方米/月）
1	201501	39.5074	23.1800	37.9118	41.6667	33.4583	90.8583	100.5992	165.9833
2	201502	39.5074	23.1800	37.9118	41.6667	33.4583	90.8583	100.5992	165.9833
3	201503	39.5074	23.1800	37.9118	41.6667	33.4583	90.8583	100.5992	165.9833
4	201504	39.5074	23.1800	37.9118	41.6667	33.4583	90.8583	100.5992	165.9833
5	201505	39.5074	23.1800	37.9118	41.6667	33.4583	90.8583	100.5992	165.9833
6	201506	39.5074	23.1800	37.9118	41.6667	33.4583	90.8583	100.5992	165.9833
7	201507	39.5074	23.1800	37.9118	41.6667	33.4583	90.8583	100.5992	165.9833
8	201508	39.5074	23.1800	37.9118	41.6667	33.4583	90.8583	100.5992	165.9833
9	201509	39.5074	23.1800	37.9118	41.6667	33.4583	90.8583	100.5992	165.9833
10	201510	39.5074	23.1800	37.9118	41.6667	33.4583	90.8583	100.5992	165.9833
11	201511	39.5074	23.1800	37.9118	41.6667	33.4583	90.8583	100.5992	165.9833
12	201512	39.5074	23.1800	37.9118	41.6667	33.4583	90.8583	100.5992	165.9833

图 8.42 水资源消耗信息窗口界面

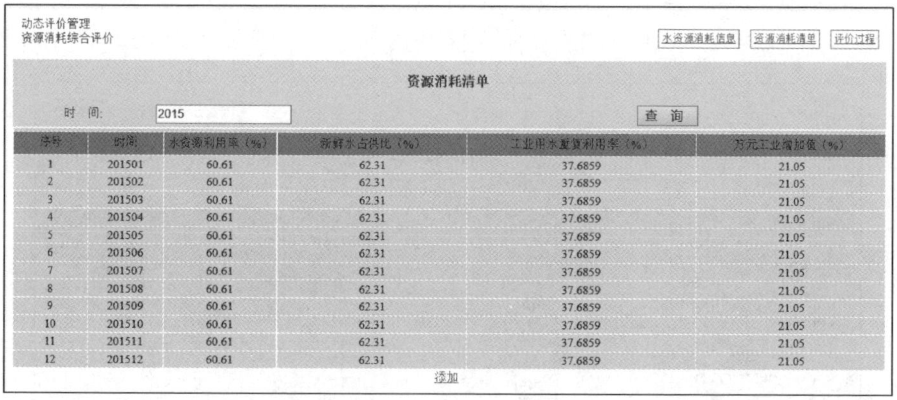

序号	时间	水资源利用率（%）	新鲜水占供比（%）	工业用水重复利用率（%）	万元工业增加值（%）
1	201501	60.61	62.31	37.6859	21.05
2	201502	60.61	62.31	37.6859	21.05
3	201503	60.61	62.31	37.6859	21.05
4	201504	60.61	62.31	37.6859	21.05
5	201505	60.61	62.31	37.6859	21.05
6	201506	60.61	62.31	37.6859	21.05
7	201507	60.61	62.31	37.6859	21.05
8	201508	60.61	62.31	37.6859	21.05
9	201509	60.61	62.31	37.6859	21.05
10	201510	60.61	62.31	37.6859	21.05
11	201511	60.61	62.31	37.6859	21.05
12	201512	60.61	62.31	37.6859	21.05

图 8.43 资源消耗清单窗口界面

2. 经济性综合评价

此子模块可以查看的有［水资源购置费］［运行成本］［经济效益］以及［评价过程］页面。前三个页面是经济性模块的三个评价指标的详细计算信息，同时对系统内的费用支出可进行详细了解。经济性清单是对资源消耗的4个评价指标每个月的值进行查看。图8.44为水资源购置费窗口界面，图8.45为运行成本窗口界面，图8.46为经济效益窗口界面。

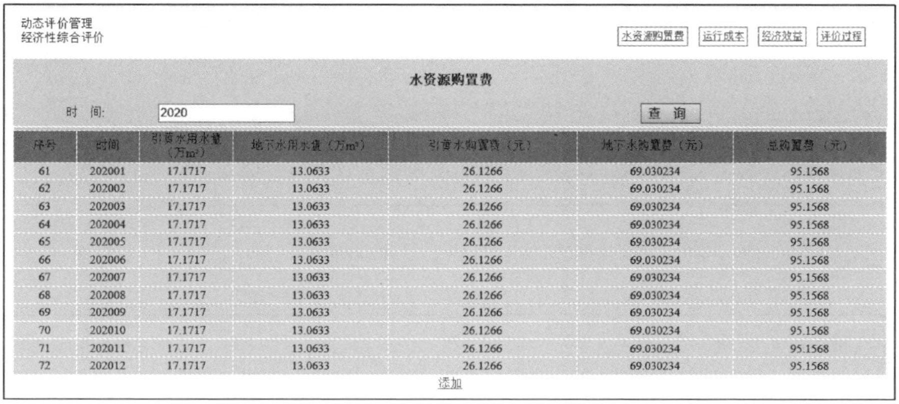

序号	时间	引黄水用水量（万m³）	地下水用水量（万m³）	引黄水购置费（元）	地下水购置费（元）	总购置费（元）
61	202001	17.1717	13.0633	26.1266	69.030234	95.1568
62	202002	17.1717	13.0633	26.1266	69.030234	95.1568
63	202003	17.1717	13.0633	26.1266	69.030234	95.1568
64	202004	17.1717	13.0633	26.1266	69.030234	95.1568
65	202005	17.1717	13.0633	26.1266	69.030234	95.1568
66	202006	17.1717	13.0633	26.1266	69.030234	95.1568
67	202007	17.1717	13.0633	26.1266	69.030234	95.1568
68	202008	17.1717	13.0633	26.1266	69.030234	95.1568
69	202009	17.1717	13.0633	26.1266	69.030234	95.1568
70	202010	17.1717	13.0633	26.1266	69.030234	95.1568
71	202011	17.1717	13.0633	26.1266	69.030234	95.1568
72	202012	17.1717	13.0633	26.1266	69.030234	95.1568

图8.44 水资源购置费窗口界面

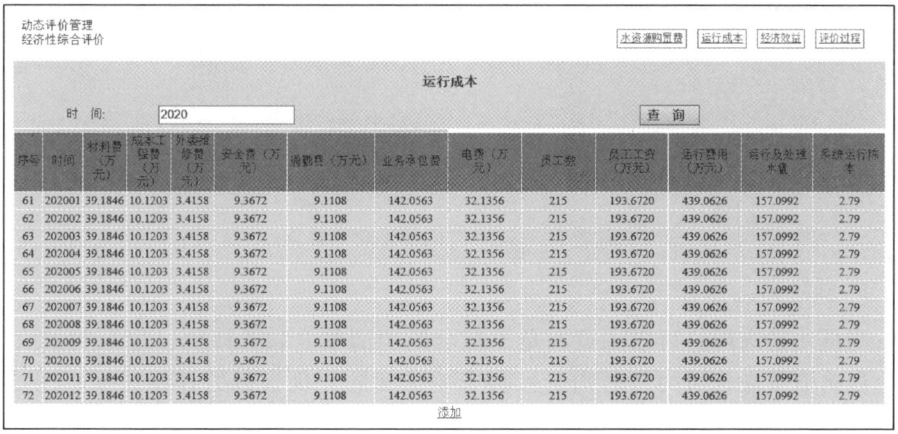

序号	时间	材料费（万元）	成本工程费（万元）	外委维修费（万元）	安全费（万元）	后勤费（万元）	业务承包费	电费（万元）	员工数	员工工资（万元）	运行费用（万元）	运行及处理水量	系统运行陈本
61	202001	39.1846	10.1203	3.4158	9.3672	9.1108	142.0563	32.1356	215	193.6720	439.0626	157.0992	2.79
62	202002	39.1846	10.1203	3.4158	9.3672	9.1108	142.0563	32.1356	215	193.6720	439.0626	157.0992	2.79
63	202003	39.1846	10.1203	3.4158	9.3672	9.1108	142.0563	32.1356	215	193.6720	439.0626	157.0992	2.79
64	202004	39.1846	10.1203	3.4158	9.3672	9.1108	142.0563	32.1356	215	193.6720	439.0626	157.0992	2.79
65	202005	39.1846	10.1203	3.4158	9.3672	9.1108	142.0563	32.1356	215	193.6720	439.0626	157.0992	2.79
66	202006	39.1846	10.1203	3.4158	9.3672	9.1108	142.0563	32.1356	215	193.6720	439.0626	157.0992	2.79
67	202007	39.1846	10.1203	3.4158	9.3672	9.1108	142.0563	32.1356	215	193.6720	439.0626	157.0992	2.79
68	202008	39.1846	10.1203	3.4158	9.3672	9.1108	142.0563	32.1356	215	193.6720	439.0626	157.0992	2.79
69	202009	39.1846	10.1203	3.4158	9.3672	9.1108	142.0563	32.1356	215	193.6720	439.0626	157.0992	2.79
70	202010	39.1846	10.1203	3.4158	9.3672	9.1108	142.0563	32.1356	215	193.6720	439.0626	157.0992	2.79
71	202011	39.1846	10.1203	3.4158	9.3672	9.1108	142.0563	32.1356	215	193.6720	439.0626	157.0992	2.79
72	202012	39.1846	10.1203	3.4158	9.3672	9.1108	142.0563	32.1356	215	193.6720	439.0626	157.0992	2.79

图8.45 运行成本窗口界面

3. 技术性能综合评价

此子模块可以查看的有［技术性能指标］和［评价过程］页面。技术性能指标页面是对表征水资源系统的年均水力负荷、工艺稳定性、悬浮物去除量、COD去除量、氨氮去除量五个评价指标值进行展示。图8.47为技术性能清单窗口界面。

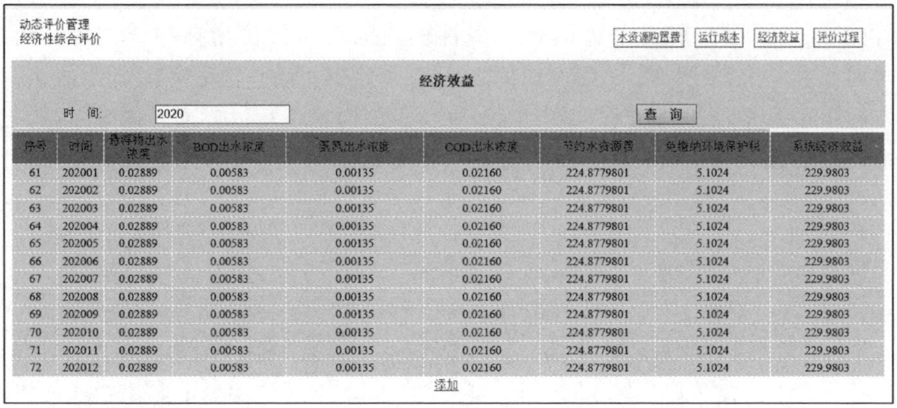

动态评价管理
经济性综合评价

水资源购置费　运行成本　经济效益　评价过程

经济效益

时　间: 2020　查　询

序号	时间	悬浮物出水浓度	BOD出水浓度	氨氮出水浓度	COD出水浓度	节约水资源费	免缴纳环境保护税	系统经济效益
61	202001	0.02889	0.00583	0.00135	0.02160	224.8779801	5.1024	229.9803
62	202002	0.02889	0.00583	0.00135	0.02160	224.8779801	5.1024	229.9803
63	202003	0.02889	0.00583	0.00135	0.02160	224.8779801	5.1024	229.9803
64	202004	0.02889	0.00583	0.00135	0.02160	224.8779801	5.1024	229.9803
65	202005	0.02889	0.00583	0.00135	0.02160	224.8779801	5.1024	229.9803
66	202006	0.02889	0.00583	0.00135	0.02160	224.8779801	5.1024	229.9803
67	202007	0.02889	0.00583	0.00135	0.02160	224.8779801	5.1024	229.9803
68	202008	0.02889	0.00583	0.00135	0.02160	224.8779801	5.1024	229.9803
69	202009	0.02889	0.00583	0.00135	0.02160	224.8779801	5.1024	229.9803
70	202010	0.02889	0.00583	0.00135	0.02160	224.8779801	5.1024	229.9803
71	202011	0.02889	0.00583	0.00135	0.02160	224.8779801	5.1024	229.9803
72	202012	0.02889	0.00583	0.00135	0.02160	224.8779801	5.1024	229.9803

添加

图 8.46　经济效益窗口界面

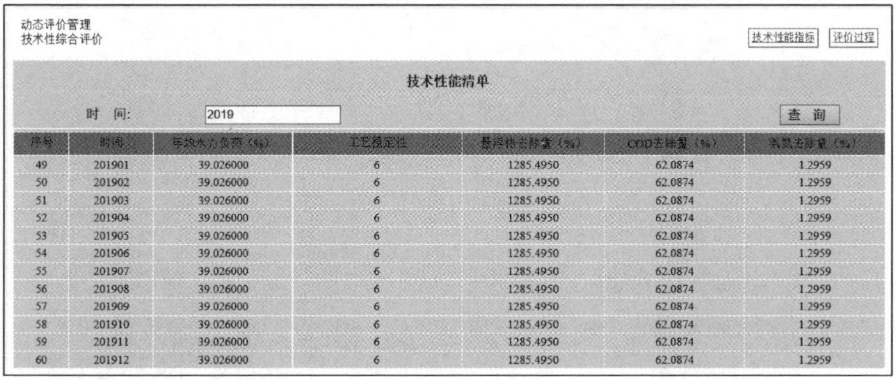

动态评价管理
技术性综合评价

技术性能指标　评价过程

技术性能清单

时　间: 2019　查　询

序号	时间	年均水力负荷（%）	工艺稳定性	悬浮物去除量（%）	COD去除量（%）	氨氮去除量（%）
49	201901	39.026000	6	1285.4950	62.0874	1.2959
50	201902	39.026000	6	1285.4950	62.0874	1.2959
51	201903	39.026000	6	1285.4950	62.0874	1.2959
52	201904	39.026000	6	1285.4950	62.0874	1.2959
53	201905	39.026000	6	1285.4950	62.0874	1.2959
54	201906	39.026000	6	1285.4950	62.0874	1.2959
55	201907	39.026000	6	1285.4950	62.0874	1.2959
56	201908	39.026000	6	1285.4950	62.0874	1.2959
57	201909	39.026000	6	1285.4950	62.0874	1.2959
58	201910	39.026000	6	1285.4950	62.0874	1.2959
59	201911	39.026000	6	1285.4950	62.0874	1.2959
60	201912	39.026000	6	1285.4950	62.0874	1.2959

图 8.47　技术性能清单窗口界面

4. 社会影响评价

此模块系统用户可以浏览的是［社会影响清单］和［评价过程］功能页面。社会影响清单操作页面是对衡量社会影响维度的评价指标的详情展示。图 8.48 为社会影响清单操作窗口界面。

5. 环境影响评价

环境影响评价子模块系统用户可以查阅的功能包括有［环境影响分类］［环境影响清单］［评价过程］。环境影响分类是对区域内的污染物所涉及的系数和污染物来源进行详细浏览；环境影响清单则是表征该维度的评价指标值的展示。图 8.49 为环境影响分类窗口界面，图 8.50 为环境影响清单窗口界面。

动态评价管理
社会影响综合评价

社会影响清单 评价过程

社会影响清单

时 间: 2016 查 询

序号	时间	员工数	环境法律法规标准	管理体系完善度
13	201601	199	7	6
14	201602	199	7	6
15	201603	199	7	6
16	201604	199	7	6
17	201605	199	7	6
18	201606	199	7	6
19	201607	199	7	6
20	201608	199	7	6
21	201609	199	7	6
22	201610	199	7	6
23	201611	199	7	6
24	201612	199	7	6

图 8.48 社会影响清单操作窗口界面

动态评价管理
环境影响综合评价

环境影响分类 环境影响清单 评价过程

环境影响分类

环境影响分类	相关污染物	潜力系数	电力排放量kg/t	生活污泥排放清单kg/t	来源
全球变暖 (GWP)	CO_2	1	1.05	49.62	电力供应、污泥处置
	CH_4	28	0.0000107	14.87	电力供应、污泥处置
	N_2O	265	0.0000154	0.001	电力供应、污泥处置
	CO	0.027	0.00117	0.02	电力供应、污泥处置
酸化 (EP)	SO_2	1	0.00209	0.03	电力供应、污泥处置
	NO_x	0.5	0.0023	0.13	电力供应、污泥处置
	NH_3	1.6	0	0.003	电力供应、污泥处置
水体富营养化 (AP)	COD	0.022	0	0.13	废水排放、污泥处置
	NH_3-N	3.64	0	0.006	废水排放、污泥处置
	BOD_5	0.022	0	0	废水排放
	TP	3.06	0	0.001	污泥处置
	TN	0.42	0	0.009	污泥处置
人体毒性 (HTP)	CO	0.012	0.00117	0.02	电力供应、污泥处置
	NH_3-N	0.1	0	0.004	电力供应、污泥处置
	Nox	1.2	0.0023	0.13	电力供应、污泥处置
	PM10	0.82	0.000206	0.005	电力供应、污泥处置
	Hg	1425.6	0.0000000359	0.0000003	电力供应、污泥处置
	Pb	12.26	0.000000184	0.00002	电力供应、污泥处置
	Cd	22.89	0.0000000219	0.0000008	电力供应、污泥处置
	Ni	331.08	0.000000123	0.0000060	电力供应、污泥处置
	Zn	0.58	0.0000000517	0.00006	电力供应、污泥处置
	Cu	1.34	0.000000123	0.000007	电力供应、污泥处置
	Cr	3.42	0.0000000011	0.000008	电力供应、污泥处置
	Sn	0.017	0	0.005	电力供应、污泥处置
	As	951	0.000000174	0	电力供应、污泥处置
	Se	56011	0.000000566	0	电力供应、污泥处置
	Hg土壤	1080.54	0	0.0008	电力供应、污泥处置
	Pb土壤	293.3	0	0.04	电力供应、污泥处置

图 8.49 环境影响分类窗口界面

动态评价管理
环境影响综合评价

环境影响分类 环境影响清单 评价过程

环境影响清单

时 间: 2016 查 询

序号	时间	电力（kwh/月）	生活污泥(t/月)	排放水量（万立方米/月）	COD排放浓度(kg/t)	氨氮排放浓度(kg/t)	BOD排放浓度(kg/t)	GWP	AP	EP	HTP
13	201601	463966.66667	16.81917	19.65750	0.01922	0.00070	0.00722	497053.9721	1504.9306	615.7475	16943.4853
14	201602	463966.66667	16.81917	19.65750	0.01922	0.00070	0.00722	497053.9721	1504.9306	615.7475	16943.4853
15	201603	463966.66667	16.81917	19.65750	0.01922	0.00070	0.00722	497053.9721	1504.9306	615.7475	16943.4853
16	201604	463966.66667	16.81917	19.65750	0.01922	0.00070	0.00722	497053.9721	1504.9306	615.7475	16943.4853
17	201605	463966.66667	16.81917	19.65750	0.01922	0.00070	0.00722	497053.9721	1504.9306	615.7475	16943.4853
18	201606	463966.66667	16.81917	19.65750	0.01922	0.00070	0.00722	497053.9721	1504.9306	615.7475	16943.4853
19	201607	463966.66667	16.81917	19.65750	0.01922	0.00070	0.00722	497053.9721	1504.9306	615.7475	16943.4853
20	201608	463966.66667	16.81917	19.65750	0.01922	0.00070	0.00722	497053.9721	1504.9306	615.7475	16943.4853
21	201609	463966.66667	16.81917	19.65750	0.01922	0.00070	0.00722	497053.9721	1504.9306	615.7475	16943.4853
22	201610	463966.66667	16.81917	19.65750	0.01922	0.00070	0.00722	497053.9721	1504.9306	615.7475	16943.4853
23	201611	463966.66667	16.81917	19.65750	0.01922	0.00070	0.00722	497053.9721	1504.9306	615.7475	16943.4853
24	201612	463966.66667	16.81917	19.65750	0.01922	0.00070	0.00722	497053.9721	1504.9306	615.7475	16943.4853

图 8.50 环境影响清单窗口界面

6. 可持续性综合评价

可持续性综合评价子模块实现的功能页面包括了［评价体系］［指标值］以及［评价过程］。评价体系涉及的是五个维度内的 19 个评价指标方向和性质进行展示；指标值是对于区域内所有评价指标的年值进行展示。图 8.51 为评价体系窗口界面，图 8.52 为指标值窗口界面。

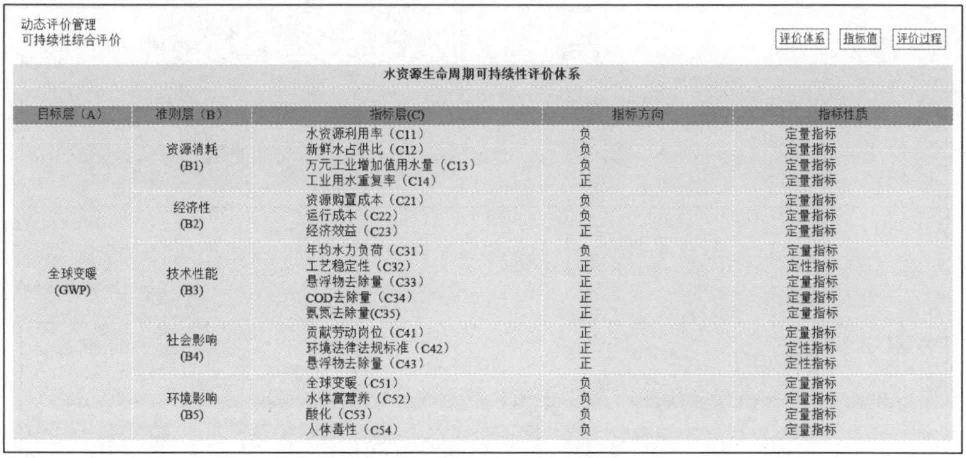

图 8.51　评价体系窗口界面

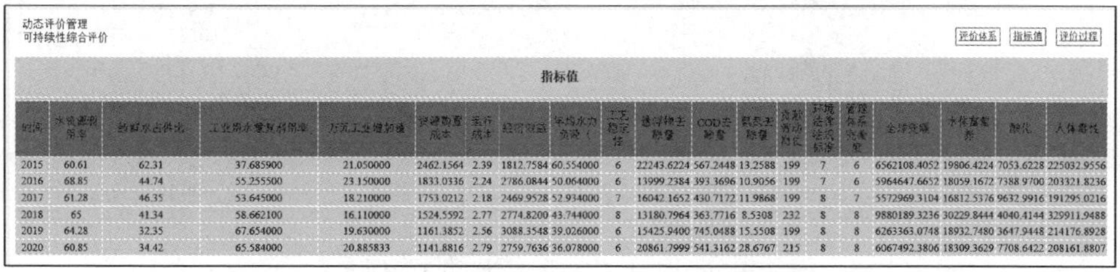

图 8.52　指标值窗口界面

评价过程页面包含有［AHP］［相关性］［融合］以及［排名］这四个子功能页面。AHP 子页面是对指标主观权重的赋值情况展示；［相关性］子页面是评价指标客观权重的中间过程展示，标准化表是评价指标消除量纲不一致性后的标准化值，权重及相关性表是指标值间的相关系数和最终客观权重；融合子页面是主客观权重融合得到的优化权重结果；排名子页面是区域内 R、Q 以及 S 值不同年份的排名，通过排名来判断哪个时间的水资源利用的可持续性更好，且通过在文本框输入年份便能查出该年份的 R、Q 以及 S 的排名。图 8.53 为融合子窗口界面，图 8.54 为排名子窗口界面。

图 8.53 融合子窗口界面

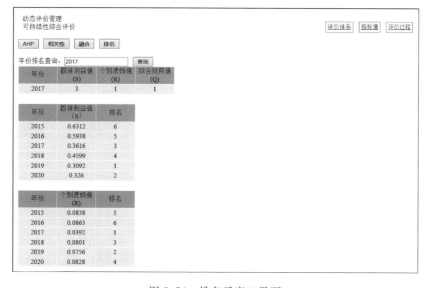

图 8.54 排名子窗口界面

8.4.5　用户信息管理

该模块关于系统用户个人信息的编辑，包含有［列表］［添加］和［退出］页面，管理人员仅仅通过列表页面对自己的个人信息采取修改操作，而管理员能够对所有用户进行个人信息修改操作、给用户赋予相关权限与添加系统用户。图 8.55 为系统用户添加窗口界面，图 8.56 为列表窗口界面。

图 8.55　系统用户添加窗口界面

排序	登录名	昵称	身份证	性别	手机	邮箱	地址	角色	操作
			管理员列表						
1	2018510410	二麻子	6331021995042640001	13365985487	3258649822@qq.com	藁城	1	修改 删除
2	2018520454	王三	6331021996042640001	13356982365	205431266@qq.com	石家庄	1	修改 删除
3	2018510411	陈婷	6331021995042640002	15885689476	201536540@qq.com	昆明	1	修改 删除
4	2018510406	陈霜	6331021995042640003	15684752315	986523141@qq.com	北京	1	修改 删除
5	2018520439	刘震	6331021995042640004	13685689471	3265142569@qq.com	万柏林	1	修改 删除
6	2018520423	刘翠星	6331021995042640005	12356481235	20130@qq.com	珠海	1	修改 删除
7	18520424	阎硕	6331021995042640006	13532586426	63256532@qq.com	青岛	1	修改 删除
8	2018510412	范冰冰	6331021995042640007	12358645698	362545@qq.com	宜昌	1	修改 删除
9	2018510414	邓博	6331021995042640008	13632652541	326514@qq.com	武汉	1	修改 删除
10	2018520445	邓德	6331021995042640009	15823655632	6331021995042640009@qq.com	襄阳	1	修改 删除
11	2018520453	王尔	6331021995042640010	15823024872	201364@qq.com	朝阳	1	修改 删除
12	2018520427	刘证	6331021995042640011	15834654872	3025698@qq.com	太原	1	修改 删除
13	2018520446	郑五	6331021995042640012	15889654872	1236549@qq.com	忻州	1	修改 删除
14	2018520451	万曦聪	6331021995042640013	15923654872	1023654@qq.com	运城	1	修改 删除
15	2018510400	王加	6331021995042640014	15892354872	201359@qq.com	深圳	1	修改 删除
16	2018510416	王嘉尔	6331021995042640015	15823334872	20132510@qq.com	北戴河	1	修改 删除
17	2018520428	王丹丹	6331021995042640016	15823954872	20361254@qq.com	南戴河	1	修改 删除
18	2018520440	刘腾庆	6331021995042640017	15823652172	201365@qq.com	天津	1	修改 删除
19	2018520449	刘腾霞	6331021995042640018	15826544872	986324@qq.com	辽宁	2	修改 删除

首页 上一页 下一页 末页

图 8.56　列表窗口界面

8.5　系统测试

软件编写完成后，需要系统运行进行相关测试，本书对其采用的测试方法分为了白盒与黑盒测试。黑盒测试是在测试人员知道系统有哪些具体功能但对系统内部程序不了解的情况下，通过在系统页面进行操作后，检验所实现的功能是否按既定的计划进行，在界面输入相关信息后是否能输出相应的正确无误的信息。而关于白盒测试是基于测试人员对系统程序代码详细了解以后对其算法或者程序代码结构测试，主要是从系统代码的逻辑结构出发，检验是否能满足系统的功能需求以达到开发的目的。经过对相应模块进行测试能得到正确的信息，系统则开发完成。

8.5.1 登录测试

为了让系统用户能够顺利的登录到指定的页面窗口以及看到不同的错误情况所导致的后果。先后选择角色信息、密码、用户名以及验证码发生错误的情况进行测试。当出现任何一种错误情况时都不能访问系统操作界面，而且会弹出相关的错误信息以便用户修改进入，这样就测试了此模块（表8.18）。

打开了登录窗口选择信息管理人员进行测试，发现任何一种错误发生都无法链接到所对应的页面，只有当全部正确后才会进入到对应的页面。

表 8.18 登 录 测 试 结 果

测试用户	信息管理人员、信息录入人员
测试方法	黑盒测试
测试内容	用户的登录
计划结果	用户信息不匹配便会显示错误原因，信息匹配便能够进入指定页面
测试过程	输入用户角色的信息不匹配时页面所提示的内容以及输入正确的信息后是否跳转到指定页面
	用户名和用户密码与数据库已有信息不匹配时页面所提示的信息以及匹配后能否跳转到正确页面
	验证码信息不匹配时页面所提示的信息
	角色信息、密码、用户名与验证码均与数据库匹配后进入的页面
测试结果	进行相关操作后得到计划结果，进入指定界面
结论	正常

8.5.2 功能测试

选择信息管理人员作为使用者对此系统部分关键功能测试操作，且会对相应测试结果和其计划结果进行对比，是否满足要求，满足则此功能正确，反之则对系统相关部分程序代码进行修改。经测试后，对应的测试结果见表8.19。

表 8.19 功 能 测 试 结 果

序号	测试功能	测试过程	计划结果	实际结果
1	相关模块进行修改，删除	修改该条信息或删除该条信息	修改成功，删除前弹出窗口是否删除	修改成功；是否删除，确定删除成功
2	筛选出符合条件的信息	输入条件	得到符合该条件的信息	查询成功
3	添加相关的数据	对相关数据进行添加	添加成功并更新信息	显示添加成功

续表

序号	测试功能	测试过程	计划结果	实际结果
4	AHP 主观权重赋值	对权重进行编辑	权重编辑成功，并查看更新后的权重	编辑成功
5	评价结果	评价方法中的结果	评价结果无误	不同年份评价排序
6	用户赋予角色后功能权限是否满足预期	权限内的界面能否正确访问	权限内的界面能访问	获得相应的权限
7	不登陆能否进入用水分析功能界面	在网址地址栏输入网址	无法访问	不能访问
8	对登录密码不进行加密后果	把加密算法注释	输入错误的密码也能进入系统	特定错误密码能访问系统
9	对系统用户进行添加	输入用户的相关信息	添加信息成功，信息更新	用户更新

8.5.3　性能测试

在以信息管理人员和录入人员对整个系统进行软件测试的过程中，功能的响应时间平均为 3 秒，满足预期的要求，系统配有身份验证、对密码进行 MD5 加密、不同角色人员拥有不同权限等保障系统的安全和功能的正常使用，另外，系统采用简洁明了且符合人们日常操作习惯的系统界面，使得界面操作简单容易理解且用户对其的体验感极好，系统在使用过程中未发生崩溃现象，稳定性得以保障。同时，系统实现功能与前期设计的功能一致，满足开发的需求。

8.5.4　软件测试结论

针对系统不仅仅采用管理人员进行相关测试而且会使用信息录入人员对软件反复测试，主要是对软件系统以白盒测试为主而黑盒测试为辅的模式，通过多次测试后的结果，可得出系统的运行稳定以及效果良好，测试过程中虽然存在一些问题，但是及时对其进行更正，使得系统最终满足用户的需求。

第9章 黄土–微生物系统处理煤矿酸性废水的试验研究

9.1 研究的背景与意义

9.1.1 研究的背景

9.1.1.1 酸性煤矿水的成因

煤系地层中含有硫铁矿（FeS_2）等金属硫化物，煤炭的开采使氧气大量进入，金属硫化物被氧化生成硫酸，这样煤矿排水的 pH 值会降低，会含有大量的硫酸根离子，因此，煤矿的开采过程总是伴随着大量酸性废水的排出[112]。

硫铁矿氧化产酸过程可划分为两个阶段：第一阶段是以自然界中的氧参加为主的反应，主要生成产物为硫酸和硫酸亚铁，且在氧充足时亚铁可被氧化成高铁，但此过程极为缓慢；第二阶段是 pH 值降至 4.5 以后，细菌参与了硫铁矿氧化过程，这时的反应比第一阶段快。其主要过程如下所述。

1. FeS_2 的氧化作用

（1）在氧和水存在的条件下，煤系地层中硫铁矿被氧化，生成硫酸和亚铁离子：

$$2\,FeS_2 + 7O_2 + 2H_2O == 4H^+ + 2Fe^{2+} + 4SO_4{}^{2-} \qquad (9.1)$$

（2）在酸性条件下，亚铁离子被进一步氧化成铁离子：

$$4Fe^{2+} + O_2 + 4H^+ == 4Fe^{3+} + 2H_2O \qquad (9.2)$$

（3）由于 Fe^{3+} 在 pH 值大于 3.5 时，水解生成氢氧化铁，增加了煤矿矿井水的酸度：

$$Fe^{3+} + 3H_2O == Fe(OH)_3 \downarrow + 3H^+ \qquad (9.3)$$

从以上反应式可以看出，2mol 的 FeS_2 氧化产生 6mol 的 H^+ 和 2mol 的 $Fe(OH)_3$，结果不但使矿井水呈酸性，而且因 $Fe(OH)_3$ 悬浮于水中，使其呈黄褐色。

同时研究发现，FeS_2 的氧化产物 Fe^{3+} 对 FeS_2 具有氧化作用：

$$FeS_2 + 14Fe^{3+} + 8H_2O == 15Fe^{2+} + 2SO_4{}^{2-} + 16\,H^+ \qquad (9.4)$$

因此加快了 FeS_2 氧化速度，增加了矿井水的酸度。

2. 细菌的催化作用

研究表明，细菌在酸性矿井水形成过程中起重要的催化作用。与硫铁矿类产酸有关的细菌主要是氧化亚铁硫杆菌、氧化硫杆菌、氧化铁硫杆菌生金属菌。它们在一定的 pH 值和温度范围内有较强的催化氧化活力，在常温下能使硫铁矿的氧化速率提高几十倍，氧化铁硫杆菌将亚铁氧化的同时，二氧化碳被细胞利用，转化为细菌体物质。如此循环使生物氧化持续发展，导致大量酸性废水产生。

另外，酸的生成量与煤的含硫量、煤层的赋存条件、采煤方法、井下涌水量、通风量以及微生物的种类和数量等有着密切的关系，另外还有一些来自煤中的有机硫被氧化后也会生成酸。据统计，含硫量为 5%～7% 时，矿井水的 pH 值为 6～5.5；含硫量为 7%～9% 时 pH 值为 5.5～3.5；含硫量为 9%～11% 时 pH 值为 3；含硫量大于 12% 时 pH 降至 2.5 以下。酸性矿井水的形成是一个较为复杂的过程，是物理、化学、生物作用的综合结果。

9.1.1.2　酸性矿井水的水质特征

1. 我国酸性矿井水的水质特征

我国酸性矿井水可分为含铁酸性矿井水和不含铁酸性矿井水两大类。对含铁酸性矿井水主要污染物为：①大量的氢离子，pH<6；②阳离子主要有铁、钙、镁、锰等；③阴离子主要为硫酸根、氯离子等；④含有一定的悬浮物，主要是煤屑、岩粉和黏土等细小颗粒物，尤其是煤粉，其含量为几十至几百 mg/L；⑤其他有害重金属离子有汞、镉、铬、铅、砷、锌等，它们对人和生物的危害都很大。

2. 山西省酸性矿井水水质特征

山西省矿井水水质随矿井分布地区的不同有较大差异，主要受地质条件、煤层特性、采煤工艺的影响。矿井水中的主要污染物为采煤过程中煤粉和岩粉渗入水中形成较高的悬浮物（SS），使水的颜色呈灰黑色。通常排至地面的矿井水中 SS 为 70～400mg/L，这是矿井水在井下水仓中有一定的沉淀作用，否则排出的矿井水中 SS 含量还要高。

矿井水的其他水质特征主要是：

（1）矿化度较高。一般在 1000mg/L 以上，并含有硫酸盐、重碳酸盐类，主要分布在大同、阳泉、西山及汾西地区。

（2）硬度大。一般在 445mg/L（CaCO$_3$）以上，总硬度中永久硬度比重远大于暂时硬度，主要分布在大同、西山、汾西等地。

（3）部分矿井水呈酸性。酸性矿井水 pH 值为 3.1～3.5，主要分布在汾西和西山地区，随着开采深度的加大，pH 值逐渐变小，同时含铁量也逐渐增加。

（4）含有一定浓度的 COD。

9.1.2 研究的意义

煤炭是我国的支柱能源，在能源结构中占 70%以上，对我国的经济发展起着举足轻重的作用。然而，伴随着煤炭工业的发展所引起的一系列的环境污染问题也日渐凸显，煤矿酸性废水的排放就是其中较为突出的污染问题。在煤炭的生产过程中，每开采 1t 煤排放废水为 1～1.5t，破坏水资源达 2.5t 左右，例如 2004 年，我国煤矿废水排放量约为 38 亿 t，占全国废水排放总量的 9%，全国工业废水排放总量的 15%以上。煤矿废水的主要特征是 pH 值低[113]，有机成分少，硫酸盐浓度相对较高，并且还含有大量的金属离子。含硫酸盐煤矿酸性废水不经处理直接排入水体将使受纳水体酸化，危害水生生物，并产生潜在的腐蚀性；这类酸性废水也会破坏土壤结构，并使土壤的硬度及含盐量增加，会减少农作物产量。硫酸盐废水潜伏周期长，虽然有自然的稀释作用，即在短时间内不会有明显的负面作用，但是一旦大面积的形成污染，则其治理难度很大[114]，这是因为硫酸盐在水体中的性质很稳定，不易依靠自然的作用而逐渐地消除污染。

我国的煤矿大多分布在华北和西北地区，这些地区大多属于半干旱或干旱气候区，多年平均降水量在 400mm 以下，加上水资源的过度开采，造成严重资源性缺水，生态环境恶化，而大量的矿井废水的产生更加剧了水资源短缺的局面，在相当程度上制约了矿区经济的可持续性发展。煤矿酸性废水的资源化与无害化，既保护水土环境，又将废水变成可利用的水资源，能有效缓解矿区水资源缺乏的状况，保证矿区工业的健康发展。因此，煤矿酸性废水的修复处理，对于我国特别是西部缺水地区具有重要的意义。但国内外关于煤矿酸性废水的处理方法多采用建立污水处理厂，利用物理、化学、生物化学方法处理，这些处理方法的主要缺点是基建工程和设备投资大，运行费用高，耗能大，处理量小、相对集中等，一个中等规模的处理厂，投资也需要几百万元，每吨水的处理成本达几元至几十元，企业难以承受，尤其是那些分散的乡镇煤矿是更难做到的。因此，研究成本较低、便于实际运用的煤矿废水处理技术，对改善矿区水污染及生产用水紧张的情况，有极其重要的经济和社会效益。

黄土地区是我国重要的能源化工基地，我国黄土分布面积广阔，尤其在中西部广泛分布着不同地质时代、不同成因的黄土，面积约 64 万 km^2，厚度为 50～70m。黄土是一种碱性风化壳，具有特殊物理化学性质和结构，可溶盐主要是 $CaCO_3$，富集空隙中起胶结作用，pH 值为 8.7～9.2；黄土中黏土矿物和有机质含量较高，比表面积大、土中阳离子交换吸附总量高、吸附性强，属中高吸附性和亲水性；黄土具有大空隙、垂直节理发育，其透水性和透光性良好。

除此，还富含有机质和微生物。黄土这些独特的地球化学特征，为与酸性废水作用产生中和反应，吸附和离子交换吸附作用以及微生物生化反应提供了条件[115]，因此，可以利用广泛分布的黄土来降低酸性废水中的污染。

煤矿区因开采煤层形成采空区，在地表形成塌陷，采煤排水后形成积水坑，生长喜水植物如芦苇、香蒲、马尾草等，积水洼地中还生存多种微生物如硫酸盐还原菌等。因此，可以利用煤矿区分布的天然黄土和采煤塌陷形成的积水洼地，因地制宜，人工形成一个"黄土—湿地植物—微生物生态系统"，对煤矿酸性废水进行处理净化，在利用自然条件和环境因素的同时，强化人工调控措施，这样大幅度地降低了投资成本和运行费用，便于推广应用。

9.2　黄土的理化性质及特征

9.2.1　黄土的基本性质

9.2.1.1　黄土的定义

黄土是一种灰黄色、浅棕黄色的具有特殊理化性质的第四纪土状堆积物，有一系列内部物质成分和外部形态的特征，不同于同时期的其他沉积物[116]。同时，在地理分布上也不同于其他沉积物，而是分布于一定的自然地理区域中，有一定的规律性。地质学界早在 19 世纪中叶即对黄土进行了较深入的研究。一般认为：黄土具有以下全部特征，当缺少其中一项或几项特征的称为黄土状土，这些特征是：①颜色以黄色、褐黄色为主，有时呈灰黄色；②颗粒组成以粉粒（0.05～0.005mm）为主，含量一般在 60% 以上，几乎没有粒径大于 0.25mm 的颗粒；③一般有肉眼可见的大孔隙，孔隙比较大，在 1.0 左右；④成分复杂，有 60 多种矿物，富含碳酸钙（占 90% 左右）；⑤垂直节理发育；⑥一般无沉积层理，但常夹有古土壤埋藏层。

根据黄土形成的年代和特点划分为上更新统（Q_3）马兰黄土、中更新统（Q_2）离石黄土、下更新统（Q_1）午城黄土等；有人还将离石黄土和午城黄土称为"老黄土"，将马兰黄土称为"新黄土"。黄土的粒度成分百分比在不同地区和不同时代有所不同，在水平区域分布上，由北向南，由西向东，黄土的粉粒（0.05～0.005mm）含量变化不大，但砂粒（>0.05mm）含量逐渐减少，黏粒（<0.005mm）含量逐渐增加；在沉积时间上，地层由老到新，黄土的粒度由细到粗，砂粒（>0.05mm）含量增多，黏粒（<0.005mm）含量减少[117]。

根据地质剖面，黄土高原黄土自下而上，可以分成三层[118]：

（1）午城黄土，属早更新世。含有泥河湾组动物群和六条古土壤带，呈红黄色，黏性大，厚度约 17.5m，分布面积小，露头少。

（2）离石黄土，属中更新世。含周口店动物群，厚度为 80～120m，其中有许多红色古土壤条带。它分布很广泛，构成本区黄土源、梁、筛等典型黄土地形的主体，其岩性越往下越坚实。

（3）马兰黄土，属晚更新世。颜色淡黄，质地疏松，厚度为 20～40m，分布十分广泛。它不仅组成较低阶地，而且覆盖在较高阶地上及两侧谷坡和山坡上。马兰黄土所覆盖的地区都是当前最重要的农业用地地域。

黄土分布很广，面积达 1300 万 km²，约占陆地面积的 10%。我国黄土分布范围、厚度和地层的完整性均居世界之冠，覆盖面积约为 64 万 km²，占世界黄土分布面积的 4.9% 左右。

9.2.1.2　黄土的颗粒组成

黄土的颗粒组成以粉粒为主，含量可达 55% 以上，其中粗粉粒（0.05～0.01mm）含量大于细粉粒（0.01～0.005mm）的含量。黏土颗粒（＜0.005mm）成分一般为 10%～25%。砂土颗粒（＞0.05mm）成分为 10%～30%，一般为 20% 左右。

黄土的颗粒成分中大于 0.05mm 及小于 0.005mm 两个粒级的含量要比粉土粒级含量少很多。各地的黄土中粉土土粒级含量百分比一般变化幅度不很大，所以黄土以粉土粒级为主的岩性特征是其共性特点。一般认为，从地域看，黄土中黏粒的含量有自西向东，自北向南逐渐增加的趋势。

山西黄土的颗粒组成见表 9.1。

表 9.1　　　　　　　　　　　　山西黄土的颗粒组成[119]

类　型	颗粒组成（100%）			
	1～0.05mm	0.05～0.01mm	0.01～0.005mm	＜0.005mm
马兰黄土	27.19	46.35	7.20	19.09
离石黄土	19.26	54.45	6.61	19.63
午城黄土	32.16	33.75	7.50	26.68

9.2.1.3　黄土的物理力学性质

黄土的物理性质[120] 表现为疏松，多孔隙，垂直节理发育，极易渗水，且有许多可溶性物质，很容易被流水侵蚀形成沟谷，也易造成沉陷和崩塌。

由于黄土中存在有大孔隙，而且黏粒含量较低，所以黄土的渗透性也较强。只有在黄土的湿陷过程全部完成后，即黄土处于密实状态时，它才具有固定的渗透系数值[121]。由于黄土中大孔隙和铅直管状孔隙的存在，黄土的渗透性具有各向异性的性质，铅直向的渗透性比水平方向强。湿陷后由于浸水时土结构的破坏，两个方向的渗透系数逐渐趋平。

黄土的物理力学性质常随其成岩时代、成岩地区表现出一定的差异。一般新近堆积黄土（Q₄）的干密度较小，孔隙比较大，压缩变形大，渗透性强，干燥状态具有一定的结构强度，浸水饱和后结构破坏，凝聚力迅速减小，且变化幅度大，呈较强的湿陷性；晚更新世黄土（Q_3）的物理力学性质相似于新近堆积黄土，它们的结构强度均偏低易变，有较强的湿陷性；中更新世黄土（Q_2）是黄土地层的主体，由黄土、古土壤层和钙质结核层相间组成，质地比较密实，密度大、压缩性和渗透性均较小，无湿陷性或在高应力下具有较微湿陷性；早更新世黄土（Q_1）地层较薄，较之中更新世黄土更密实，强度大，压缩性小，无湿陷性，透水性小[122]。

黄土物理性质指标随深度的变化规律一般是：比重变化不大，容重和干容重随深度而变大，孔隙比、孔隙度随深度而变小；含水量和饱和度是两个变化的指标，饱和度是土中水的体积和孔隙体积之比，能说明土中孔隙的充水程度，两者随地表水、大气降水等而变，但一般存在着随深度而增加的趋势[123]。

9.2.2　黄土的矿物组成以及化学成分

9.2.2.1　黄土的矿物组成

黄土是一种碱性风化壳，矿物成分复杂，种类繁多，已发现的矿物达 60 多种。矿物成分有碎屑矿物、黏土矿物及自生矿物三类。碎屑矿物主要是石英、长石和云母，占碎屑矿物的 80%，其中以石英（SiO_2）为主，占 50% 以上，长石次之，占 20% 左右，云母占第三位，还有辉石、角闪石、绿帘石、绿泥石、磁铁矿等。黄土中的碎屑矿物一般有明显的棱角，表面新鲜，表明黄土沉积后没有受到强烈风化。此外，黄土中碳酸盐矿物含量较多，主要是方解石（$CaCO_3$）。黏土矿物主要是伊利石、蒙脱石、高岭石、针铁矿、含水赤铁矿等。

9.2.2.2　黄土的化学成分

黄土的化学成分是由所有矿物颗粒的总成分、各类水溶盐化合物、被吸收的盐基成分以及悬浮液的反应特性来决定的。

黄土最主要的矿物组成是 SiO_2 和倍半氧化物，无论是在黄土的粗颗粒中，还是在细散颗粒中，都含有这些成分。对于有黄土分布的各个地区，SiO_2 和倍半氧化物的相对含量具有某些规律性的变化，这种变化与黄土的成因以及所处的地理环境和地貌部位等有关。可以看到这样的规律：越靠近冰川、河流和其他水道的谷地，SiO_2 的含量越高，倍半氧化物 Al_2O_3 和 Fe_2O_3 的含量则越低，它证明黄土沉积层具有局部的分带。

个别地区黄土的碳酸盐含量相当大。碳酸盐含量是用黄土总成分中的 CO_2 含量来表示的。黄土中的碳酸盐能赋予黄土以结晶强度，这种结晶强度是由碳酸钙和石膏薄膜的胶结作用造成的。

黄土中还含有 0.1%～0.9% 的腐殖质化合物，它的存在是微生物作用的结果[120]。

本试验所用黄土均为山西黄土，在此着重介绍山西黄土的化学成分。

1. 钙质结核

山西黄土堆积中，钙质结核比较发育，其化学特征自下而上具有如下规律：

（1）pH 值一般为 5～7，显中偏酸性；个别地方 pH 值为 8～9，显偏碱性。

（2）MnO、P_2O_5 含量基本相同。

（3）CaO 含量逐渐变小，烧失量呈相同变化趋势。

（4）K_2O 和 Na_2O 含量（即碱性程度）逐渐增大。

（5）SiO_2、Al_2O_3、TiO_2、MgO 等逐渐增大。

（6）硅铝比值逐渐增大。

（7）三价铁与二价铁比值以及钙、镁比值等有由大变小趋势。

2. 黄土母质和古土壤

山西黄土母质和古土壤的主要化学组分为 SiO_2、Al_2O_3、CaO，其次是 MgO、K_2O、Na_2O、FeO、TiO_2 等。有关氧化物的含量是：SiO_2 一般在 50% 以上，Al_2O_3 在 13% 左右，CaO 变化较大，一般在 10% 以内，三者含量高达 70%。Fe_2O_3 占 3%～6%，MgO 与 K_2O 为 2%～3%，Na_2O 仅占 1%～2%，FeO 及 TiO_2 等均小于 1%。

（1）在各类黄土中，其主、次化学组分虽然近似，但具体含量在自下而上的纵剖面以及区域上则有程度不同的差异和某种规律性变化：

1）Al_2O_3、Fe_2O_3、MgO、K_2O 及结晶水随着地层时代由老至新，其百分含量自下而上逐渐递减。而 FeO、CaO、Na_2O 及烧失量等百分含量值则自下而上逐渐递增。在各时代的河流相地层中 Fe_2O_3、FeO、MgO、K_2O、Na_2O 等氧化物的百分含量亦具有上述变化趋势。

2）在各层位的黄土中，其间古土壤主要化学组分的百分含量，一般均比相同层位的黄土母质层中同种组分为高，高出范围一般为 1%～3%。

3）第四纪更新世黄土及黄土状岩石的化学组分的百分含量，在区域上有由北向南，从西到东逐渐增大或减少的趋势。

（2）其他化学特征的变化规律有：

1）硅铝系数（Ki）、铁化系数（T）、钙镁系数及基性系数（Ba）等，随着地层时代的由老至新比值逐渐递增，钾钠系数则相反，由老至新则逐渐递减。

2）黄土母质层与古土壤之间有关氧化物比值具有明显的差别。

3）pH 值一般在 7.0 左右，古土壤层亦均低于相应母质层数值，在纵向上，有自下而上逐渐增大趋势，在横向上则无明显规律性变化。

山西黄土中 SiO_2 和 Al_2O_3 含量最高，与矿物石英和长石含量高有关；CaO、MgO 含量较高，是与黄土中有较多碳酸盐矿物及碳酸钙胶结物有关。不同时代黄土的化学成分基本类似，这与其矿物成分的类似有密切关系，化学成分的类似也同样反映了矿物成分来源的共同性和沉积过程中的稳定性。

9.2.3　黄土中的微生物

土壤具有微生物生长繁殖所需要的一切营养物质及各种条件，因此土壤是微生物良好的生活场所，有"微生物的天然培养基"之称。土壤中的微生物[124-125] 种类繁多，数量极大，亩克肥沃土壤中通常含有几亿到几十亿个微生物，贫瘠土壤每克也含有几百万至几千万个微生物，一般来说，土壤越肥沃，微生物种类和数量也越多。另外，土壤表层或耕作层中及植物根附近微生物数量也较多。微生物是地球上最原始也是最古老的生命，据已有的研究表明，早在 38 亿年前就有了微生物存在。微生物分布广泛，种类繁多，是地球上的"清洁工"，它们参与地球上的元素循环，分解矿化动植物残骸，使氧、碳、氮、硫、磷等元素大致保持平衡，保证了生物圈的存在。此外，微生物还是生物成矿作用中重要的"成员"，通过多种方式使环境中的 Fe、Mn 等金属元素沉积成矿。

目前，了解到的黄土中的微生物主要有以下几种：

（1）趋磁细菌。趋磁细菌是一种喜水微生物，其生活习性因所在环境不同而异，体现在菌体的多少、大小、形态以及变化、菌体内磁小体颗粒的多少、大小以及形态等诸多方面。趋磁细菌的形态多种多样，目前为止主要发现有球形菌（coccus）、弧形菌（vibriod）、似螺旋菌（spirillum）、杆状菌（roddish）等，菌体大小一般在 $4\mu m$ 以内，有的可达 $9\mu m$。趋磁性是趋磁细菌最基本的特征，黄土中趋磁细菌较少。

（2）氨化细菌。土壤中的氨化细菌能使动植物残体中含有的蛋白质氨化，这类细菌具有蛋白酶和肽酶，能水解蛋白质为氨基酸和氨。氨化细菌参与土壤中有机态氮转化为 NH_4^+ 的过程。由于这类细菌的活动，使土壤中不能被植物所利用的有机含氮化合物转化为可利用的氮，为植物及一些自养和异养微生物的繁殖和活动创造了良好的营养条件。氨化细菌在马兰黄土中的数量比较多，说明马兰黄土的有机质含量较高。

（3）固氮菌。固氮菌是一类具有固定大气氮素能力的菌，包括好气性自生固氮菌、嫌气性固氮菌、固氮蓝细菌以及一些放线菌和真菌等。根据李翔对关中盆地马兰黄土的研究可知，马兰黄土中固氮菌在 3.0 m 以上主要是好气性自生固氮菌，随深度增加而减少，因为随深度增加，氧含量降低导致好气性自生固氮菌数量减少。但是在 3.0m 以下主要是嫌气性固氮菌、固氮蓝细菌以及一些放线菌和真菌等，随着深度增加固氮菌数量呈现增加趋势，这是由于随着氧含量降低，嫌气性固氮梭菌、固氮苗细菌、放线菌的数量增加。

（4）硝化细菌。硝化细菌具有将 NH_4^+ 氧化成 NO_3^- 的能力。土壤中的无机含氮化合物，主要是以 NO_3^- 的状态存在。对植物来说，NO_3^- 是最好的氮素养料，但是 NO_3^- 也是土壤和地下水中氮污染的主要形式。

（5）反硝化菌。反硝化菌是一类可以将 NO_3^- 还原的细菌。反硝化菌大部分是异养菌，氧化有机质以取得能源，以 NO_3^- 为电子受体。是兼性细菌，在通气良好的条件下，利用氧完成其最终氧化作用，而在通气不良的条件下，利用 NO_3^- 和 NO_2^- 作为呼吸作用的最终电子受体，将其还原为 N_2O 和 N_2。反硝化菌在马兰黄土中的数量较多。

（6）硫酸盐还原菌（SRB）。硫酸盐还原菌（SRB）是在无氧状态下，用乳酸或丙酮酸等有机物作为电子供体，用硫酸盐作为末端电子接受体而繁殖的一群偏性嫌气性细菌[126]。

9.3 硫酸盐还原菌及其特征

9.3.1 硫酸盐还原菌及其分类

硫酸盐还原菌（SRB）是首先由 Beijerinck 于 1895 年发现的。SRB 是一类形态、营养多样化的，在无氧或极少氧条件下，以有机物（如乳酸等）作电子供给体，硫酸盐作为末端电子接受体，营异养生活、繁殖，即通过异化作用进行硫酸盐还原反应的厌氧细菌的总称。所有的硫酸盐还原菌都不能以氧作为电子受体，氧抑制 SRB 的生长。

SRB 的一个重要生理特征是生长力强[127]。它广泛存在于水田、湖、沼、河川底泥、石油矿床等自然界中。SRB 不仅具有广泛的基质谱，生长速度快，还具有某些特殊的生理性质，如含有不受氧毒害的酶系，因此可以在广泛的环境中生存，甚至包括有氧环境，保证了 SRB 有较强的生存能力和适应环境变化的能力。

SRB 广泛存在于由微生物分解作用造成的缺氧的水陆环境之中。最著名的是脱硫弧菌属，它通常生活在含有丰富有机物的高含量硫酸盐的水中或有积水的土壤中。脱硫肠状菌是土壤中发现的内生芽孢杆菌并且有一个亚种是嗜热的。这种菌在罐头食品中生长并还原硫酸盐而导致食物腐败称为硫化物恶臭。其他种类的 SRB 是无氧淡水或海洋中的土著菌群；脱硫单胞菌也可从哺乳动物的肠道内分离出来。

从微生物角度看，人们将 SRB 分为 11 个属 40 多个种。近年来，人们已经较成功掌握了 15 个 SRB 种属，其中参与废水处理的有 9 个属，主要的两个属为 Desulfovibrio 和 Desulfotomaculum。前者一般为中温或低温型，不形成孢子，环境温度超过 43℃会死亡；后者是中温或高温型，形成孢子，二者均为革兰氏阴性菌。SRB 的营养多样性水平也相当高，根据废水中 SRB 可利用底物的不同，SRB 可分为四类：氧化氢的硫酸盐还原菌（HSRB）；氧化乙酸的硫酸盐还原菌（ASRB）；氧化较高级脂肪酸的硫酸盐还原菌（FASRB）；氧化芳香族化合物的硫酸盐还原菌（PSRB）[128]。

根据营养代谢产物不同，SRB可分为完全氧化型和不完全氧化型[129]：前者最终代谢产物为CO_2和H_2O，如Desulfonema；不完全氧化型最终产物为乙酸，这些SRB不能利用乙酸，Desulfovibrio属的许多种属于不完全氧化型，但是Desulfovibrio baarsi属于完全氧化型。

根据SRB生长对温度的要求，可将其分为中温菌和嗜热菌两类[130]。虽然这两种菌属不能完全相互转化，但有机体对温度和盐度具有较高的适应力。一般来说，氧抑制SRB生长，与普通的土壤或水体中的微生物如假单胞菌相比，SRB生长速率相当缓慢，但是它们也有极强的生存能力，且分布广泛。

9.3.2　SRB的代谢机理

硫酸盐的存在能促进SRB的生长，但不是其生存和生长的必要条件。在缺乏硫酸盐的环境下，SRB通过进行无SO_4^{2-}参与的代谢方式生存和生长，但环境中出现了足量的硫酸盐后，因为硫酸盐还原反应的产能水平更高，硫酸盐还原反应立即发生，即SRB的代谢方式发生转变，此时以SO_4^{2-}为电子受体氧化有机物，通过对有机物的异化作用，而获得生存所需的能量，维持生命活动[131]。

可以简单的将SRB的代谢过程分为3个阶段[132]：分解代谢阶段、电子传递阶段和氧化阶段。

（1）分解代谢阶段。有机物碳源的降解是在厌氧状态下进行的，同时通过"基质水平磷酸化"产生少量硫酸化酶（ATP）。

（2）电子传递阶段。前一阶段释放的高能电子通过硫酸盐还原菌中特有的电子传递链（如黄素蛋白、细胞色素C等）逐级传递产生大量的ATP。

（3）氧化阶段。电子被传递给氧化态的硫元素，并将其还原为S^{2-}，此时需要消耗ATP提供能量。

从这一过程可以看出，有机物不仅是SRB的碳源，也是其能源，硫酸盐（或氧化态的硫元素）仅作为最终电子受体起作用，即SRB利用SO_4^{2-}作为最终电子受体，将有机物作为细胞合成的碳源和电子供体，同时将SO_4^{2-}还原为硫化物。它首先在细胞外积累，然后进入细胞。在细胞内，第一步反应是SO_4^{2-}的活化，即SO_4^{2-}与ATP反应转化为腺苷酰硫酸（APS）和焦磷酸（PPi），PPi很快分解为无机磷酸（Pi），推动反应不断前进。APS继续分解成$S_2O_5^{2-}$，$S_2O_5^{2-}$极不稳定，很快转化为中间产物连二亚硫酸盐（$S_2O_4^{2-}$），$S_2O_4^{2-}$又迅速转化为$S_3O_6^{2-}$，$S_3O_6^{2-}$分解成硫代硫酸盐（$S_2O_3^{2-}$）和亚硫酸盐（SO_3^{2-}），$S_2O_3^{2-}$又经自身的氧化还原作用，变成SO_3^{2-}和最终代谢产物S^{2-}，S^{2-}被排出体外，进入周围环境，有关方程式如下：

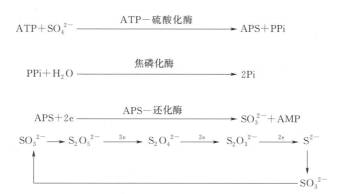

上述 SO_3^{2-} 还原成 S^{2-} 的过程中需要 6 个电子，由亚硫酸还原酶复合物系统逐步催化进行。但又有研究者提出了不同的还原途径，如下：

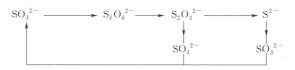

但这两种还原途径都显示出 SO_3^{2-} 还原成 S^{2-} 的过程中有 3 种酶参与了 SO_3^{2-} 还原，即连三亚硫酸盐形成酶，连三亚硫酸盐还原酶或硫代硫酸盐形成酶和硫代硫酸盐还原酶。因此把硫酸盐还原过程的三个阶段连接起来，即为

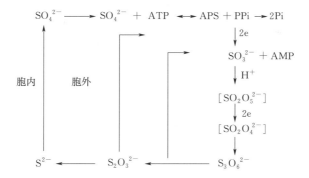

9.3.3 SRB 可利用的基质碳源

SRB 不能以简单的糖类（如葡萄糖）作为碳源和能源。但是，与 SRB 共同生长的异养型发酵细菌，可以将葡萄糖发酵生成乙醇和乳酸，作为 SRB 的碳源和能源。乙醇和乳酸盐的代谢产物主要是乙酸盐，SRB 与异养型发酵细菌可共同脱除 SO_4^{2-}[129]。

以往认为 SRB 仅利用有限的基质作为有机碳源和电子供体[133]，如乳酸盐、丙酸盐、反丁烯二酸、苹果酸、乙醇、甘油，个别也利用葡萄糖和柠檬酸盐，最后形成 HAC 和 CO_2 作为终产物。近 30 余年来，由于选用不同碳源的培养基，SRB 利用的有机碳源和电子供体的种类不断扩大，发现 SRB 还能利用乙酸、丙酸、丁酸和长链脂肪酸及苯甲酸等。SRB 在利用多种多样的化合物作为电子供体时表现出了很强的能力和多样性，迄今发现可支持其生长的基质已超过 100 种。另外，SRB 除了能利用单一有机碳化合物作为碳源和能源外，还可利用不同的物质分别作为碳源和能源。近年来许多研究结果表明，在有硫酸盐存在的条件下，SRB 能以厌氧硝化器中最常见的挥发有机酸（主要是乙酸、丙酸、丁酸、氯酸）为电子供体来还原硫酸盐。不同的污泥来源，不同的驯化条件得到的生态系统中利用各种碳源基质的 SRB 的分布必然有较大差别，从而表现为污泥对于各种碳源具有不同的硝化能力，进而影响到它们对硫酸盐的还原速率。据研究报道[134] SRB 分别利用乳酸、丙酸、丁酸为碳源时，其对硫酸盐还原的速率依次降低。而施华均等认为[135] SRB 利用丙酸盐、丁酸盐、乳酸盐、乙酸盐的硫酸盐还原强度依次降低。还有学者提出 SRB 可以利用生活垃圾酸性发酵产物作为碳源还原硫酸盐[136]。

9.3.4　SRB 还原硫酸盐的影响因子

厌氧反应中，各种生物因子、非生物因子的改变都直接影响 SRB 的适应能力，决定其生长和活性，也决定了生态演替过程中对不同 SRB 种群的选择，其中较重要的影响因子有 pH 值、温度、硫化物和溶解氧等。

1. pH 值[128-137]

pH 是影响 SRB 活力的主要因素，相对于产酸菌来说，SRB 所能忍耐的 pH 值范围较窄，尽管比 MPB 适应环境的能力要强，但过低的 pH 值下，SRB 必定难以生长和进行硫酸盐还原。很多学者提出，SRB 适合于微碱性的环境条件（7.0～8.0），其最佳 pH 值条件为 7.5～7.8；Zobell 等发现 SRB 对 pH 值的耐受范围为 5.5～9.0；Pomeroy 则认为 pH 值为 5.0 或 9.0 时 SRB 仍有较大活性。有人尝试在较低 pH 值下实现硫酸盐还原，发现 pH 为 5.0～6.0 时 SRB 仍能正常生长，在高酸性环境中（pH 值为 2.5～4.5），SRB 仍能进行异化硫酸盐还原反应。

2. 温度

温度直接决定 SRB 的代谢活性和生长速度。在废水处理中，SRB 对温度的依赖性是多样的，非随机性的，随着活性速率的降低，它显示出更强的温度依赖性。目前报道还未分离到专性喜寒的 SRB；中温 SRB 最佳生长温度为 28～38℃，有报道其上限温度为 45℃。Pomeroy 和 Bowlus 从 5℃ 到 52℃ 的 9 个温度段上测定 SRB 的代谢速率，发现在 38℃ 时速率最大。Maree 和 Stroydom 在 20℃ 到 38℃ 的范围内进行实验，发现中温 SRB 的最大生长率发生在 30.5℃，温度在 38℃以上时，SRB 的生长受到抑制[128-138]。

3. 硫化物[128-139]

硫酸盐还原过程中产生的代谢产物亚硫酸盐、H_2S 和 S^{2-} 等对许多细菌的生长都有相当的抑制作用[140]。早期的研究表明，SRB 对 H_2S 的毒性影响相当敏感，当 H_2S 的浓度为 40～50mg/L 时，使 SRB 受到完全抑制，且当 H_2S 的浓度超过毒性水平 3～6h 后，SRB 菌种的活性会不可逆的丧失。而 Renze 和 Maree 均认为，SRB 可适应的总硫化物水平为 900mg/L。当 pH 为 7.0 时，H_2S 和 HS^- 的相对比例为 1∶1，从而确定此时游离 H_2S 对 SRB 的毒性作用是直接、可逆的，即 H_2S 对 SRB 的抑制作用不是由于离子的不可利用性所引起的，且当硫化氢从受抑制的 SRB 菌种上吹脱后，其活性又增长了。这种高浓度的游离 H_2S 引起的可逆的抑制作用胜于急剧的毒性作用[139]。因此，在硫酸盐还原过程中为防止硫化物的毒性，主要需要控制的是未离解的 H_2S。根据有关资料，目前所采取的控制 H_2S 浓度的措施有[141]：①增加反应器中的 pH 值。在碱性 pH 值时，大部分硫化物以 HS^-、S^{2-} 游离形式存在，这样可以减小 H_2S 浓度，而且对生物活性影响也不大；②投加重金属。可以形成金属硫化物沉淀，Fe、Co、Ni、Cu、Zn 等微量元素也可以与 S^{2-} 形成硫化物沉淀，降低硝化液中溶解态 S^{2-} 的浓度。

4. 溶解氧

厌氧微生物对氧气很敏感，当氧气存在时它们就无法生长。这是因为在有氧存在的环境里，厌氧微生物在代谢过程中由脱氢酶所活化的氢将与氧结合形成 H_2O_2，而厌氧微生物缺乏分解 H_2O_2 的酶，从而形成 H_2O_2 的积累，对微生物细胞产生毒害作用。

以前的研究一直认为 SRB 是严格厌氧菌，然而近期国内外的一些研究表明，SRB 在有氧环境下仍存活，甚至利用分子氧生存。国内有实验研究报道，在溶解氧浓度小于 4.5mg/L 时，SRB 仍能够存活[138]。总之，SRB 属于厌氧菌，其生长的氧化还原电位（E_h）须低于 -150mV[130]。

9.3.5 SRB 与非 SRB 菌种的竞争

1. 与 SRB 产生竞争的菌种

在还原 SO_4^{2-} 的厌氧系统中，由于驯化污泥的来源不同，除了 SRB 外，还会有大量的其他细菌。为了能高效地处理 SO_4^{2-}，甚至保证 SRB 在实验运行阶段不受其他菌种的干扰，必须了解 SRB 与其他菌种的竞争关系，主要是它们对电子供体的竞争。一般厌氧硫酸盐还原系统中，与 SRB 构成竞争关系的有反硝化细菌、产乙酸细菌和产甲烷菌。

（1）反硝化细菌。反硝化细菌在厌氧系统中比较常见，它们利用水中的硝酸盐为电子受体而将其还原为 N_2，从而与 SRB 竞争电子供体。在废水厌氧生物处理中的反硝化过程的发生要优于硫酸盐的还原过程，所以当废水中含有大量的硝酸盐时，将会影响 SRB 对电子供体的利用，进而影响硫酸盐还原的顺利进行。所以，在厌氧硫酸盐还原系统中所引入的硝酸盐数量应尽可能减少，以减少反硝化细菌与 SRB 的竞争。

(2) 产乙酸细菌 AB。产乙酸细菌是有机物厌氧消化过程中的重要菌种，它们可以将厌氧消化过程的发酵酸化阶段的重要产物挥发性脂肪酸 VFA 进一步转化为乙酸，但是在硫酸盐还原系统中产乙酸细菌却可以和 SRB 竞争使用挥发性脂肪酸及乙醇等有机底物。Visser 等指出即使在硫酸盐充足的情况下 AB 也会对 SRB 形成有力的竞争。虽然产乙酸细菌能和 SRB 构成竞争，但还有研究表明经过 10 至 20 天的运行，产酸细菌 AB 的活性则大大减小，对 SRB 构不成多大的竞争。

(3) 产甲烷细菌 MPB。产甲烷细菌是厌氧消化系统中最重要的菌种，它们可以利用有机物厌氧消化过程所产生的氢和乙酸等而产生甲烷，从而最终完成有机物的厌氧消化过程。但是在硫酸盐还原系统中 MPB 却会和 SRB 竞争乙酸等电子供体。又因为在一般情况下有机物厌氧消化过程中有 10% 的 COD 要经过乙酸的形式降解，所以 MPB 与 SRB 对乙酸的竞争情况也是如何提高 SRB 对有机底物的利用率的关键问题所在。

2. 影响 SRB 与 MPB 竞争的因素

(1) 温度。中温时，利用乙酸的 SRB 与 MPB 具有同样的最适合温度，短时间内温度对两者竞争的影响不明显。高温（55～65℃）范围内，温度的变化有利于 SRB 竞争底物[128]。许多学者都肯定，在高温范围内，SRB 比 MPB 更有竞争利用 H_2 和乙酸的优势。

(2) pH 值。pH 值会影响硫化物在水中的存在状态，从而间接影响 SRB 的活性。有研究表明：在中性 pH 值时，甲烷菌的竞争可占优势；而在较高的 pH 值下，硫酸盐还原则成为底物降解的主要途径。

(3) 硫酸盐浓度。SRB 的生长受到电子供体（乙酸）和电子受体（SO_4^{2-}）两方面的制约[142]。较低的硫酸盐浓度下，MPB 的生长优于 SRB；当环境中 SO_4^{2-} 浓度较高时，SRB 将大量繁殖，与 MPB 竞争基质，且竞争能力强于后者。

(4) 氧化还原电位。SRB 的还原电位要求小于 $-100mV$，而 MPB 的要求比 SRB 高，需要小于 $-330mV$。为了提高 SRB 的竞争能力，可将电位控制在小于 $-100mV$ 而大于 $-330mV$ 的范围内。

(5) 硫化物。有些文献指出，在一定的条件下（pH 值，基质）SRB 比 MPB 对 H_2S 更为敏感[143]。还有报道指出 SRB 更易受到系统中的总硫化物的影响,而 MPB 更易受到分子态 H_2S 的抑制。但无论如何,能及时将系统中的硫化物去除对系统的稳定运行将是有益的。

(6) SRB 对 MPB 的初始相对优势。对于 $30\sim35℃$ 温度范围内运行的反应器而言,SRB 与 MPB 的初始相对优势是一个相当重要的因素,它甚至会在相当长的时间内直接影响 SRB 对 COD 的利用率。国内有学者指出[144]:当系统中 MPB 占有初始优势时,即使有充足的 SO_4^{2-} 供 SRB 代谢,SRB 也很难形成对 MPB 的优势;但 SRB 相对 MPB 占有初始优势时,只要 SO_4^{2-} 充足,SRB 的优势就会维持下去,这一点在驯化污泥时就特别重要。Choirs 和 Rim 曾观察到:COD/SO_4^{2-} 为 $1.7\sim2.7$ 时,SRB 与 MPB 存在着竞争;COD/SO_4^{2-} 大于 2.7 时,MPB 占优势,受其抑制作用小;COD/SO_4^{2-} 小于 1.7 时,SRB 占优势,MPB 受其抑制作用大。

9.4 天然黄土-微生物系统处理煤矿酸性废水的静态试验

本试验取用山西境内广泛分布的黄土及山西煤矿排出的酸性废水作为研究对象,目的在于验证利用黄土的吸附、中和作用及黄土中天然的硫酸盐还原菌的微生物作用来处理含硫酸盐酸性废水的可行性,并总结整个处理过程的变化规律及各种因子对处理效果的影响。

9.4.1 材料与方法

9.4.1.1 试验材料

1. 试验土样

(1) 土样的采集。试验所用土样取自山西省太原市西山上更新统马兰黄土(Q_3)和中更新统(Q_2)离石黄土,取样深度 5m。

(2) 土样的物理特性。测得的土样的物理性质指标见表 9.2。天然含水率的测定,各土样分别测四个平行试样,取平均值;容重采用环刀法,各土样分别进行两次平行试验,取平均值;比重采用比重瓶法测定;颗粒分析运用密度计法测定;渗透系数采用变水头试验方法测定。

表 9.2　　　　　　　　　　　土样的物理性质指标

土　样	天然含水率/%	容重/(g/cm³)	比重	渗透系数/(cm/s)	颗粒组成/%		
					>0.05mm	0.05~0.005mm	<0.005mm
马兰黄土	1.53	1.47	2.71	8.02×10^{-6}	49.12	37.75	13.13
离石黄土	6.25	1.56	2.71	5.94×10^{-5}	46.15	31.05	12.80

(3) 土样的矿物成分。土样所含主要矿物成分见表 9.3。

表 9.3　　　　　　　　　　　　　　　土样的矿物成分

土　样	SiO_2	Al_2O_3	Fe_2O_3	FeO	MgO	CaO	K_2O	Na_2O
马兰黄土/%	61.55	11.55	4.22	1.01	1.73	8.82	1.73	1.57
离石黄土/%	60.61	12.09	4.58	0.98	1.91	6.42	2.35	1.68
钙质结核/%	42.32	8.58	0.47	0.52	3.26	21.17	1.70	1.20

（4）土样中的化学成分特征。分别采用淋滤及浸泡的方法进行测试，两种试验结果取平均值，具体数据见表 9.4。

表 9.4　　　　　　　　　　　黄 土 化 学 成 分 特 征　　　　　　　　　单位：mg/kg

土　样	pH	SO_4^{2-}	Ca^{2+}	Mg^{2+}	Cl^-	HCO_3^-	CO_3^{2-}
马兰黄土	8.07	768.00	198.40	84.00	66.03	205.57	0
离石黄土	8.17	180.48	83.40	13.44	6.04	127.49	0

2. 试验水样

本试验水样采自山西孝义偏店煤矿，现场测得 pH 值为 3.2，各化学成分见表 9.5。

表 9.5　　　　　　　　　　煤矿废水水样的化学成分特征

项　目	Cl^-	CO_3^{2-}	HCO_3^-	Ca^{2+}	Mg^{2+}	SO_4^{2-}	COD	Fe^{2+}	Fe^{3+}
浓度/(mg/L)	24.5	0.0	0.0	465	397.7	2671	4.39	0.16	40.04
项　目	Cr^{6+}	K^+	Na^+	Zn^{2+}	Mn^{2+}	Cu	Cd	S^{2-}	酚
浓度/(mg/L)	<0.004	3.4	66.0	0.42	1.55	0.07	0.0022	0.14	0.002
项　目	CN^-	As	Hg	BOD_5					
浓度/(mg/L)	0.0048	0.0104	0.000004	<2					

调查发现矿坑水的酸度受环境影响较大，而且试验需要大量的酸性水，因此，试验所用水样采用自来水和相关药品人工配制，模拟了煤矿酸性废水中的主要离子成分，即 Ca^{2+}、Mg^{2+}、SO_4^{2-}、K^+、Na^+、Cl^-、Mn^{2+}、Fe^{2+}、F^- 等（表 9.6）。

表 9.6　　　　　　　　　　试验用水样的化学成分特征

项　目	Ca^{2+}	Mg^{2+}	SO_4^{2-}	Cl^-	K^+	Na^+
浓度/(mg/L)	322.7～567.5	304.13～493.6	2000～2800	39.7～56.8	30.5～40	91.3～98.3
项　目	Mn^{2+}	Fe^{2+}	F^-	pH		
浓度/(mg/L)	<2.4	<14	<2	4～5		

9.4.1.2 试验方法

静态模拟试验在 250mL 三角瓶中完成。将 30g 风干土样置于三角瓶内，加入 150mL 已配好的加一定量碳源的硫酸盐酸性废水，用胶塞塞住瓶口，并用大注射器抽真空后，用蜡密封。每天用振荡器震荡 5min 左右。观察到试样颜色发生变化后，取样分析。试验在室温下进行，碳源采用葡萄糖。

9.4.1.3 试验方案

试验分两批来做。第一批马兰黄土和离石黄土试验，从 2005 年 11 月 26 日开始，历时 315 天，在室温下进行。11—3 月供暖期室温 14～18℃，平均温度 16℃；4 月室内温度 18～22℃，5 月取样时的温度为 23℃左右，7 月份取样时的温度为 27℃左右。分别做三组（每组 20 瓶，并逐一编号），三组分别是不加碳源、加 500mg/L、800mg/L 葡萄糖的试样，放置 30d 后开始测定其 pH 值、硫酸根以及 HCO_3^- 含量，并做时间及其试样变化记录。

第二批试验于 2006 年 2 月 25 日开始，历时 154 天，在室温下进行。两种黄土分别做五组试验（每组 10 瓶，并逐一编号），五组分别是加 100mg/L、200mg/L、300mg/L、400mg/L、1200mg/L 葡萄糖碳源的情况，根据三角瓶中土的颜色变化决定取样的时间间隔。因第二批试验开始时，天气已转暖，温度逐渐上升，反应速率加快，故 10d 后即开始取样测定各项指标。

9.4.1.4 分析方法

SO_4^{2-} 浓度用 721 分光光度计采用铬酸钡光度法测定。

pH 值用 PHS‑3C 精密 pH 计测定。

HCO_3^- 选用酸碱指示剂滴定。

9.4.2 试验结果与讨论

9.4.2.1 马兰黄土

试验结果表明（表 9.7 和表 9.8）不加碳源的马兰黄土试样在 8 个多月的试验期内，硫酸根浓度一直没有多大的变化，只有个别试样有微小的下降，这可能是由于土壤的吸附及离子交换作用引起的，而有的试样甚至出现了增大的现象，这可以解释为土壤中的可溶盐发生溶滤，硫酸根离子进入水中。在做分析时，打开瓶塞闻不到硫化氢的气味，可见没有微生物还原过程发生，在缺乏碳源的状况下，硫酸盐还原菌无法被利用。观察 pH 值的变化可以看到，最初的水样模拟酸水的酸度，pH 值只有 3.63，但随后所取试样的 pH 值却都在 7.7 以上，说明黄土有很强的中和能力。这是因为天然黄土中富含方解石（$CaCO_3$）或白云石 [$Mg \cdot Ca(CO_3)_2$]，它们会与酸发生中和反应。

不同碳源量条件下马兰黄土试样的试验分析结果如下：

表 9.7　马兰黄土试样(第一批)的监测数据

葡萄糖/(mg/L)	指标	0d	30d	45d	53d	76d	86d	101d	119d	131d	139d	143d	150d	208d	315d
0	SO_4^{2-}/(mg/L)	2685.8	2503.1	2640.1	2640.1	2662.9	2685.8	2457.0	2731.4	2593.9	—	—	—	2734.8	2562.3
	HCO_3^-/(mg/L)	0	143	228.8	228.8	228.8	343.2	200.2	205.7	205.7	—	—	—	128.6	128.6
	pH 值	3.63	7.82	7.70	8.22	8.19	7.70	8.30	7.79	7.88	—	—	—	8.01	8.25
500	SO_4^{2-}/(mg/L)	2685.8	2503.1	2388.9	2229.1	1498.4	1932.3	1841	1886.6	1665.1	909.1	—	1862.9	1919.4	1762.6
	HCO_3^-/(mg/L)	0	714.9	800.7	972.3	657.7	1000.9	1315.5	1260.2	1285.9	1877.4	—	1105.9	1183.0	874.4
	pH 值	3.63	8.09	8.19	8.2	7.89	7.32	7.81	7.72	7.58	7.62	—	7.7	7.85	8.0
800	SO_4^{2-}/(mg/L)	2685.8	2503.1	2388.9	2388.9	1270.1	1685.3	1236.0	1155.9	1233.1	1470.1	779.5	1227.9	1135.5	1264.0
	HCO_3^-/(mg/L)	0	1286.9	2059.0	1229.7	1286.9	2059.0	1687.2	1543.1	1671.6	1337.3	1594.5	1260.2	951.6	977.3
	pH 值	3.63	8.11	8.21	7.98	7.83	7.29	7.73	7.70	7.52	7.59	7.73	7.7	7.91	8.05

表 9.8　马兰黄土试样(第二批)的监测数据

葡萄糖/(mg/L)	指　标	0d	10d	13d	19d	24d	27d	37d	82d	147d	154d
100	SO_4^{2-}/(mg/L)	2822.8	2548.8	2594.4	2731.4	—	—	—	—	—	—
	HCO_3^-/(mg/L)	57.2	400.4	428.9	385.8	—	—	—	—	—	—
	pH 值	4.28	7.98	7.99	7.92	—	—	—	—	—	—
200	SO_4^{2-}/(mg/L)	2822.8	2206.3	2594.4	2731.4	2617.3	2480.3	2320.4	2399.5	2672.0	2311.4
	HCO_3^-/(mg/L)	57.2	571.9	571.9	617.2	874.4	591.5	977.3	642.9	488.6	707.2
	pH 值	4.28	8.21	8.08	7.83	7.84	7.89	7.60	7.81	7.85	7.90
300	SO_4^{2-}/(mg/L)	2822.8	2434.6	2571.6	2754.3	—	2594.4	2010.7	2021.5	2452.5	—
	HCO_3^-/(mg/L)	57.2	743.5	657.7	771.2	—	720.1	1208.7	925.8	720.1	—
	pH 值	4.28	8.07	8.01	7.91	—	7.71	7.61	7.71	7.88	—
400	SO_4^{2-}/(mg/L)	2822.8	2434.6	2571.6	2183.4	2434.6	2434.6	2010.7	2286.3	2170.3	—
	HCO_3^-/(mg/L)	57.2	800.7	800.7	1903.1	900.1	1131.6	1208.7	1054.4	797.2	—
	pH 值	4.28	8.01	7.98	7.50	7.79	7.54	7.61	7.7	7.88	—
1200	SO_4^{2-}/(mg/L)	2822.8	2046.4	2548.8	2617.3	—	2434.6	117.1	510.6	163.4	—
	HCO_3^-/(mg/L)	57.2	1286.9	1487.0	900.1	—	2083.1	2520.3	2237.4	1980.3	—
	pH 值	4.28	7.72	7.60	7.80	—	7.01	7.52	7.7	7.91	—

（1）加 100mg/L 葡萄糖的马兰黄土试样，在试验开始 10d 后就略微发黑，硫酸盐去除率为 9.7%，重碳酸根浓度也由 57.2mg/L 升到了 400mg/L。重碳酸根的生成分为两部分：一部分是由于土壤中的可溶盐发生溶滤；另一部分是由于硫酸盐还原菌的还原作用产生的，这是因为 SRB 生长消耗硫酸根后会有重碳酸根产生，如下式：

$$2C_3H_5O_3^- + SO_4^{2-} - 2CH_3COO^- + 2HCO_3^- + HS^- + H^+$$

在以后的试验过程中，硫酸根及重碳酸根的浓度都没有太大变化，硫酸根的去除率甚至有所降低，说明这样的碳源量难以维持硫酸盐还原菌的生长，菌种没有大量繁殖。

（2）加 200mg/L 葡萄糖的马兰黄土试样，在试验开始 10d 后就略微发黑，打开瓶塞分析时有 H_2S 气体味道，硫酸根的最大去除率为 21.8%，重碳酸根离子的浓度也从 57.2mg/L 迅速上升到 572mg/L，硫酸盐生物还原反应的特征表现明显。之后的过程中，硫酸根的去除率一直在较低水平反复，说明这样的碳源量对处理高浓度硫酸盐废水来说远远不够。

（3）加 300mg/L 葡萄糖的马兰黄土试样的观察结果和 200mg/L 的试样很相似，从观测数据来看，pH 值略低于前两种碳源量的状况，但都由 4.28 上升到 7.6 以上；硫酸根的平均去除率略高于 200mg/L 的，但最高去除率也只达到 28.4%。

（4）加 400mg/L 葡萄糖的马兰黄土试样，在试验开始 20d 的时候开始发黑，并产生大量 H_2S 气体。从观测数据看，该组试样的 pH 值略低于前面几组，但仍达到 7.5 以上，完全满足 SRB 的生长要求；重碳酸根浓度在第 10d 就迅速上升到了 800mg/L，说明硫酸盐还原菌已经开始生长，硫酸盐开始被还原，但硫酸根浓度始终在 2000mg/L 以上，最高去除率也仅有 28.8%，去除效果不佳，可见这个碳源量仍然不能满足要求。

（5）由于第一批试验进行时，室温较低，因此反应速率也比较低。加 500mg/L 葡萄糖的马兰黄土试样，在试验开始 35d 后开始变黑，65 d 时全部变成墨色淤泥状，打开瓶塞时，H_2S 气体味道强烈。在试验进行过程中，有的三角瓶出现顶塞现象，说明有产甲烷菌与 SRB 竞争，产生了甲烷气体。该组试样的最终 pH 值都大于 7.3；重碳酸根浓度急剧上升，最高达 1315.5mg/L；硫酸根的去除率平均为 30%，最高去除率为 66.2%，大大优于加 100～400mg/L 葡萄糖几组的去除效果。

（6）加 800mg/L 葡萄糖的马兰黄土试样，其表观变化特征相似于 500mg/L 葡萄糖试样组。该组试样的 pH 值最低为 7.29，最高为 8.21；重碳酸根离子的浓度很快升高到 1200mg/L 以上；硫酸根离子的去除率在 76d 后趋于稳定，平均去除率为 50%，试验 143d 时，硫酸根离子的去除率达 71%。之所以处理过程时间较长，一是因为试验温度偏低，抑制了菌种的生长，减慢了反应速率；二是因为黄土中的天然硫酸盐还原菌长期处于贫营养状态，活性不高，生长繁殖速度缓慢，所以需要较长时间对其进行培养和激活。

（7）加1200mg/L葡萄糖的马兰黄土试样的pH值相对低一些，但也都可达到7.0以上；重碳酸根离子的增长非常迅速，取的第一个样就达到1286.9mg/L，此后最高达2520.3mg/L；该组试样的硫酸根去除率起初较低，原因可能与产甲烷菌的竞争有关，但在40d之后，去除率直线上升，最终达到94.2%。

加不同碳源量的马兰黄土试样的SO_4^{2-}去除率的比较如图9.1所示。

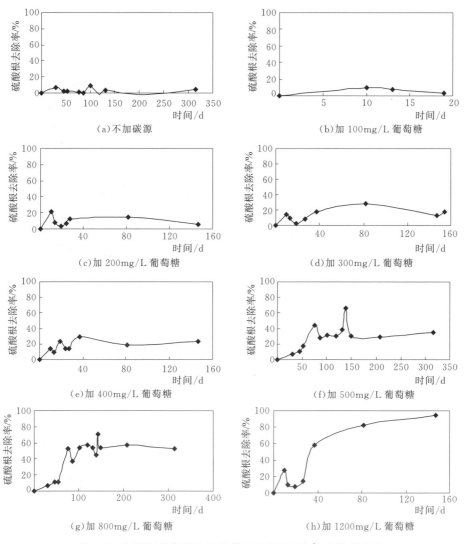

图 9.1　加不同碳源量的马兰黄土试样的SO_4^{2-}去除率曲线

从图中可以看出，去除率大部分都在 40d 之后增大或是趋于相对稳定的状态，碳源量越大硫酸盐的去除效果越好越稳定，碳源量大的组，达到最高去除率需要的时间较长一些。不同碳源量的马兰黄土试样的 SO_4^{2-} 最大去除率及达到最大去除率所需要的时间见表 9.9。

表 9.9　　　　　　　　　　马兰黄土试样的 SO_4^{2-} 最大去除率

葡萄糖/(mg/L)	100	200	300	400	500	800	1200
SO_4^{2-} 最大去除率/%	9.7	21.8	28.4	28.8	66.2	71.0	94.2
时间/d	10	10	82	37	139	143	147

9.4.2.2　离石黄土

1. 试验表观现象分析

第一批试样试验结果表明：第一批试样在试验开始几天后表面出现气孔，且颜色慢慢加深。在放置 35d 左右的时候，有部分试样变黑。50d 左右，有半数都变黑，说明菌类已经开始大量生长繁殖；到 55d 的时候添加了碳源的试样只有个别还没有变黑，而 65d 的时候则全部变黑，在揭开瓶塞时，能闻到 H_2S 气体味，通过分析发现水中的重碳酸根的含量也逐渐增大，说明硫酸盐还原反应发生，产生了硫化氢和重碳酸根。与马兰黄土第一批实验结果相比差异不大，只是同等碳源量的情况下，试样略微发黄一些。

第二批试验进行时温度较第一批升高，试验结果表明：离石黄土试样 12d 后颜色变深，但都比马兰同等碳源条件的试样略微发黄，打开瓶塞有微腐烂味，但无 H_2S 味，土壤表面有气孔；22d 后，离石黄土加 200mg/L、400mg/L 葡萄糖的瓶内黄土颜色比加 100mg/L、200mg/L 葡萄糖的马兰黄土颜色稍浅呈黄褐色，打开瓶塞有腐臭味；37d 后离石黄土加 200mg/L、300mg/L、400mg/L 葡萄糖的水开始呈浅黑色，打开瓶塞有 H_2S 气味；50d 后加 400mg/L 葡萄糖的离石黄土试样颜色变成深黑色，打开瓶塞臭鸡蛋气味浓烈，H_2S 大量产生；53d 后加 1200mg/L 葡萄糖的离石黄土试样颜色开始变黑。

试验过程中监测了离石黄土试样的硫酸根离子和重碳酸根离子浓度及 pH 值的变化情况，第一批试样监测结果见表 9.10，第二批试样监测结果见表 9.11。

2. 不同碳源量条件下离石黄土试验结果

（1）加 100mg/L 葡萄糖的离石黄土试样，同马兰同等碳源情况的试样相似，在试验开始 10d 后就略微发黑，测得其硫酸根去除率达到 9.5%，重碳酸根浓度也由最初试样的 57.2mg/L 迅速上升到了 400mg/L。但是，在 20d 后就失去了处理效果，可见这样的碳源量难以满足硫酸盐还原菌的生长要求。

表 9.10　离石黄土试样(第一批)的监测数据

葡萄糖/(mg/L)	指标	0d	30d	45d	53d	76d	86d	101d	119d	131d	139d	143d	150d	208d	315d
0	SO_4^{2-}/(mg/L)	2777.1	2777.1	2503.1	2822.8	2868.4	2799.4	2914.1	2822.8	2680.3	—	—	—	—	2578.0
	HCO_3^{-}/(mg/L)	0	200.2	228.8	228.8	228.8	228.8	228.8	205.7	205.7	—	—	—	—	154.3
	pH 值	3.45	8.41	8.30	8.40	8.09	7.71	8.08	8.02	7.88	—	—	—	—	8.3
500	SO_4^{2-}/(mg/L)	2777.1	2571.6	2662.9	2594.4	2388.9	1863.8	1955.1	2023.6	1773.1	1708.3	—	2592.0	2185.9	2170.3
	HCO_3^{-}/(mg/L)	0	200.2	228.8	857.9	915.1	1401.2	1372.0	1273.0	1157.3	822.9	—	1054.4	964.4	977.3
	pH 值	3.45	8.41	8.30	7.95	7.88	7.30	7.88	7.72	7.52	7.61	—	7.7	7.91	7.78
800	SO_4^{2-}/(mg/L)	2777.1	2548.8	2137.8	2503.1	1041.7	1429.9	1407.0	2046.4	1233.1	714.7	924.2	734.0	1354.9	—
	HCO_3^{-}/(mg/L)	0	587.9	1143.9	1286.9	929.4	2059.0	1687.0	1697.4	1671.6	1774.5	1440.2	1311.6	900.1	—
	pH 值	3.45	7.11	7.98	7.80	8.21	7.21	7.88	7.58	7.52	7.62	7.79	7.7	7.97	—

表 9.11　离石黄土试样(第二批)的监测数据

葡萄糖/(mg/L)	指　标	0d	10d	13d	19d	24d	27d	37d	82d	147d	154d
100	SO_4^{2-}/(mg/L)	2868.4	2594.4	—	—	2594.4	2822.8	—	—	—	—
	HCO_3^-/(mg/L)	57.2	400.4	—	—	428.9	360.4	—	—	—	—
	pH 值	4.28	7.93	—	—	7.99	8.02	—	—	—	—
200	SO_4^{2-}/(mg/L)	2868.4	2480.3	—	2731.4	2685.8	2685.8	2571.6	—	—	—
	HCO_3^-/(mg/L)	57.2	571.9	—	565.8	591.5	591.5	668.7	—	—	—
	pH 值	4.28	8.02	—	7.88	7.98	7.88	7.62	—	—	—
300	SO_4^{2-}/(mg/L)	2868.4	2320.4	2525.9	2708.6	2617.3	2525.9	2503.1	2032.3	2546.6	2264.4
	HCO_3^-/(mg/L)	57.2	629.1	915.1	668.7	822.9	822.9	990.1	745.8	707.2	688.7
	pH 值	4.28	7.82	8.02	7.87	7.79	7.79	7.58	7.74	7.91	8.02
400	SO_4^{2-}/(mg/L)	2868.4	2457.4	—	2548.8	2366.1	2525.9	1967.5	1837.9	2121.6	2233.0
	HCO_3^-/(mg/L)	57.2	829.3	—	1800.2	1105.9	1157.3	1234.5	1002.9	977.3	771.5
	pH 值	4.28	7.70	—	7.41	7.79	7.51	7.69	7.75	7.7	7.89
1200	SO_4^{2-}/(mg/L)	2868.4	2457.4	—	2708.6	—	2313.1	1470.7	1345.5	806.2	—
	HCO_3^-/(mg/L)	57.2	1201.1	—	977.4	—	2083.1	2623.2	2546.0	2185.9	—
	pH 值	4.28	7.62	—	7.51	—	7.02	7.81	7.7	7.78	—

(2) 加 200mg/L 葡萄糖的离石黄土试样同样是在试验开始 10d 后就略微发黑，打开瓶塞分析时有臭鸡蛋味散发出来，说明有 H_2S 气体产生，并且这时达到硫酸根的最大去除率 14.3％，重碳酸根离子的浓度也从 57.2mg/L 迅速上升到 572mg/L，但之后的过程中，硫酸根的去除率一直很低，说明碳源量不足。

(3) 加 300mg/L 葡萄糖的离石黄土试样的观察结果和 200mg/L 的试样很相似。pH 值略低于前两种碳源量的状况，但都由 4.28 上升到 7.5 以上；硫酸根的平均去除率略高于 200mg/L 的，但最高去除率也只达到 29.1％。

(4) 加 400mg/L 葡萄糖的离石黄土试样在试验开始 20d 的时候开始发黑，打开瓶塞时，臭鸡蛋的味道非常浓，产生大量 H_2S 气体。从观测数据看，该组试样的 pH 值略低于前面几组，但仍达到 7.4 以上。试验过程中产生了大量重碳酸根离子，起初硫酸根的去除率仅有 12％ 左右，在 40d 后有所上升，可达到 30％ 左右。

(5) 加 500mg/L 葡萄糖的离石黄土试样在试验开始 35d 后开始慢慢变黑，65d 时全部变成墨色，打开瓶塞做分析时 H_2S 气体的味道强烈。在试验进行过程中，有的三角瓶出现顶塞现象，说明有产甲烷菌与 SRB 竞争，产生了甲烷气体。从得到的数据看，在试验开始的一段时间内，该组试验的硫酸根去除效果较差，直到 86d 后去除率才上升到 32.9％，并且稳定的去除率只保持到 139d 左右，这样的结果应该是产甲烷菌的竞争造成的。在 150d 时取的试样，测得其硫酸根的去除率仅有 6.7％，原因可能是由于三角瓶发生顶塞现象致使氧气进入而抑制了 SRB 的生长造成的。该组试验的硫酸根去除率的平均值、最大值及去除效果的稳定性均比同等碳源量情况下的马兰黄土试样差。

(6) 加 800mg/L 葡萄糖的离石黄土试样的外观变化特征相似于 500mg/L 试样的，不过处理效果远远好于 500mg/L 的，但出现较大反复，原因可能仍然与产甲烷菌的竞争有关。该组试验的硫酸根去除率在 53d 后开始加大，76d 后除个别试样外都可达到 50％ 左右的去除率，最大去除率为 74.3％，去除效果比较好。

(7) 加 1200mg/L 葡萄糖的离石黄土试样在经历较短时间的反复之后，从第 19d 开始硫酸根去除率急剧上升，到 40d 的时候基本达到 50％ 的去除率，在试验进行到 147d 时达到最高去除率 72％。

加不同碳源量的离石黄土试样的 SO_4^{2-} 去除率曲线如图 9.2 所示。

从图中可以看出，除加 1200mg/L 葡萄糖的试样最高去除率略低于 800mg/L 试样的外，其余都是碳源量越大的试样硫酸盐去除效果越好，但是碳源量大的组，达到最高去除率需要的时间也较长一些。不同碳源量情况下离石黄土试

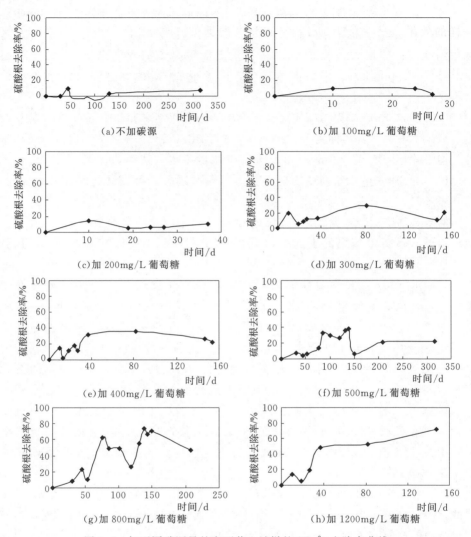

图 9.2　加不同碳源量的离石黄土试样的 SO_4^{2-} 去除率曲线

样的 SO_4^{2-} 最大去除率及达到最大去除率所需时间见表 9.12。

表 9.12　　　　　　　　　　离石黄土试样的 SO_4^{2-} 最大去除率

葡萄糖/(mg/L)	100	200	300	400	500	800	1200
SO_4^{2-} 最大去除率/%	9.5	14.3	29.1	35.9	38.5	74.3	72.0
所需时间/d	10	10	82	82	139	139	147

9.4.3　马兰黄土和离石黄土试验结果的比较

马兰黄土和离石黄土由于形成年代不同,它们的理化性质及其中微生物的分布也有所不同，因此利用两种黄土中的天然微生物来还原硫酸盐也会取得不一样的效果。马兰黄土加 1200mg/L 葡萄糖的试样，147d 时硫酸根去除率为 94.2%；而离石黄土加 800mg/L 葡萄糖的试样，139d 时硫酸根去除率为 74.3%。在碳源量充足的情况下，马兰黄土处理效果好于离石黄土。两种黄土在不同碳源量条件下的硫酸盐去除率的比较如图 9.3 所示。

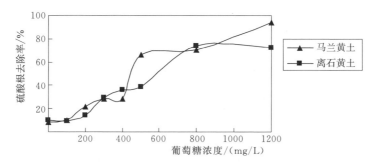

图 9.3　马兰黄土和离石黄土在不同碳源量下的 SO_4^{2-} 去除率

硫酸盐还原菌的生长消耗硫酸根后，会产生 H_2S 和重碳酸根离子，因此试样中重碳酸根浓度的变化也反映出硫酸根的还原情况。不同碳源量条件下马兰和离石黄土试样中重碳酸根离子浓度的变化趋势如图 9.4 所示。

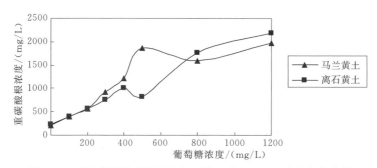

图 9.4　不同碳源量下马兰和离石黄土中 HCO_3^- 浓度变化曲线

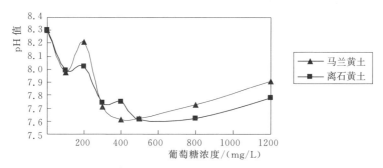

图 9.5　不同碳源量下马兰和离石黄土试样的 pH 值曲线

每组硫酸盐去除率最高点对应的 pH 值如图 9.5 所示，所有的值都在 7.5 以上，可见两种黄土对酸度的处理效果都很好，马兰黄土试样的 pH 值略高于离石黄土。

9.4.4　讨论

1. 温度对反应速率的影响

由于试验前几个月温度比较低，菌体生长非常缓慢，所以硫酸根的去除率也很低，并且最终达到最高去除率花费了四个多月的时间。低温对菌体生长有极大的制约作用，冬天黄土中微生物处于休眠状态，利用天然条件下黄土中的微生物来去除硫酸盐需要考虑外界温度影响。具体应用于实践，冬天需要采取一些保暖措施，例如[145]：①冬季将湿地植物收割铺在表面，再在上面覆盖一层薄膜，填料床内被处理的污水水温可以保持在 15～18℃。当塑料薄膜上有比较厚的积雪时，更能使水温有所提高；②初冬时加大水深，水位上升至冰冻面后形成冰层，然后使水位下降，在水位与冰层之间形成绝缘空气层，污水在下面流动。植物密实的地上茎对冰层的形成起到了支撑的作用，枯死的植物所积聚的雪层也提供了一层绝缘雪毯。

2. 微生物竞争的影响

第二批试验进行 12d 后，锥形瓶内土壤表面有气孔出现，加 1200mg/L 葡萄糖振荡后，三角瓶明显没有产生，但气体无 H_2S 气味，认为是产甲烷菌（MPB）得到营养后快速生长而产生了甲烷气体所致。22d 后马兰黄土加 100mg/L 与 200mg/L 葡萄糖的两组试样和离石黄土加 200mg/L 与 400mg/L 葡萄糖的两组试样均出现变黑现象，且伴有 H_2S 气体的产生；而加 1200mg/L 葡萄糖的离石黄土试样和马兰黄土试样，分别在 53d 和 55d 后才开始变黑。这一现象说明，在碳源量充足的情况下，SRB 受到 MPB 竞争的影响更大。在存在复杂的碳源或基质充分的情况下，SRB 在与 MPB 竞争乙酸时往往缺乏竞争力[128]。加 1200mg/L 葡萄糖的离石黄土比加 800mg/L 葡萄糖的离石黄土对硫酸根的去除率反而小，也就是这个原因。

3. 加不同碳源量的影响

除了加 1200mg/L 葡萄糖的离石黄土组，其他 15 组都是随着所加碳源量的增大对硫酸根的去除率是增大的，马兰黄土加 1200mg/L 葡萄糖时对硫酸根的去除效果最好，而离石黄土加 800mg/L 葡萄糖时对硫酸根的去除效果最好。

4. H_2S 的毒性抑制

由于 SRB 代谢产生的硫化物在高浓度时会毒害菌体，造成其活性和生长率下降[128]。在本试验中，产生的 H_2S 气体在真空密闭的锥形瓶中累积，会影响菌体生长，从这种意义上讲，在自然条件下，在煤矿排水积水坑深处形成缺氧环境，人工投加碳源，微生物得以生长，产生的 H_2S 一部分可散发到自然界，减少了对菌体的毒性抑制，对硫酸盐的去除效果会更好一些。

9.5 黄土-微生物系统处理煤矿酸性废水的动态模拟试验

上节利用密闭容器进行了静态模拟试验，试验结果初步可以证明：通过投加碳源激活黄土中的原生微生物，利用天然的黄土-微生物系统来处理煤矿酸性废水的思路是可行的。这一节，将在室内、敞口条件下，通过土柱试验来动态模拟天然条件下黄土及其中的微生物对排入其中的煤矿酸性废水的处理效果。

9.5.1 试验材料和方法

9.5.1.1 试验材料

1. 试验土样

试验所用土样和水样与静态试验相同。

2. 碳源

(1) 生活污水。城市生活污水中包含了大量的有机污染物和氮磷，如果能利用其为微生物的生长提供碳源，一方面可以激活黄土中的天然微生物，处理煤矿酸性废水中的硫酸盐；另一方面则可以降解生活污水中的有机质，达到以废治废，双重净化的目的。试验所用的污水为城市生活污水，取自太原市南内环桥下的排污口。

(2) 糖蜜。在第二阶段的试验中，配制酸性废水时在其中加入废糖蜜（表9.13）4.5mL/L，以提高碳源量。甘蔗废糖蜜是糖厂的副产品，含蔗糖和还原糖30%～50%，但由于废糖蜜成分复杂，混有大量的非糖成分和杂质（如黑色素、重金属离子、胶体物质等），所以分离较困难。目前，大部分废糖蜜仍只作为饲料或肥料，没有被增值作用。糖蜜可以在乳酸菌作用下发酵制取乳酸[146]。本实验所用糖蜜来源于广东糖厂，是典型的甘蔗糖蜜，其主要组成成分见表9.13。

表 9.13   **甘蔗糖蜜成分含量表**

项　目	锤度 Bx	全糖分	蔗糖	纯度	胶体	非发酵性糖	酸度	*磷酸	转化糖	总氮量
亚硫酸法/%	85.5	50.8	29.7	59.4	11.1	4.57	9.5	0.59	20.0	0.46
碳酸法/%	82	54.8	35.8	59	7.5	5.06	10.0	0.12	19.0	0.54

* 以含 P_2O_5 计。

3. 主要试验仪器

TGL-16C 高速台式离心机；721 分光光度计；pHS-2S 型 pH 计及 501 型 ORP 氧化还原电极；2XZ-0.5 型旋片真空泵。

9.5.1.2 试验装置

本试验采用动态模拟方法，顶部不间断供水，以保证土柱内始终处于饱水

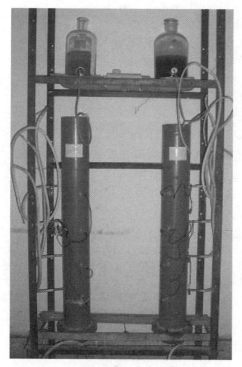

图 9.6　黄土-微生物系统处理酸性
废水的动态模拟试验装置

状态。试验装置如图 9.6 所示。反应器为直径 14.4cm、高度 120cm 的 PVC 管，上端敞口，由供水瓶供水，下端底座有一个出水孔排水。图中左侧的土柱是马兰黄土土柱，按马兰黄土 1.47g/cm³ 的天然容重装填；右侧是离石黄土土柱，按照离石黄土的天然容重 1.56g/cm³ 装填。土柱的设计高度都为 100cm，考虑到土的湿陷性，实际装填高度大于设计高度 2cm。土柱按照天然容重分层装填并稍加压实，使其接近天然状态，为防止冲刷及土的流失，并保证淋滤均匀，在土柱的底部和顶端分别铺 2cm 厚的石英砂。在 PVC 管身上分别设有四个孔用于安插取水管，取水管在土壤中的埋深分别为 20cm、40cm、60cm、80cm，在低于取水孔 2cm 的高度处分别安插四个氧化还原电极，用于在线测定土壤中的氧化还原电位。

9.5.1.3　试验方法

本试验在室内进行，分别利用马兰黄土和离石黄土装填的两个土柱模拟，旨在探讨在天然状态下可以将黄土中的原生微生物激活的条件，及其这种方法对煤矿酸性废水的处理效果。

本模拟试验分为两个阶段：第一个阶段是以低有机质含量的生活污水提供碳源；第二个阶段是利用高有机质污水（本试验是在生活污水中添加废糖蜜模拟）提供碳源。

第一阶段的模拟试验直接用取得的生活污水加入相应药品来模拟酸性废水的主要离子成分，因这一次取得的生活污水的硫酸根含量较高一些，因此配制好的水样的 SO_4^{2-} 浓度为 2400～2500mg/L。试验开始后，顶部由供水瓶不间断供水，保证土柱顶端的淹没深度在 10～20cm，而装置底部的排水管套接一根较长的橡皮管，并将橡皮管的另一端挂起，在整个土柱处于饱水状态后，再将橡皮管放下，开始自然排水。试验进行两天后，开始记录氧化还原电位的数值，并定期取样分析 SO_4^{2-} 浓度的变化情况。取样是利用真空泵从几个取水孔抽出水样，在 TGL-16C 高速台式离心机中以 12000r/min 的速度离心 6min 后，取其上清液做化学分析。

第二阶段的模拟试验利用生活污水来配制硫酸盐酸性废水，并在其中加入废糖蜜 4.5mL/L，以提高碳源量。这一阶段试验所取的生活污水 SO_4^{2-} 浓度较低，因此配制好的水样的 SO_4^{2-} 浓度只略高于 2200mg/L。这部分试验继续沿用上一阶段的实验装置，试验方法和分析方法也都与上一阶段相同。

9.5.2 结果与讨论

9.5.2.1 以低有机质含量的生活污水提供碳源的模拟试验

试验在室内室温下（14～18℃）进行，从 2007 年 11 月 6 日到 12 月 26 日，为期 50d。该部分试验取城市生活污水直接配制酸性废水，利用污水中 COD 作为碳源，测得该生活污水中的 COD 含量为 120mg/L。酸水水样分几次配制，其 SO_4^{2-} 浓度范围为 2400～2600mg/L。试验目的是探讨在这样的温度、碳源量、硫酸根浓度条件下黄土中的原生硫酸盐还原菌是否可以被激活利用。

1. 马兰黄土土柱的模拟试验

（1）E_h 值的变化。表 9.14 列出了马兰黄土土柱在加入生活污水配制的酸性废水后氧化还原电位值的变化情况。在试验过程中，对氧化还原电位值每天都进行了监测和记录，由于数据量太大，表 9.14 列出的只是每隔五天抽取的记录，但基本可以反映整体的变化趋势。从表中可以看出，20cm 深度处的氧化还原电位值波动比较剧烈，在反复中有所下降，偶尔出现负值，但总体仍然维持在较高水平，无法满足硫酸盐还原菌的生长要求。其余三个深度处的氧化还原电位值一直保持强氧化状态，总体看略微有上升的趋势，这可能是由于水中有机质在土壤浅层已经大部分分解，渗透到这三个深度位置时有机质含量太低，已经无法消耗系统中的溶解氧，而抽取水样时形成负压，又有少量空气进入土柱所致。

表 9.14　　　低有机质废水碳源的马兰黄土土柱中 E_h 值的变化情况

深度/cm	各深度不同时间的 E_h 值/mv									
	5d	10d	15d	20d	25d	30d	35d	40d	45d	50d
20	270	245	130	7	18	147	114	140	19	−6
40	274	245	263	265	265	279	283	279	285	287
60	256	195	291	290	288	302	307	310	302	300
80	271	297	303	312	323	326	334	334	341	343

系统中的氧化还原状态主要取决于进入该系统的氧量和通过细菌分解有机物所消耗的氧量，当系统不断有外部水的补给，又没有更多的有机物分解消耗水中的溶解氧，则系统中的氧化还原电位值就很难降低到负值。而在本试验中，土柱中始终未能达到硫酸盐还原菌生长所需的还原状态，就是因为水中的有机质含量太低，所以系统中的溶解氧无法被完全消耗。

（2）SO$_4^{2-}$浓度变化。图 9.7 反映的是马兰黄土土柱在这一阶段的试验过程中，不同深度取得的水样的 SO$_4^{2-}$浓度的变化情况。如图 9.7 所示，各个深度处的水样的 SO$_4^{2-}$浓度都由初始的 2400～2600mg/L 降低到了 1100～1200mg/L，但不久都呈逐步上升趋势，尤其在 20cm 及 40cm 深度处，变化很明显，在试验结束时，几乎已经达到了原始浓度值。由此可以看出，这样的碳源量条件下，黄土中的微生物未能被有效激活，硫酸根的去除主要依靠黄土本身的作用，因而不能形成有效且持续的去除效果，不能满足实际应用的需要。

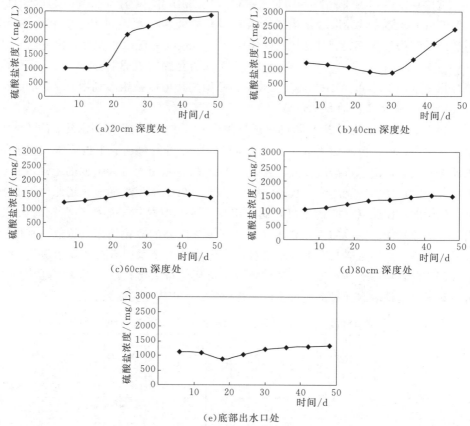

图 9.7　低有机质废水碳源马兰黄土土柱各深度处 SO$_4^{2-}$浓度变化曲线

2. 离石黄土土柱的模拟试验

（1）E_h 值的变化。从表 9.15 和图 9.8 可以看出，在试验进行 20d 左右的时候，各深度处的氧化还原电位值都降低到了比较低的数值（25～75），之后有所反复，但最终结果仍保持在这一范围，这说明生活污水中有机质的分解消耗了一部分溶解氧，但没有更多的有机质分解消耗系统中的溶解氧，所以系统中始终处于氧化状态。国内有实验研究报道，在溶解氧浓度小于 4.5mg/L 时，SRB

仍能够存活[138]。但总的来说，SRB 属于厌氧菌，其生长的氧化还原电位须低于 $-150mV$。因此，该试验土柱中的氧化还原电位是不适合硫酸盐还原菌的生长的。在下一阶段的试验中，将补充废水中的碳源量，促使系统尽快进入利于硫酸盐还原菌群生长的还原态。

表 9.15　低有机质废水碳源的离石黄土土柱中 E_h 值的变化情况

深度/cm	各深度不同时间的 E_h 值/mV									
	5d	10d	15d	20d	25d	30d	35d	40d	45d	50d
20	133	45	49	25	31	125	173	87	32	22
40	228	55	67	56	58	132	134	126	84	73
60	255	166	87	67	58	−14	77	131	73	61
80	249	221	115	71	20	−6	85	48	21	13

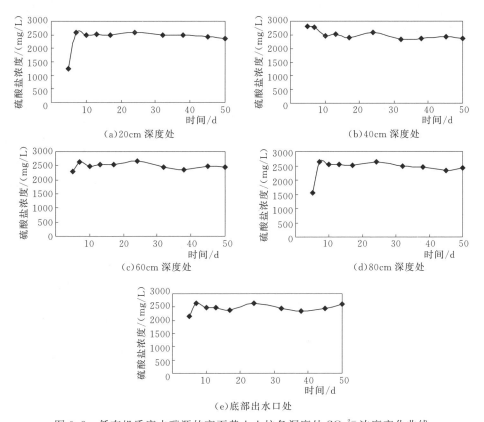

图 9.8　低有机质废水碳源的离石黄土土柱各深度处 SO_4^{2-} 浓度变化曲线

（2）SO_4^{2-} 浓度变化。离石黄土土柱在这个阶段的整个试验过程中，各个深度所抽取水样的 SO_4^{2-} 浓度的变化情况如图 9.8 所示。可以看出，离石黄土土柱

各个孔的出水 SO_4^{2-} 浓度都要远远高于马兰黄土土柱的,并且只有于第五天第一次取得的水样的 SO_4^{2-} 浓度有所降低,之后所取的水样的 SO_4^{2-} 浓度都基本达到了原始浓度 $2400\sim2600mg/L$,失去了处理效果。可见低有机质废水对离石黄土中的硫酸盐还原菌群无法被激活。

9.5.2.2　以高有机质废水提供碳源的模拟试验

本试验在上一阶段的基础上继续进行,为增加进入系统的有机质含量,在原先配制的酸性废水的基础上再添加废糖蜜 $4.5mL/L$。试验期为 94d,试验温度为 $15\sim19℃$。

1. 马兰黄土土柱的模拟试验

(1) E_h 值的变化。从表 9.16 中可以看出,20cm 深度处的氧化还原电位值在试验开始几天后就成为负值,在试验过程中基本保持了还原状态。但其他三个深度位置上始终处于强氧化状态,未能达到硫酸盐还原菌生长所需的还原环境,这说明废水中的有机质在经过土壤浅层时分解消耗了溶解氧,而随着深度的增加,有机质含量大幅减少,因而无法继续分解消耗系统中的溶解氧。

表 9.16　　　　高有机质废水碳源的马兰黄土土柱中 E_h 值的变化情况

深度 /cm	各深度不同时间的 E_h 值/mV											
	6d	12d	18d	24d	30d	36d	42d	48d	58d	68d	78d	88d
20	−136	18	10	−16	−25	−27	−43	−193	−105	−109	−110	−113
40	287	287	297	297	306	299	299	306	285	281	284	289
60	294	300	307	304	295	311	319	323	323	322	247	322
80	335	344	353	352	356	356	361	366	306	100	101	183

(2) SO_4^{2-} 浓度变化。在第一阶段的试验中,马兰黄土 20cm 和 40cm 深度处抽取的水样 SO_4^{2-} 浓度已经达到了初始浓度,失去了处理效果,而其余三个位置的 SO_4^{2-} 浓度还处于 $1500mg/L$ 以下,这一阶段试验是上一阶段的延续,因此各深度处的 SO_4^{2-} 初始浓度即是上一阶段的最终浓度。新配制的酸性废水的 SO_4^{2-} 浓度测得为 $2214mg/L$。

试验进行中,取样分析的频率为 5d,试样离心之后发现,从 20cm 深度处所取水样略微发黄(废水中添加的糖蜜的颜色),而其余水样均清澈透明,这也说明有机质的分解主要在土壤浅层发生。马兰黄土土柱各深度处 SO_4^{2-} 浓度的变化情况如图 9.9 所示,从中可以看出,20cm 和 40cm 深度处的 SO_4^{2-} 浓度有明显的下降过程,而其余几个位置的 SO_4^{2-} 浓度反而有所上升,这是因为浅层土壤中的有机质供给丰富,因此硫酸盐还原菌得以生长,SO_4^{2-} 浓度逐渐下降,但其余深度处有机质不足,无法产生硫酸盐的还原反应,而黄土又逐渐被穿透,

逐渐失去对 SO_4^{2-} 的去除效果，因此这些位置处的 SO_4^{2-} 浓度不降反升，由于浅层处理效果的影响，上升的速度较慢趋势较缓。从观测数据看，20cm 深度处的 SO_4^{2-} 浓度在试验进行 64d 时逐渐趋于稳定，到 70d 时降低到 729mg/L，最高去除率达到了 67%；而 40cm 深度处的 SO_4^{2-} 浓度在试验结束时（94d）为 1224mg/L，去除率为 45%，大大低于 20cm 深度处，从氧化还原电位的监测值及对水样特征的观察来看，这一深度处硫酸盐浓度的降低主要是因为酸性废水在浅层得到处理，浓度较低，因而产生稀释作用导致的。

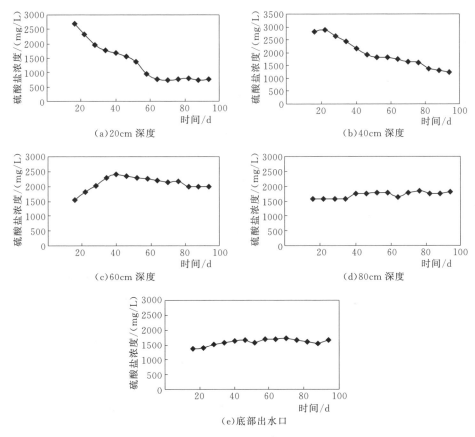

图 9.9 马兰黄土土柱各深度处 SO_4^{2-} 浓度变化（第二阶段）

2. 离石黄土土柱的模拟试验

（1）E_h 值的变化。由表 9.17 可知，在试验进行到第 6 天时，四个深度处的氧化还原电位就都降到负值，在第 10 天时就都降低到 -400 左右，形成了非常有利于硫酸盐还原菌生长的还原态。氧化还原电位值的下降是由于好氧菌的生长消耗溶解氧，使氧化还原电位由正逐渐变成负值，达到还原状态，而硫酸盐还原菌的生长会消耗 SO_4^{2-}，将其转化为还原态的 S^{2-}、HS^-，这又使得氧化还原电位降到更低点，更加促进了硫酸盐还原菌群在这种环境中的生长。

表 9.17　高有机质废水试验条件下离石黄土土柱中 E_h 值的变化情况

深度 /cm	各深度不同时间的 E_h 值/mV											
	6d	12d	18d	24d	30d	36d	42d	48d	58d	68d	78d	88d
20	−368	−422	−430	−431	−261	−98	−77	−28	90	247	259	268
40	−50	−377	−427	−435	−401	−100	−51	−19	87	86	86	18
60	−148	−443	−434	−433	−361	−355	−319	−292	−256	84	68	223
80	−44	−459	−426	−429	−370	−353	−333	−289	36	−44	4	111

从表 9.17 可以看出，在试验进行到 2 个月的时候，开始有监测孔出现正值，到最后全部显示氧化态，这是由于每次取水都用真空泵抽取，会有少量土随水样流出，在试验持续进行两个月后，抽水孔附近逐渐出现空隙，并且每次抽水会形成负压，之后会有少量空气进入，这样致使出水孔附近逐步形成了氧化状态，而氧化还原电极的埋设非常靠近取水孔，因而反映出了这一结果，但这并不能表明整个系统已经处于氧化状态。从对水样 SO_4^{2-} 浓度的分析结果看，在试验进行 2 个月后，各深度处的硫酸根浓度仍有大幅度的下降，由此也可以看出，硫酸盐还原反应仍在进行，硫酸盐还原菌群生长的主要区域并未受到影响，应该仍然处于还原状态。

（2）SO_4^{2-} 浓度变化。本次配制的酸性废水的初始 SO_4^{2-} 浓度为 2214mg/L。试验开始 5d 之后，开始闻到臭鸡蛋的味道，说明已经有硫化氢气体产生。试验过程中，取样分析的频率为五天，观察发现，20cm 深度处所取的水样逐渐发黑，说明有金属硫化物产生，而其他深度处所取的水样只略微发黄或比较清澈，这也说明硫酸盐还原反应主要发生在 20cm 深度以上及其 20cm 深度附近，这是因为随着深度的增加有机质含量大幅减少，硫酸盐的浓度也因为在浅层经过处理而大幅下降，因而硫酸盐还原菌群的生长受到了抑制。在试验过程中对硫酸盐还原菌群分布规律的判断与一些对湖底沉积物中硫酸盐还原菌分布规律的研究结论相类似：王明义等对大量排入煤矿酸性废水的阿哈湖和洱海沉积物硫酸盐还原菌的研究[147] 表明，春秋季阿哈湖沉积物中都在 8cm 深度处达到了硫酸盐还原菌生长的高峰，而洱海沉积物中硫酸盐还原菌生长的高峰在春秋季分别为 4cm 和 7cm 处达到，阿哈湖和洱海沉积物中 27cm 范围内有硫酸盐还原菌的检出，而 27cm 深度处均无硫酸盐还原菌的检出；梁小兵等对贵州红枫湖沉积物的研究[148] 发现：从悬浮层到 11cm 的深度内有机质的变化较为剧烈，11cm 以下的变化趋于平缓，并被降解到相对较低的含量，而表层 7cm 是硫酸盐还原菌的主要分布位置。通过对试验和文献的分析我们判断：在煤矿酸性废水中投加碳源来激活黄土中的原生硫酸盐还原菌群，菌群的生长主要集中在土壤表层，大于 40cm 深度 SO_4^{2-} 浓度及有机质含量较低，不利于硫酸盐还原菌的生长。

图 9.10 所示为离石黄土土柱各深度处的 SO_4^{2-} 浓度在 3 个月的试验过程中的变化情况。从图中可以看出，离石黄土土柱各深度处的 SO_4^{2-} 浓度在短期内就开始大幅度降低，20cm 深度处的 SO_4^{2-} 浓度在试验进行到 82d 时降低到了 101mg/L，40cm、60cm、80cm 深度及出水口处的 SO_4^{2-} 浓度也在试验结束时 (94d) 分别降到了 188mg/L、243mg/L、336mg/L、494mg/L，最终处理效果比较理想。从图中还可以看到，不同深度处的 SO_4^{2-} 浓度在下降的过程中都出现了一次较大的反复，并且随着深度的增加，SO_4^{2-} 浓度出现的峰值在时间上逐步后移，出现这种情况的原因可能是与添加了新配制的酸性废水有关，因为新取的生活污水成分会与上一批有差异，而且新鲜的污水溶解氧含量比较高，再加上配制酸水时加入的糖蜜还未发酵，会影响硫酸盐还原菌群对它的利用，这些因素都可能会影响到硫酸盐还原菌群的生长及 SO_4^{2-} 的降解速率。

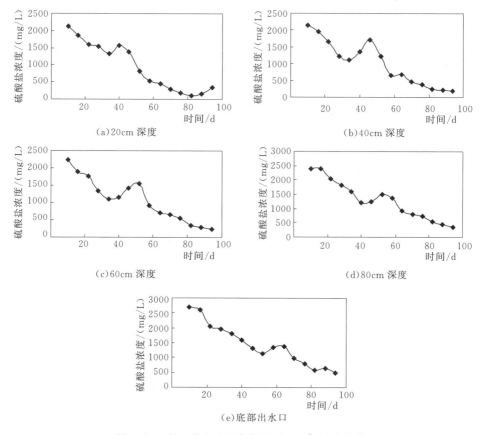

图 9.10 离石黄土土柱各深度处 SO_4^{2-} 浓度变化

在这一阶段的试验中，离石黄土土柱对同样的酸性废水的处理效果远远优于马兰黄土土柱。离石黄土土柱 20cm 深度处的最大去除率在试验进行到 82d 时达到，为 95.5%，而 40cm、60cm、80cm 深度及底部出水口处都在试验结束时（94d）出现最高去除率，分别为 91.6%、89.1%、84.9%、77.8%。可以看出，随着深度的增加，SO_4^{2-} 的去除率有所下降。离石黄土土柱各深度位置的 SO_4^{2-} 去除率曲线如图 9.11 所示。

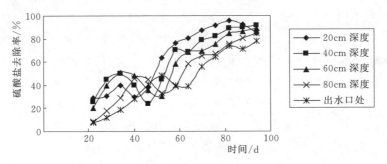

图 9.11　离石黄土土柱各深度 SO_4^{2-} 去除率比较

综上所述，采用土柱试验装置，通过人为投加碳源激活黄土中的原生微生物，对天然条件下利用黄土-微生物系统处理煤矿酸性废水进行了动态模拟，得出以下结论：

（1）以低有机质的城市生活污水提供碳源，马兰和离石土柱中都未能达到硫酸盐还原菌群生长所需的还原环境，黄土中的微生物未能被有效激活，硫酸根的去除主要依靠黄土本身的作用，因而未能形成有效且持续的去除效果。

（2）添加糖蜜补充碳源后，马兰黄土土柱 20cm 深度处达到了还原态，其他深度处仍处于氧化态。对硫酸根的降解主要发生在 20cm 深度以内，最高去除率为 67%。

（3）碳源充足的情况下，离石黄土土柱中很快从氧化态转变为适合硫酸盐还原菌生长的还原态。硫酸盐还原反应主要发生在土壤浅层。20cm 深度处在试验进行到 82d 时达到最大去除率 95.5%，而 40cm、60cm、80cm 深度及底部出水口处都在试验结束时（94d）出现最高去除率，分别为 91.6%、89.1%、84.9%、77.8%。SO_4^{2-} 的去除率随着深度的增加有所降低。

9.6　利用天然排水矿坑生物修复煤矿酸性废水的实验研究

9.6.1　试验材料及方法

9.6.1.1　试验材料

（1）试验水样。试验所用水样参照山西孝义偏店煤矿取得的水样成分配置而成。

（2）菌种培养。采用太原市杨家堡污水净化厂二沉池回流污泥分离出来的脱硫弧菌作为菌株，接入培养基中，在恒温培养箱中恒温 30℃ 培养 2～3d。

培养基成分由每升蒸馏水加 1.0g 的 NH_4Cl、2.0g 的 $MgSO_4 \cdot 7H_2O$、1.0g 的 Na_2SO_4、1.0g 酵母膏、0.1g 的 $CaCl_2 \cdot H_2O$、0.5g 的 K_2HPO_4、0.1g 的抗坏血酸和 3.5mL 的乳酸钠（70%）配置而成。

9.6.1.2 试验装置

采用两个相同的反应器同时进行静态模拟。反应器为直径 14.4cm，高度 1.2m 的 PVC 管，下端封闭，上端敞口，在距离底端 10cm 处固定氧化还原电位电极，实时监测氧化还原电位值。相同高度处设置取水孔，定时抽取水样做化学分析。

9.6.1.3 分析方法

$SO_4{}^{2-}$ 浓度用 721 分光光度计采用铬酸钡光度法测定，pH 值、氧化还原电位用 PHS - 3C 精密 pH 计测定，Fe 和 Mn 重金属离子由 TAS - 986 型原子吸收分光光度计用火焰原子吸收法测定。

9.6.1.4 试验总体设计

实验分别模拟不同深度、接种量、pH 值、初始 $SO_4{}^{2-}$ 浓度及温度条件，分批将配置的酸性废水装入敞口反应器中进行静态模拟实验。实验过程中，定时对反应器中酸水的 pH 值及氧化还原电位值进行观测记录，并取水样，用高速台式离心机以 12000r/mim 的速度离心 6min，再用微孔滤膜过滤，得到清液后做化学分析。

9.6.2 不同深度条件下的模拟试验

9.6.2.1 试验方法

配制 pH 值为 5 和初始 $SO_4{}^{2-}$ 质量浓度为 2000mg/L 的酸水，分别加入两个反应器中，使其水深分别达到 0.5m 和 0.8m，接入 30% 的菌种，其中接种量是按所接进的培养好的菌液占所处理废水的百分比计算。水温基本保持在 23℃ 左右。

9.6.2.2 结果与讨论

1. 氧化还原电位和 pH 值的变化特征

由表 9.18 可以看出，试验开始 12h 后，氧化还原电位值都急剧下降到 -400mV 以下，达到了硫酸盐还原菌生长所需的厌氧条件，即氧化还原电位在 -150mV 以下。这说明 0.5m 的深度是可以达到硫酸盐还原菌所需要的厌氧环境的。12h 后，pH 值也由 5.0 上升到 6.2 以上，并随着时间逐渐加大，到试验进行 84h 时，已达到 6.7 以上，接近中性。

表 9.18 　　　　　　　　　　　**不同水深和 pH 值的历时变化**

时间/h		0	4	8	12	24	36	48	60	72	84
E_h 值 /mV	0.8m	17	—	—	−446	−490	−484	−485	−443	−443	−439
	0.5m	9	−286	−369	−414	−420	−412	−412	−417	−423	−428
pH 值	0.8m	5	—	−6026	6.56	6.74	6.79	6.87	6.87	6.87	6.82
	0.5m	5	5.64	5.98	6.32	6.49	6.55	6.62	6.75	6.74	6.75

2. 去除 SO_4^{2-} 的动力学特征

由两种深度条件下去除 SO_4^{2-} 的动力学曲线（图 9.12）可以看出，前 12h 内，SO_4^{2-} 的去除率大致是呈直线上升的，12h 后基本趋于稳定。水深为 0.5m 时，SO_4^{2-} 的去除率最高为 60.43%，而水深为 0.8m 时，最高为 61.98%，比 0.5m 时稍高。因此 SO_4^{2-} 的去除率和水深有一定的关系，水深大了去除率也要高一些，这是由于水深大一些的反应器内的还原反应进行的更充分一些。

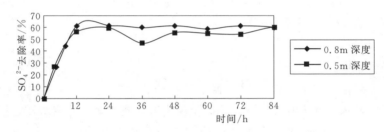

图 9.12 　不同水深去除 SO_4^{2-} 的动力学曲线

3. 重金属含量的变化特征

本试验主要考虑了煤矿酸性废水中 Fe 和 Mn 两种特征污染因子。水深 0.8m 的反应器中酸水的 Fe 初始质量浓度为 12.35mg/L，0.5m 水柱中为 12.15mg/L，经过 12h 之后，测得 Fe 浓度都为 0，去除效果理想，都达到了 100%；对 Mn 的去除效果，两种深度条件下相差不大，0.8m 水柱中的 Mn 的初始质量浓度为 2.87mg/L，0.5m 水柱中为 2.69mg/L，经过 12h 之后，都已经下降到了 0.6mg/L 以下，84h 以后，都下降到 0.4mg/L 以下，去除率都达到 86% 以上。

9.6.3　不同接种量条件下的模拟试验

9.6.3.1　试验方法

配置 pH 值为 5.0、初始 SO_4^{2-} 质量浓度为 2000mg/L 的酸性废水，分别按 30%、20%、10% 和 3% 接入菌种，水深选择 0.5 m，水温保持在 23℃ 左右，分两批进行试验。

9.6.3.2 结果与讨论

四种不同的接种量下，经过 12h 后，氧化还原电位值就都由 10mV 左右急剧下降到 −400mV 以下，均达到硫酸盐还原菌需要的厌氧条件。而 pH 值在经过 12h 之后也都由 5.0 上升到了 6.1 以上，在经过 84h 之后，都达到了 6.7 以上，满足硫酸盐还原菌的生长要求。

由四种接种量条件下去除 SO_4^{2-} 的动力学曲线（图 9.13）可以看出，去除率随接种量的减少而降低，接种量为 30%、20%、10% 和 3% 时，SO_4^{2-} 的最大去除率分别为 60.43%、56.13%、54.96% 和 36.85%；接种量为 10%～30% 时，SO_4^{2-} 的去除率变化基本为 55%～60%，但接种量低于 10% 时，则 SO_4^{2-} 的去除率会大幅降低。

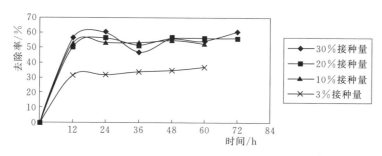

图 9.13　不同接种量条件下去除 SO_4^{2-} 的动力学曲线

经过 12h 后，四种情况下 Fe 浓度都达到了 0，去除率全部为 100%。接种量由大到小，Mn 的去除率依次为 87.0%、85.58%、85.06% 和 75.12%，可以看出，当接种量在 10% 以上时，对 Mn 的去除率都可达到 85% 以上。

综合考虑几种接种量对煤矿酸性废水的治理效果以及节约成本的原则，确定 10% 为理想接种量。

9.6.4　不同初始 pH 值和 SO_4^{2-} 浓度条件下的模拟试验

9.6.4.1　试验方法

配置 pH 值分别为 4.0 和 5.0、SO_4^{2-} 浓度分别为 2000mg/L 和 2800mg/L 的酸性废水，10% 菌种接入量，分别分批加入反应器进行模拟，水深 0.5 m，水温控制在 23℃ 左右。

9.6.4.2　结果与讨论

当 pH 值为 4.0 和 SO_4^{2-} 初始质量浓度为 2000mg/L 时，模拟结果显示氧化还原电位和 pH 值都能达到 SRB 生长的要求，SO_4^{2-} 的去除率在 12h 后基本稳定，最终去除率为 47.26%；而相同条件下 pH 值为 5 时，SO_4^{2-} 的最终去除率为 54.96%。

当 pH 值为 5 和 SO_4^{2-} 初始浓度为 2800mg/L 时，模拟结果表明氧化还原电位和 pH 值也都能达到 SRB 生长的要求，SO_4^{2-} 的去除率在 12h 后基本稳定，最终去除率为 45.58%，而相同条件下初始 SO_4^{2-} 质量浓度为 2000mg/L 时，SO_4^{2-} 的最终去除率为 54.96%。由此可见，相同条件下，在硫酸盐还原菌可以生长的条件范围内，初始 pH 值高时 SO_4^{2-} 的去除率要高；SO_4^{2-} 初始质量浓度较大时，SO_4^{2-} 的去除率就要低一些。只是 pH 值为 4.0、SO_4^{2-} 初始质量浓度为 2800mg/L 时，SO_4^{2-} 的最终去除率在 50% 以下，修复煤矿酸性废水的效果不太理想。

9.6.5　不同温度条件下的模拟试验

9.6.5.1　试验方法

配置 pH 值为 5.0、SO_4^{2-} 初始质量浓度为 2000mg/L、接种量为 10% 的酸性水，控制温度在 13～15℃进行模拟试验。结果与前面所做的相同条件下，与温度在 23℃左右的数据进行比较。

9.6.5.2　结果与讨论

在 23℃条件下，试验进行 12h 之内 E_h 和 pH 值就都达到了 SO_4^{2-} 还原菌生长的要求，并且 SO_4^{2-} 的去除率基本趋于稳定，最终的 SO_4^{2-} 的去除率为 55%；但在 13～15℃温度条件下（其他条件相同），E_h 值和 pH 值变化缓慢，达到硫酸盐还原菌生长所需条件需要很长时间；SO_4^{2-} 的去除率缓慢上升，直到 72h 后才趋于平稳，但最终的去除率也仅有 30%（图 9.14）。由此可见，温度对 SO_4^{2-} 还原菌处理煤矿酸性废水的效果影响很大，当温度小于 15℃时，废水中菌体的生长会受到强烈的抑制。

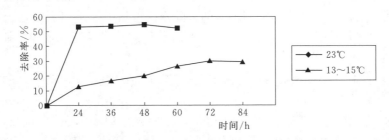

图 9.14　不同温度条件下去除 SO_4^{2-} 的动力学曲线

9.6.6　结论

模拟结果表明：

（1）在敞口反应器中，0.5m 的水深即可以达到 SO_4^{2-} 还原菌所需要的厌氧环境，SO_4^{2-}、重金属的去除率达 60% 以上，随水深增大，去除率升高。

（2）接种量 10% 为去除 SO_4^{2-} 的优选值，低于 10% 时，则 SO_4^{2-} 的去除率会大幅降低。

（3）煤矿废水的 pH 值和 SO_4^{2-} 的初始含量对 SO_4^{2-} 的去除率有一定影响，pH 值为 4 比 pH 值为 5 的酸水 SO_4^{2-} 的去除率低 7.7％左右，SO_4^{2-} 质量浓度为 2800mg/L 比 2000mg/L 的酸水的 SO_4^{2-} 的去除率低大约 9.38％。

（4）温度为一重要影响因素，13～15℃与 23℃相比，菌体生长相对缓慢，SO_4^{2-} 的去除率低约 25％。

因此，利用天然煤矿排水坑作为反应器，通过投加适量微生物以及所需要的碳源等来修复煤矿酸性废水的方法可行且效果显著。

（本章为国家自然基金资助项目（30470269）"黄土-湿地植物-微生物生态系统处理煤矿酸性废水"的部分研究成果。）

参 考 文 献

[1] 张峰玮，甄选，陈传玺. 世界露天煤矿发展现状及趋势 [J]. 中国煤炭，2014，40
(11)：113-116.

[2] 李浩荡，佘长超，周永利，等. 我国露天煤矿开采技术综述及展望 [J]. 煤炭科学技
术，2019，47 (10)：24-35.

[3] 阎官法，郭雷，刘爱荣. 郑州市矿井水资源利用模式研究 [C] //2014年非常规水源
管理与技术研讨会论文集. 河南省科学院，2014：8-13.

[4] 袁航，石辉. 矿井水资源利用的研究进展与展望 [J]. 水资源与水工程学报，2008，
19 (5)：50-57.

[5] 莫樊，郁钟铭，吴桂义，等. 煤矿矿井水资源化及综合利用 [J]. 煤炭工程，2009
(6)：103-105.

[6] 王一淑. 煤矿矿井水资源利用市场开发浅析 [J]. 科技创新导报，2017，14 (26)：
160-161，163.

[7] 何绪文，张晓航，李福勤，等. 煤矿矿井水资源化综合利用体系与技术创新 [J]. 煤
炭科学技术，2018，46 (9)：4-11.

[8] QIANG W U，Technology. Progress, problems and prospects of prevention and con-
trol technology of mine water and reutilization in China [J]. Journal of China Coal Soci-
ety，2014，39 (5)：795-805 (11).

[9] X Yu - qun. Present Situation and Prospect of Groundwater Numerical Simulation in
China [J]. Geological Journal of China Universities，2010，16 (1)：1-6.

[10] WU Qiang, WANG Zhiqiang, GUO Zhouke. A research on an optimized five - in - one
combination of mine water control, treatment, utilization, back - filling and environ-
ment friendly treatment [J]. China Coal，2010.

[11] QIANG W，DUO L. Research of "Coal - water" double - resources mine construction
and development [J]. Coal Geology of China，2009，21 (3)：32-36.

[12] The recycling mode and technique of water in desertification area of Shendong Coal Mine
[J]. Energy Procedia.

[13] 钱鸣高，许家林，缪协兴. 煤矿绿色开采技术 [J]. 中国矿业大学学报，2003，32
(4)：343-348.

[14] 钱鸣高，许家林，王家臣. 再论煤炭的科学开采 [J]. 煤炭学报，2018，43 (1)：
1-13.

[15] 范立民. 论保水采煤问题 [J]. 煤田地质与勘探，2005，33 (5)：50-53.

[16] 李恩宽，白乐，韩瑶瑶，等. 基于供需双向协调的煤矿矿井水利用及其潜力评价指标
体系研究 [J]. 工业安全与环保，2019，45 (12)：103-106.

[17] 张凯，李全生. 基于控水开采的塔然高勒煤矿首采工作面优化研究 [J]. 煤炭工程，

226

2019，51（12）：121－126.

[18] 余学义，毛旭魏，郭文彬. 孟巴矿厚松散含水层下协调保水开采模式 [J]. 煤炭学报，2019，44（3）：739.746.

[19] 李井峰，熊日华. 煤炭开发利用水资源需求及应对策略研究 [J]. 煤炭工程，2016（7）：115－117.

[20] 倪深海，彭岳津，张楠，等. 面向园区的煤矿矿井水利用产业链模式研究 [J]. 能源与环保，2019，41（3）：113－116.

[21] 闫志宏，刘彬，张婷. 基于多目标粒子群算法的水资源优化配置研究 [J]. 水电能源科学，2014（2）：35－37.

[22] 张敏. 城市地区水资源优化调配模型及应用 [D]. 南京：河海大学，2006.

[23] 许新宜，王浩，甘泓. 华北地区宏观经济水资源规划理论与方法 [M]. 郑州：黄河水利出版社，1997.

[24] 王浩，游进军. 水资源合理配置研究历程与进展 [J]. 水力学报，2008，39（10）：1168－1175.

[25] 朱厚华. 多水源多用户动态水资源合理配置研究 [D]. 北京：中国水利水电科学研究院，2005.

[26] 王浩，秦大庸，王建华. 流域水资源规划的系统观与方法论 [J]. 水利学报，2002，33（8）：0001－0007.

[27] 张经汀. 中小流域水资源配置研究——以磐石市为例 [D]. 北京：中国水利水电科学研究院，2018.

[28] 曹菊萍，李昊洋，彭焱梅，等. 太湖流域重要河湖河道内年度水量分配拟定初步探索 [J]. 中国水利，2019，（5）：13－15，21.

[29] 王菲. 安徽段长江流域水资源配置策略研究 [J]. 科学技术创新，2018（27）：110－111.

[30] 王白陆，张建中，毛慧慧. 基于公共属性的水资源配置方案探讨——以大清河流域为例 [J]. 海河水利，2018（6）：5－6，16.

[31] 王文辉，黄粤，刘铁，等. 开都-孔雀河流域水资源优化配置 [J]. 干旱区研究，2018，35（5）：1030－1039.

[32] 卢华友，彭佳学. 义乌市水资源系统分解协调决策模型研究 [J]. 水利学报，1997（6）：40－47.

[33] 吴泽宁，丁大发，蒋水心. 跨流域水资源系统自优化模拟规划模型 [J]. 系统工程理论与实践，1997，17（2）：78－83.

[34] 吴险峰，王丽萍. 枣庄城市复杂多水源供水优化配置模型 [J]. 武汉水利水电大学学报，2000，33（1）：30－32.

[35] 陈崇德，黄永金. 漳河水库灌区水资源配置模型效果评价及风险分析 [J]. 南昌工程学院学报，2010，29（3）：65－68.

[36] 贺北方，周丽，等. 基于遗传算法的区域水资源优化配置模型 [J]. 水电能源科学，2002，20（3）：10－12.

[37] 刘德地，王高旭，陈晓宏，等. 基于混沌和声搜索算法的水资源优化配置 [J]. 系统工程理论与实践，2011，31（7）：1378－1386.

[38] 严登华，秦天玲，肖伟华，等. 基于低碳发展模式的水资源合理配置模塑研究 [J].

水利学报，2012，43（5）：586-593.

[39]　李维乾，解建仓，李建勋，等. 基于灰色理论及改进类电磁学算法的水资源配置
　　　[J]. 水利学报，2012，43（12）：1447-1663.

[40]　沈国浩，陆美凝，宗志华. 城市水资源协调配置问题中双层规划模型及应用 [J]. 水
　　　电能源科学，2017，35（4）：32-36.

[41]　黄炜，杨明非. 南水北调东线工程受水区城市水资源配置研究 [J]. 江苏水利，2017
　　　（3）：6-10.

[42]　赵得军. 开封市水资源优化配置研究 [D]. 武汉：武汉大学，2004.

[43]　曹文洁. 长春市区水资源规划 [D]. 长春：吉林大学，2018.

[44]　康小兵，罗声，许模，等. 华蓥山中段地区地下水资源量评价 [J]. 中国岩溶，
　　　2018，37（4）：527-534.

[45]　胡彬，刘俊国，赵丹丹，等. 基于水足迹理念的水资源短缺评价——以2022年冬奥
　　　会雪上项目举办地为例 [J]. 灌溉排水学报，2017，36（7）：108-116.

[46]　汪明武，周天龙，叶晖，等. 基于联系云的地下水水质可拓评价模型 [J]. 中国环境
　　　科学，2018，38（8）：3035-3041.

[47]　严岩，贾学秀，单鹏，等. 基于水劣化足迹的城市发展的水环境效应评价——以北京
　　　市为例 [J]. 环境科学学报，2017，37（2）：779.785.

[48]　夏军，石卫. 变化环境下中国水安全问题研究与展望 [J]. 水利学报，2016，47
　　　（3）：292-301.

[49]　杨振华，周秋文，郭跃，等. 基于SPA-MC模型的岩溶地区水资源安全动态评
　　　价——以贵阳市为例 [J]. 中国环境科学，2017，37（4）：1589-1600.

[50]　孙才志，阎晓东. 中国水资源-能源-粮食耦合系统安全评价及空间关联分析 [J]. 水
　　　资源保护，2018，34（5）：1-8.

[51]　鲍超，邹建军. 基于人水关系的京津冀城市群水资源安全格局评价 [J]. 生态学报，
　　　2018，38（12）：4180-4191.

[52]　曹丽娟，张小平. 基于主成分分析的甘肃省水资源承载力评价 [J]. 干旱区地理，
　　　2017，40（4）：906-912.

[53]　王艳，石荣媛，乔长录. 基于模糊综合评价模型的天山北坡经济带水资源承载力评价
　　　[J]. 水土保持通报，2018，38（5）：206-212，219.

[54]　任源鑫，林青，韩婷，等. 陕西省水资源脆弱性评价 [J]. 水土保持研究，2020，27
　　　（2）：227-232.

[55]　郭力仁，蒙吉军，李枫. 基于空间异质性的黑河中游水资源脆弱性研究 [J]. 干旱区
　　　资源与环境，2018，32（9）：175-182.

[56]　苏贤保，李勋贵，刘巨峰，等. 基于综合权重法的西北典型区域水资源脆弱性评价研
　　　究 [J]. 干旱区资源与环境，2018，32（3）：112-118.

[57]　张玮，刘宇. 长江经济带绿色水资源利用效率评价——基于EBM模型 [J]. 华东经
　　　济管理，2018，32（3）：67-73.

[58]　雷梦婷. SFLA-PP模型在区域水资源利用效率综合评价中的应用 [J]. 长江科学院
　　　院报，2017，34（11）：27-32.

[59]　刘学智，李王成，赵自阳，等. 基于投影寻踪的宁夏农业水资源利用率评价 [J]. 节
　　　水灌溉，2017（11）：46-51，55.

[60] 周如禄，高亮，郭中权，等. 煤矿矿井水井下直接处理及循环利用 [J]. 中国给水排水，2013，29（4）：71-74，79.

[61] 顾大钊，张勇，曹志国. 我国煤炭开采水资源保护利用技术研究进展 [J]. 煤炭科学技术，2016，44（1）：1-7.

[62] 毛维东，周如禄，郭中权. 煤矿矿井水零排放处理技术与应用 [J]. 煤炭科学技术，2017，45（11）：205-210.

[63] 何绪文，张晓航，李福勤，等. 煤矿矿井水资源化综合利用体系与技术创新 [J]. 煤炭科学技术，2018，46（9）：4-11.

[64] 丁宁，逯馨华，杨建新，等. 煤炭生产的水足迹评价研究 [J]. 环境科学学报，2016，36（11）：4228-4233.

[65] 宋献方，卜红梅，马英. 噬水之煤：煤电基地开发与水资源研究 [M]. 北京：中国环境科学出版社，2012.

[66] 姜珊. 水-能源纽带关系解析与耦合模拟 [D]. 北京：中国水利水电科学研究院，2017.

[67] OWENS J W. Water resources in life-cycle impact assessment：considerations in choosing category indicators [J]. Journal of Industrial Ecology，2001，5（2）：37-54.

[68] 卢兵友. 生态农业建设中的水资源生命周期及系统功能响应 [J]. 自然资源学报，2001（5）：488-492.

[69] 姜文来. 将生命周期思想引入水资源管理中 [N]. 中国水利报，2006-05-25（002）.

[70] 王瑞波. 生命周期条件下水资源增值研究 [D]. 北京：中国农业科学院，2011.

[71] 赵春霞. 人水和谐博弈理论及应用研究 [D]. 郑州：郑州大学，2010.

[72] 高长波，曾海燕，陈新庚，等. 基于 LCA 框架的城市水系统环境可持续性评价方法 [J]. 水资源保护，2007（2）：51-53.

[73] ZHANG C，ANADON L D. Life cycle water use of energy production and its environmental impacts in China [J]. Environmental science & technology，2013，47（24）：14459-14467.

[74] TONG L，LIU X，LIU X，et al. Life cycle assessment of water reuse systems in an industrial park [J]. Journal of environmental management，2013，129：471-478.

[75] 顾加春. 基于生命周期分析方法的煤基燃料水足迹研究 [D]. 上海：上海交通大学，2015.

[76] 关伟，赵湘宁，许淑婷. 中国能源水足迹时空特征及其与水资源匹配关系 [J]. 资源科学，2019，41（11）：2008-2019.

[77] CHAI L，LIAO X，YANG L，et al. Assessing life cycle water use and pollution of coal-fired power generation in China using input-output analysis [J]. Applied Energy，2018，231：951-958.

[78] GODSKESEN B. Sustainability evaluation of water supply technologies：By using life-cycle and freshwater withdrawal impact assessment & multi-criteria decision analysis [M]. DTU Environment，2012.

[79] BHAKAR P，SINGH A P. Life cycle assessment of groundwater supply system in a hyper-arid region of India [J]. Procedia CIRP，2018，69：603-608.

［80］ XUE X，CASHMAN S，GAGLIONE A，et al. Holistic analysis of urban water sys-tems in the Greater Cincinnati region：（1）life cycle assessment and cost implications ［J］. Water research X，2019，2：100015.

［81］ HADJIKAKOU M，STANFORD B D，WIEDMANN T，et al. A flexible framework for assessing the sustainability of alternative water supply options［J］. Science of the total environment，2019，671：1257 - 1268.

［82］ GARCIA - Sánchez M，GUERECA L P. Environmental and social life cycle assessment of urban water systems：The case of Mexico City［J］. Science of The Total Environ-ment，2019，693：133464.

［83］ 吴泽宁. 基于生态经济的区域水质水量统一优化配置研究［D］. 南京：河海大学，2004.

［84］ KENNEDY J，EBERHART R. Particle Swarm optimization［A］. Proc IEEE lnt Conf on Neural Networks［C］. Piscataway，1995：1942 - 1948.

［85］ EBERHART R，KENNEDY J. A new optimizer using Particle Swarm theory［A］. Pro 6th Int Symposium on Micromachine and Human Science［C］. Nagoya，1995：39 - 43.

［86］ 高尚，韩斌，吴小俊. 求解旅行商问题的混合粒子群优化算法［J］. 控制与决策，2004（11）：86 - 89.

［87］ 高尚，杨静宇. 可靠性优化的一种新的算法［J］. 工程设计学报，2006，13（2）：74 - 77.

［88］ 熊伟丽，徐保国，周其明. 基于改进粒子群算法的 PID 参数优化方法研究［J］. 计算机工程，2005（24）：51 - 53.

［89］ SHI Y. Parameter selection in particle swarm optimization［J］. Evolutionary Pro-gramming，1998，7.

［90］ SHI Y H，EBERHART R C. Empirical study of particle swarm optimization［C］// Congress on Evolutionary Computation - cec. IEEE，2002.

［91］ SHI Y，EBERHART R C. Fuzzy adaptive particle swarm optimization［C］// Con-gress on Evolutionary Computation. IEEE Xplore，2001.

［92］ LI，Y. L；ZHANG，Y. P.；BAI，X. Road transport path planning based on adap-tive inertia weight and dynamic learning factor［J］Advances in Transportation Studies，2018.

［93］ FEI Y U，XIAO - Yong T，HONG - Yue P. The Application of an Improved PSO to the Submersible Path - Planning［J］. Transactions of Beijing Institute of Technology，2010.

［94］ 周俊，陈璟华，刘国祥，等. 粒子群优化算法中惯性权重综述［J］. 广东电力，2013，26（7）：6 - 12.

［95］ 陈贵敏，贾建援，韩琪. 粒子群优化算法的惯性权值递减策略研究［J］. 西安交通大学学报，2006，40（1）.

［96］ 杜江，袁中华，王景芹. 动态改变惯性权重的新模式粒子群算法［J］. 安徽大学学报（自然科学版），2018，42（2）：60 - 66. DOI：10. 3969/j. issn. 1000 - 2162. 2018. 02. 009.

［97］ 邵增珍，王洪国，刘弘．具有启发式探测及自学习特征的降维对称微粒群算法［J］．计算机科学，2010，37（5）：219-222.

［98］ 赵志刚，林玉娇，尹兆远．基于自适应惯性权重的均值粒子群优化算法［J］．计算机工程与科学，2016，38（3）：501-506.

［99］ 高苇，平环，张成刚，等．改进惯性权重的简化粒子群优化算法［J］．湖北民族学院学报（自然科学版），2016，34（1）：11-15. DOI：10. 13501/j. cnki. 42-1569/n. 2016. 03. 003.

［100］ 滕志军，吕金玲，郭力文．基于动态加速因子的粒子群优化算法研究［J］．微电子学与计算机，2017（12）：131-135.

［101］ SUGANTHAN P, N. Particle Swarm Optimiser with Neighbourhood Operator［C］// Evolutionary Computation，1999. CEC 99. Proceedings of the 1999 Congress on. IEEE，1999.

［102］ RATNAWEERA A，Halgamuge S K，Watson H C. Self-Organizing Hierarchical Particle Swarm Optimizer With Time-Varying Acceleration Coefficients［J］. IEEE Transactions on Evolutionary Computation，2004，8（3）：240-255.

［103］ 赵远东，方正华．带有权重函数学习因子的粒子群算法［J］．计算机应用，2013，33（8）：2265-2268.

［104］ 马国庆，李瑞峰，刘丽．学习因子和时间因子随权重调整的粒子群算法［J］．计算机应用研究，2014（11）：3291-3294.

［105］ 毛开富，包广清，徐驰．基于非对称学习因子调节的粒子群优化算法［J］．计算机工程，2010，36（19）：182-184.

［106］ 朱雅敏，薛鹏翔．基于学习因子自适应改变的粒子群算法研究［J］．陕西科技大学学报（自然科学版），2015，（4）：172-177.

［107］ SHELOKAR P S，SIARRY P，JAYARAMAN V K，et al. Particle swarm and ant colony algorithms hybridized for improved continuous optimization［J］. Applied Mathematics and Computation，2007，188（1）：129.142.

［108］ 倪全贵．粒子群遗传混合算法及其在函数优化上的应用［D］．华南理工大学，2014.

［109］ 赵乃刚．一种新的基于模拟退火的粒子群算法［J］．软件，2015，36（7）：1-4.

［110］ 姜淑娟，王令赛，薛猛，等．基于模式组合的粒子群优化测试用例生成方法［J］．软件学报，2016，27（4）：785-801.

［111］ 宫华，舒小娟，郝永平．基于改进 PSO 优化 BP 神经网络的弹药储存可靠度预测［J］．兵器装备工程学报，2019，40（4）：34-37.

［112］ 胡文容．煤矿矿井水及废水处理利用技术［M］．北京：煤炭工业出版社，1998.

［113］ 李龙海，缪应祺．酸性矿山废水生化处理及其资源化的探索［J］．江苏理工大学学报，1998，19（2）：69-73.

［114］ 康凤先，伦世仪．硫酸盐还原-甲烷发酵两步厌氧法处理含高浓度硫酸盐有机废水可行性研究［J］．工业水处理，1993，13（1）：13-16.

［115］ 张森，李亚青，王敏新．黄土体队重金属 Cd、Pb、Zn、Cu 吸附试验研究［J］．西北水资源与水工程，1996，7（2）：35-40.

［116］ 钱鸿缙，王继唐，罗宇生，等．湿陷性黄土地基［M］．北京，中国建筑工业出版

社，1985.

[117] 周健，刘文白，贾敏才．环境岩土工程［M］．北京：人民交通出版社，2004.

[118] 李佩成．黄土台源的治理与开发［M］．西安：陕西人民出版社，1993.

[119] 孙向阳，耿增超，周青．尘暴黄土母质上发育的森林土壤一例［J］．西北林学院学报 1996，11（1）：9－13.

[120] A. A 穆斯塔伐耶夫．湿陷性黄土地基与基础的计算［M］．北京：水利电力出版社，1984.

[121] 任新玲，刘领凤．影响黄土湿陷系数因素的数理统计分析［J］．山西交通科技，1995，5：19－24.

[122] 刘祖典．黄土力学与工程［M］．西安：陕西科学技术出版社，1997.

[123] 易秀．黄土类土对铬、砷的净化机理及地下水防污安全埋深的研究［D］．西安：长安大学，2003.

[124] 彭先芝．黄土剖面中微生物与有机质的古气候记录—趋磁细菌对磁化率的贡献及其特征生物标志物研究［D］．广州：中国科学院广州地球化学研究所，2000.

[125] 李翔．关中盆地马兰黄土中三氮转化及相关微生物关系实验研究［D］．西安：长安大学，2003.

[126] 俞敦义，彭芳明，刘小武，等．环境对硫酸盐还原菌生长的影响［J］．材料保护，29（2）：1－2.

[127] 李新荣，沈德中．硫酸盐还原菌的生态特性及其应用［J］．应用与环境生物学报，1999（5）：10－13.

[128] 任南琪，王爱杰，甄卫东．厌氧处理构筑物中 SRB 的生态学［J］．哈尔滨建筑大学学报，2001，34（1）：39－44.

[129] 缪应祺．废水生物脱硫技术［M］．北京：化学工业出版社，2004.

[130] 付玉斌．硫酸盐还原菌诱发腐蚀的研究特点［J］．材料开发与应用，1999，14（5）：45－47.

[131] 缪应祺．水污染控制工程［M］．南京：东南大学出版社，2002.

[132] SUBLETTE K L, GWOZDZ K J. An economic analysis of microbial reduction of sulfur dioxide as a means of byproduct recovery from regenerable processes for flue gas desulfurization [J]. Applied Biochemistry and Biotechnology, 1991, 28 (29):623－634.

[133] 刘玉秀，刘贵昌，战广深．硫酸盐还原菌引起的微生物腐蚀的研究进展［J］．腐蚀与防护，2002，23（6）：245－248.

[134] 赵宇华，叶央芳．硫酸盐还原菌及其影响因子［J］．环境污染与防治，1997，19（5）：41－43.

[135] 施华均，钱泽澍，闵航．硫酸盐对厌氧消化产甲烷的影响［J］．浙江农业大学学报，1995，21（1）：27－32.

[136] D A DDARIO R, et al. The Acidogenic Digestion of the Organic Fraction of Municipal Solid Waste for the Production of Liquid Fuels Wat Sci Tech, 1993, 27 (2)：183－192.

[137] 孙建辉，樊国峰，侯杰．含硫酸盐有机废水厌氧消化影响因素的探讨［J］．工业水处理，1998，18（3）：10－11.

[138] 张小里，陈志听，刘海洪，等．环境因素对硫酸盐还原菌生长的影响［J］．中国腐

蚀与防护学报，2000，20（4）：224－229.

[139] 杨景亮，赵毅，任洪强，等. 废水中硫酸盐生物还原影响因素的研究 [J]. 中国沼气，1999，17（2）：18－22.

[140] 康宁，泰样田. 硫酸盐还原－甲烷化两相厌氧处理工艺中的回流比研究 [J]. 上海环境科学，1997，16（3）：38－40.

[141] 何运昭. 硫化氢尾气的净化 [J]. 环境导报，1997（1）：16－19.

[142] 莫文英，闵航，陈美德，等. 硫酸盐对不同浓度有机废水厌氧消化的影响 [J]. 环境污染与防治，1998，15（3）：5－7.

[143] 马晓航，华尧熙，叶雪明. 硫酸盐生物还原法处理含锌废水 [J]. 环境科学，1995，16（4）：19－21.

[144] 冀滨弘，章非娟. 高硫酸盐有机废水厌氧处理技术的进展 [J]. 中国沼气，1999，17（3）：76－81.

[145] 彭焘，徐栋，贺锋，等. 人工湿地系统在寒冷地区的运行和维护 [J]. 给水排水，2007，（33）：82－87.

[146] 黎海彬，赵颖怡，雷雨. 化学絮凝分离净化甘蔗废糖蜜研究 [J]. 韶关学院学报，2001，22（6）：104－107.

[147] 王明义，张伟，梁小兵，等. 阿哈湖和洱海沉积物硫酸盐还原菌研究 [J]. 水资源保护，2007，23（3）：9－10.

[148] 梁小兵，朱建明，刘丛强，等. 贵州红枫湖沉积物有机质的酶及微生物降解 [J]. 第四纪研究，2003，23（5）：565－572.